한국의 도시화 그리고 재생

한국의 도시화 그리고 재생

성장환, 정연우, 이삼수
최대식, 송영일, 임재빈
유종훈 지음

씨아이알

머리말

도시는 또 다른 역사책이라 할 수 있다. 대부분 규범화된 현대인의 일상은 아침에 일어나 출근하고, 근무하고 퇴근하고, 여가시간을 보내고, 야간에 휴식하는 일련의 모든 행위가 도시화된 공간의 요소 속에서 작동한다. 이러한 현대인의 활동을 좀 더 효율적으로 작동시키기 위해 주택을 공급하고, 도로와 상·하수도 같은 인프라를 확충하고, 도심을 고밀로 재개발하는 등 소위 도시개발사업을 꾸준히 진행해오고 있다.

도시화는 하루아침에 이루어지기 힘들다. 신개발과 재개발을 막론하고 시간적으로나 공간적으로 단계별 개발이 될 수밖에 없다. 또한 그 단계별로 공간의 공급과 인간의 행위 간 상호작용 관계 속에서 서로 보완하고 발전하는 과정을 거치기 때문이다. 그래서 도시는 원래의 계획대로 개발·형성되어 유지되기는 어렵고, 구성요인 상호 간 작용을 통해 늘 변해갈 수밖에 없다. 그래서 도시를 '살아 있는 유기체'로 비유하곤 한다. 그러나 현대사회에서 근대화가 늦은 국가는 기존 선진국에 비해 단기간의 도시화 수요가 발생하고, 이에 대한 신속한 대처가 필요하기 마련이다.

대한민국은 이러한 수요에 맞는 도시개발 정책의 벤치마킹에 매우 적합한 경험을 가지고 있다. 일제강점기와 한국전쟁 등을 통한 열악한 국토환경 속에서 유례없는 도시화의 좋은 사례를 보유하고 있다. 이러한 측면에서 대한민국의 도시화 과정을 조명해보는 것은 매우 의미 있는 일이라고 할 수 있다. 도시화의 출발이 늦은 제3국가에서는 도시화의 시행착오를 줄일 수 있는 좋은 도시개발 사례가 될 것이며, 우리에게는 지나온 도시화의 궤적을 규명하여 향후 도시개발의 새로운 비약을 위한 유익한 밑거름이 될 것이다.

각 나라의 국토는 저마다 다른 고유한 여건을 가지고 있지만 국토의 도시화 과정은 일련의 정형화된 단계를 거치기 마련이다. 제일 먼저 산업화로 인한 수도(수위도시)로의 인구 집중이 일어나고, 이에 따른 가도시화와 이에 대응한 수도권의 확장 및 위성 신도시의 개발을 추진하게 된다. 또한 이와 더불어 국가산업화와 지역개발을 위한 지역별 산업단지를 추진하여 경제발전을 도모하는 단계를 가진다.

그러나 대부분의 국가에서는 이러한 국가경제발전과 도시화단계에서 수도권과 비수도권, 대도시와 중소도시 등 지역 간 불균형 성장을 경험하게 되고, 이에 대응한 행정도시, 기업도시 등 적극적 국토균형정책을 수립하게 된다. 이와 더불어 구도심 내지 초기 도시화 단계의 노후 기개발 도시지역에 대한 재생이 무엇보다 중요한 도시정책 화두로 부상하기 마련이다.

본 도서는 대한민국 국토·도시화를 'Part 1 도시성장(제1장 서울의 도시화, 제2장 신도시 개발)', 'Part 2 균형발전(제3장 산업단지 개발, 제4장 공공기관의 지방이전)', 'Part 3 도시재생'이라는 큰 3단계의 범주로 구분하여 구성하였다.

먼저 제1장 서울의 도시화에서는 수위도시인 수도 서울의 도시화를 살펴보도록 한다. 이 장에서는 근대 한국 도시화의 출발에서 발생하는 도시의 가수요와 인프라 대응 그리고 확장 및 이를 위한 정책 등을 들여다볼 수 있으며, 이는 추후 한국 도시화의 근간으로 작용하게 된다. 제2장 신도시 개발에서는 한국 도시화의 획기적 전환점이 된 수도권의 1·2기 신도시를 조명하였다. 여기서 신속하고 우수한 대규모의 신도시 공급 과정을 시기별로 비교하여 살펴볼 수 있게 하였다.

제3장 산업단지 개발에서는 국가경제성장과 지역발전의 초석이 된 산업단지의 시대별 흐름과 외국자본 유치를 위한 투자단지까지 설명하였다.

나아가 제4장 공공기관의 지방이전에서는 행정중심복합도시, 혁신도시, 도청이전 신도시 등을 통한 공공의 국토균형발전을 위한 지방계획도시 각각의 배경과 법·제도적 특성 및 지원에 대해 제시하였다.

마지막으로 제5장 도시재생에서는 1970년대부터의 도시재개발 및 재정비의 시대별 패러다임 변화를 통해 도시재생의 추진배경을 설명하고, 최근의 추진현황과 사례를 제시하여, 도시재개발과 재생의 연결 흐름을 이해할 수 있도록 하였다.

본 도서는 각 분야마다 그 개발의 '태동배경－법·제도－추진 및 특징－사례 제시'의 체계를 유지하도록 노력하여, 각각의 개발이 하나의 완성도를 가지고 이해할 수 있도록 하였다.

또한 도시개발의 이해를 돕기 위해 각각 구체적 사례를 제시하여 실증적 설명을 중심으로 서술하였으며, 각 장마다 해당 정책 내지 개발의 '성과와 과제'를 제시하여 독자와 같이 그 분야를 고민할 수 있는 기회를 갖도록 하였다.

한국 경제의 고도성장기를 거쳐, 모두가 '4차 산업혁명'과 '미래도시의 방향'에 대한 관심이 증폭되고 있는 이때, 본 도서가 우리의 도시화와 국토개발사를 돌아보고 이해할 수 있는 기회를 제공하고, 향후 한국의 도시화 국토개발 및 발전에 유용하게 활용되기를 기대하는 바이다.

본 도서는 '한국 도시개발의 경험과 성과(토지주택연구원, 2017)'

연구를 토대로 재작성되었음을 밝혀둔다.

아울러 본 도서가 발간될 수 있도록 협조해준 한국토지주택공사 변창흠 사장 및 토지주택연구원 황희연 원장을 비롯한 관련자 여러분께 깊은 감사를 표하며, 본 도서의 각 분야별 내용에 대한 자문과 격려를 아끼지 않은 많은 전문가 여러분께도 고마움의 말씀을 전한다. 더불어 본 도서가 출간되도록 조언과 지원을 아끼지 않은 도서출판 씨아이알 김성배 대표께도 감사의 마음을 전한다.

끝으로 본 도서의 초안부터 발간까지 수많은 수정과 보완을 마다 않고 수행해준 필진 여러분께 깊은 감사와 경의를 표하며, 이에 대한 찬사와 격려는 온전히 그들의 몫임을 밝혀둔다.

저자를 대표하여

LH 토지주택연구원 **성장환**

Contents

2장 신도시 개발

PART 02

균형발전

3장 산업단지 개발

4장 공공기관의 지방이전

PART 03
도시재생

5장 도시재생

PART 01

도시성장

1장

서울의 도시화

1. 서 론

1.1 한국의 수도, 서울의 성장

20세기 현대 한국의 성립보다도 500여 년 전인 1394년부터 서울은 이미 한반도의 수도로 자리를 잡았다. 그보다 앞서서는 B.C. 18년부터 500년 가까이 고대왕국 백제의 수도이기도 했다. 이처럼 서울이 한반도의 가장 중요한 도시 중 하나로 인정받은 것은 입지가 뛰어나고 자연조건이 탁월했기 때문이다. 한반도의 중심[1]이면서 바다와도 가깝고, 북으로는 차가운 북풍을 막아주는 산줄기가 놓여 있으며, 남으로는 농경과 수운[2]에 유리한 거대한 강인 한강이 흐른다. 더욱이 고대사회에서 산과 강은 왕궁을 보호하는 절대적인 이점이 되었다.

전통 도시로서의 오랜 역사에 비해 총 면적 605km², 인구 1,000만 명에 달하는 메트로폴리스 서울의 역사는 그리 길지 않다. 현재의 면

1 현재는 한반도가 남한과 북한으로 분단되어 남한의 수도가 된 서울은 북쪽에 위치한 형국이다.
2 한반도는 면적의 70%가 산지이므로, 오래전부터 육상 수송보다는 수운이 중심이 되었다.

적은 1963년[3]에 비슷한 수준으로 확장되었으며, 1800년대 후반까지 16.5km^2에 불과했다[4]. 인구 역시 1950년대 중반까지 200만 명을 넘지 못했고, 그 전의 600년간은 10만~35만 명 수준이었다. 그러나 이후 한국의 산업화와 함께 30년간 매년 20만~40만 명이 일자리를 찾아 서울로 모여 들었으며, 현대 서울의 역사는 인구 증가와의 싸움의 결과물이라 해도 과언이 아니다.

서울과 전국
주요 도시 위치

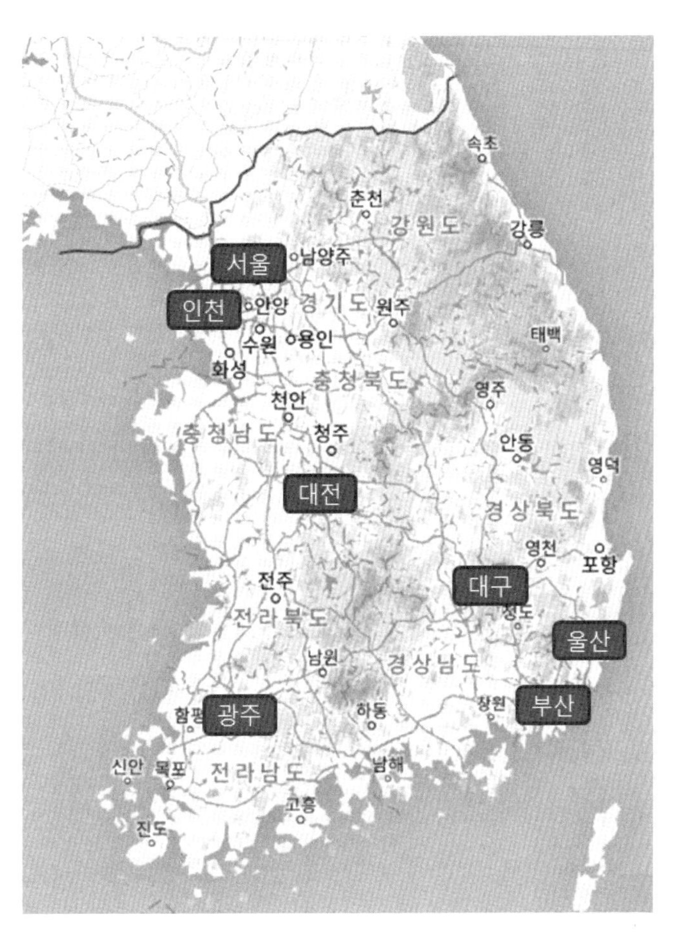

3 서울 행정구역은 1949년 2배 이상 확장된 후, 1963년 다시 2배 이상인 596.5km^2가 되었다. 1973년 확장 후 현재에 이른다.
4 한성부(성저십리 제외) 면적 기준.

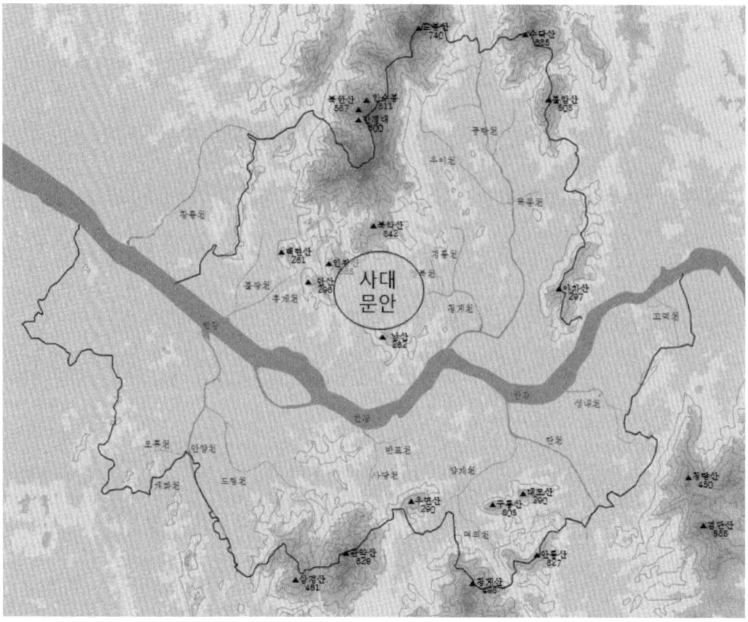

서울의 지형, 경계와
옛 사대문안의 범위
출처 : 서울특별시(2000)

현대 서울의 공간은 크게 한강 이북의 강북[5]과 한강 이남의 강남으로 나뉜다. 강북은 전통 시대로부터의 서울의 유산을 고스란히 간직하고 있으며, 한국의 정치·사회적 핵심 시설이 잔존해 있다. 왕조 시대의 5대 궁은 물론 대통령 집무 시설 겸 관저인 청와대가 입지해 있으며, 주요 정부기관, 언론사, 금융기관, 대기업 본사가 여전히 자리를 잡고 있다. 반면에 강남은 1960년대 말부터 개발된 현대 서울의 상징으로서 다수의 대기업 본사뿐 아니라 주요 금융기관 및 기업, IT기업이 밀집해 있다. 이런 강남이 1960년대까지는 서울로 인식되지 않았으며, 서울 시민에겐 가끔 소풍을 가는 넓은 들판에 불과했다.

서울의 현대화 이전, 강남의 개발은 한강에 가로막혀 있었다. 전통 시대에 한강은 다리를 짓기에는 너무 폭이 넓었고, 다리를 지을 필

5 영등포구를 포함.

요도 별로 없었다. 한강의 서울 구간 폭은 좁은 곳도 수백 미터였으며, 넓은 곳은 1km에 달해 파리의 센강, 영국의 템스강보다 3~10배 가까이 넓었다. 19세기 후반 철도와 철도교가 건설되면서 건너편인 영등포 지역에 시가지가 형성되었으나, 1950년대까지도 자동차가 보편화하지 않아 전차만으로는 한계가 있었다. 1960년대 자동차가 본격적으로 보급되고, 교량을 건설하고 나서야 강남이 본격적으로 개발되었다. 물론 교통수단의 변화는 강남 개발을 가능하게 한 수단일 뿐, 그 원동력은 따로 있었다.

서울을 만들어온 힘의 원천은 서울 중심의 경제·산업발전과 인구의 폭발적 증가였다. 다른 아시아의 도시들과 마찬가지로 한국의 경제 발전은 수도를 중심으로 이루어졌고, 근대적 일자리는 서울에 집중되었다. 전국의 농촌 인구는 매일 기차를 타고 서울로 몰려들었으며, 서울역 앞은 일자리를 구하는 사람으로 가득했다. 1960년대에는 매년 20만 명이 서울의 인구로 편입되어 15년 동안 300만 명이 증가했다. 1955년부터 35년 만에 서울의 인구는 160만 명에서 1,000만 명이 되었다.

서울의 인구가 크게 증가한 이유는 여러 가지가 꼽히지만, 이주가 손쉬운 조건이 갖춰진 상황에서 서울 중심의 산업화에 따른 일자리 집중과 농촌산업의 붕괴가 큰 영향을 주었다. 언어가 동일하고 민족 구분도 따로 없는 한국은 50년대 이후 한국전쟁으로 정주 문화와 신분제가 크게 파괴되고 토지 개혁으로 지주 계급이 해체되면서 사회적·지역적 인구 이동성이 크게 증가했다. 해외 원조로 들어온 농산물로 인해 농촌이 타격을 입은 효과도 컸다. 게다가 1960년대부터 산업화가 진행되면서 일자리가 서울에 집중하였고, 정부가 농산물 가격을 통제하면서 농촌의 젊은이들은 빠르게 서울로 이동하였다.

서울 및 수도권의 인구 추이
출처 : 통계청 각 연도 인구총조사(1955~2010)

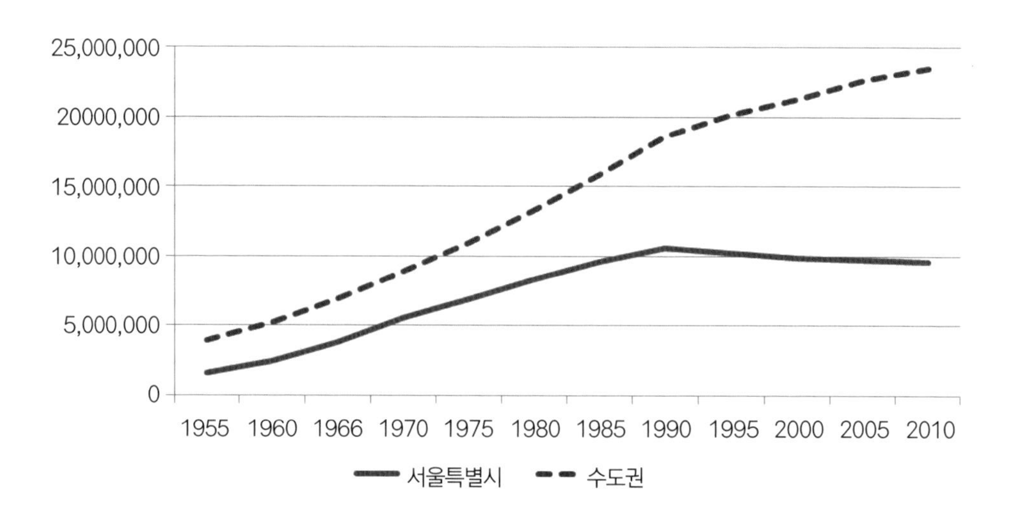

한국의 경제성장과 서울 인구 증가 추이
출처 : 통계청 각 연도 인구주택총조사, 한국은행 경제통계

기간	한국 명목 GDP 변화율(%)	한국 인구 변화율(%)	서울 인구 변화율(%)	서울 연간 평균 인구 증가 수(명)
1955~1960	142.9	16.2	55.9	175,331
1960~1966	182.9	16.7	55.1	224,646
1966~1970	211.0	7.8	45.7	432,996
1970~1975	262.1	10.3	24.5	270,840
1975~1980	297.9	7.9	21.4	294,230
1980~1985	153.9	8.1	15.3	255,028
1985~1990	278.6	7.3	10.2	195,499
1990~1995	199.1	2.7	-3.6	-77,215
1995~2000	101.0	3.2	-3.6	-72,641

인구 증가에 따라 서울의 행정구역도 크게 확대되었다. 서울의 경계는 1963년에 크게 확장하여 대략 현재의 모습을 갖추었는데, 당시 인구 증가세에 비해서도 매우 큰 것이었다. 그러나 이후 서울 개발이 본격화하면서 개발 관리의 소중한 토대가 되었다. 행정구역을 미

리 확장하여 도시계획의 대상으로 설정해놓음으로써 정부 등 공공부문이 계획을 토대로 주도적으로 개발해나갈 수 있었던 것이다.

전통 시대 서울의 영역과 현대의 행정구역 확장
출처 : 서울특별시(2000)

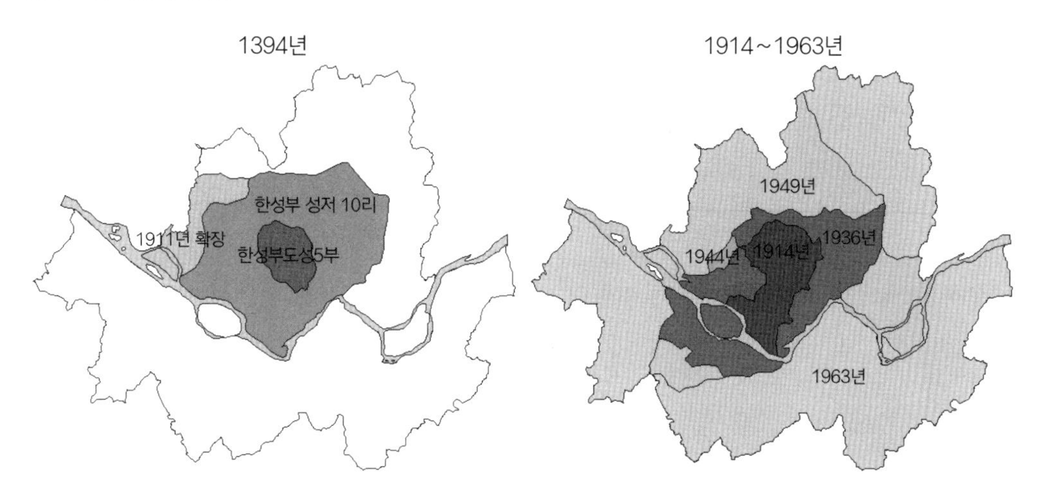

강남은 왜 서울의 행정구역에 편입되었나?

강남이 서울의 행정구역이 된 것은 1963년이었다. 강북에 아직 미개발지가 많이 남아 있었음에도, 굳이 행정구역을 확장해 건너기도 쉽지 않았던 한강 너머의 허허벌판을 편입한 이유는 확실하지 않다(임동근 외, 2014).

추정해볼 수 있는 계기는 1962년 도입된 「도시계획법」과 그에 따른 서울의 새 도시계획이다. 1963년 서울 인구는 300만 내외에 불과하여 지금에 돌아보면 많지 않았는데, 20세기 초반의 세계적인 전원도시운동의 영향은 물론, 농촌에 더 익숙했던 당시 사람들의 기준으로 보기에 서울은 이미 지나치게 고밀 지역이었다. 따라서 앞으로의 인구 증가세를 예상할 때 필요 면적을 먼저 산출하고 보니 강북만으로는 부족하였고, 미래를 고려해 강남까지 편입하게 된 것으로 추측할 수 있다.

1.2 성장기 서울의 도시 인프라 문제

1960년대 서울은 도시 인프라가 부족했다. 상수도 보급률은 60%, 하수도 보급률은 30%도 못 미쳐 많은 시민이 우물로 물을 퍼 올리고, 하수는 그냥 버렸으며, 오물은 따로 처리하는 사람을 동원해야 했다. 도로는 80%가 미포장 상태였고, 전기시설이나 전화 등 통신인프라도 구축되지 않았다. 한편으로는 늘어나는 인구를 감당하지 못해 산 위와 하천 변에는 온통 판잣집이 넘쳐났다. 새로 유입된 사람들은 홍수가 잦아 사람들이 살지 않던 저지대에 무허가주택을 짓고 살았고 자주 큰 수해를 입었다. 한때 100%에 가까웠던 주택보급률은 60% 미만까지 내려갔다.

서울의 기반시설 공급
출처 : 지표로 본 서울(2010)

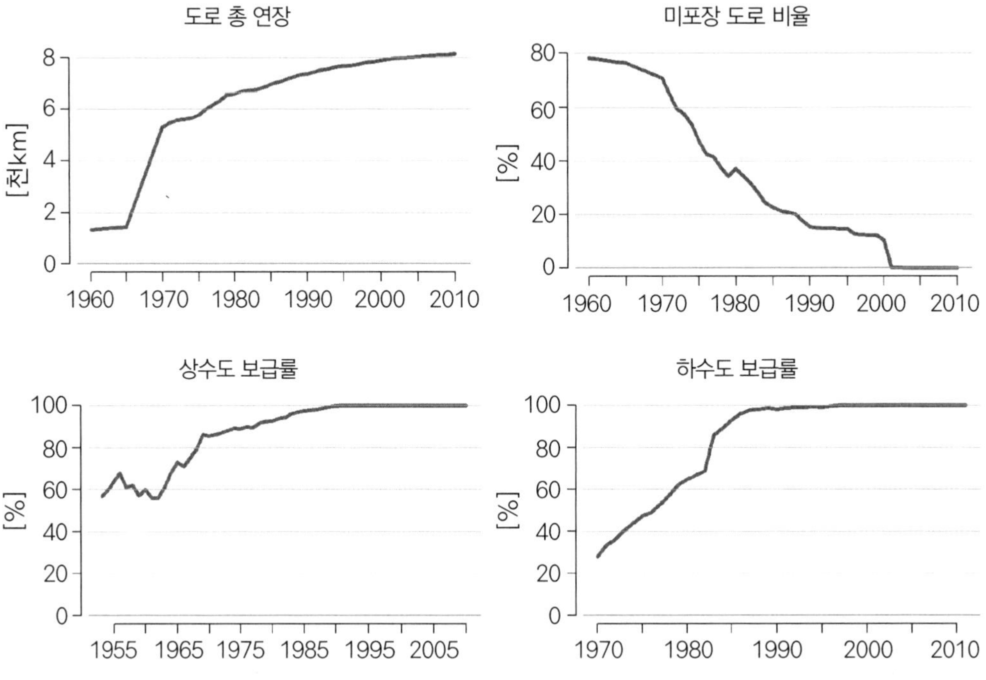

도로 총 연장

[천km]

미포장 도로 비율

[%]

상수도 보급률

[%]

하수도 보급률

[%]

서울의 가구 증가와 주택보급
출처 : 지표로 본 서울(2010)

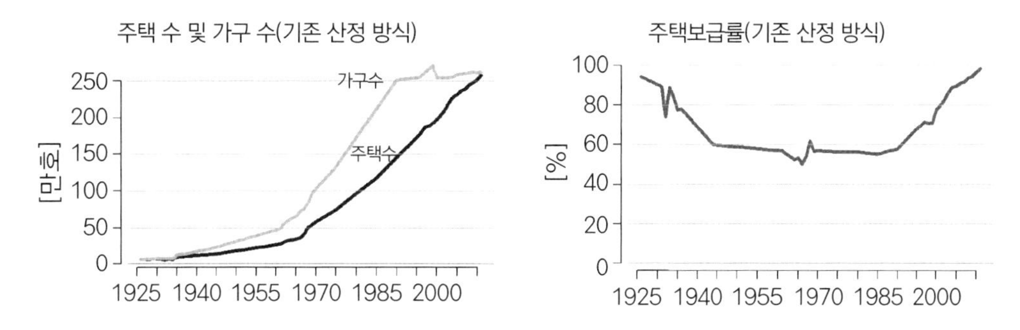

도시 인프라가 필요했지만 인구의 증가가 재정 증가보다 훨씬 빨랐던 상황에서 인프라를 건설하기는 쉽지 않았다. 1960년대 전반 서울시 인구 1인당 세입은 인플레이션을 고려하였을 경우 크게 감소하거나 소량 증가하는 데 그쳤다. 1960년은 전년 대비 18% 감소했으며, 1961년 8%, 1962년 6% 증가하고는, 다시 1963년 11%, 1964년 18% 감소했다. 도시화 초기에 인구가 급격히 증가하는 만큼 인프라 투자도 필요하지만 해당 시기가 인프라 건설 재정 확보가 가장 어려운 때라는 점이 큰 딜레마였던 것이다. 중앙정부 차원의 보조금도 존재하였으나 시 재정의 부족은 큰 부담이었다.

1960년대 말부터 서울의 도시 인프라 지표는 급격히 호전되어 1980년 상수도 보급률은 90%, 하수도 보급률은 60%였으며, 1990년에는 모두 100%를 달성하게 된다. 미포장 도로 비율은 1980년 40%로 감소하고 2000년에 이르면 0%를 달성한다. 1980년대 말까지도 주택보급률은 높아지지 않았지만 적어도 악화하지는 않았으며, 주택총재고가 빠르게 증가하였다. 놀랍게도 이런 변화는 세입 증가와 동시에 나타났다. 1965년 이후 5년간 인플레이션을 고려한 서울의 전년 대비 세입 변화율은 20% 내외 증가를 유지했으며, 1970년대 초반 소위 오일

인플레이션을 고려한 서울시 인구 1인당 세입 변화율
출처 : 서울특별시 각 연도 회계 자료

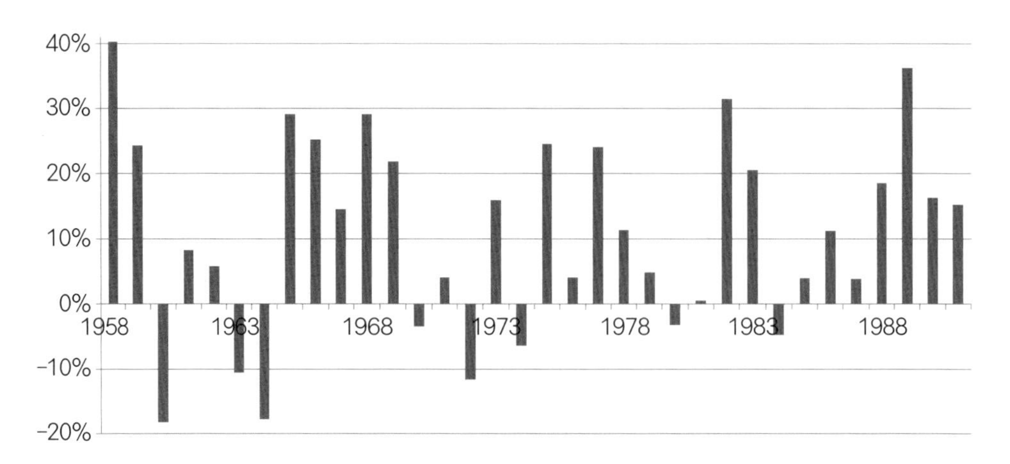

쇼크를 제외하고는 이후도 거의 대부분 증가했다.

서울의 재정 부족에 관해 서울시 행정부가 여러 차례의 시행착오를 거쳐 발견한 대안은 경영행정의 도입이었다(서울연구원, 2012). 수익형 도시개발사업을 적극적으로 추진하여 개발이익을 흡수하고 이 재원을 재투자하는 것이다. 이것은 세금으로 저소득층을 직접 지원하기보다는, 중산층과 부유층에게 판매할 택지를 조성해 제값을 받고 팔고 도시 인프라를 확충하면서, 그 수익을 저소득층 지원에 활용한다는 발상의 전환이었다. 이런 변화는 한강 개발에서 시작하여 강남 전역에 적용되었으며, 이후 개발된 수많은 한국의 신도시들도 이 틀에서 크게 벗어나지 않는다.

1.3 이 장의 구성 : 세 가지 해결책

서울의 인구 증가 대응 과정에서 도시 인프라 공급을 위해 도입된 세 가지 개발방식인 공유수면 개발, 토지구획정리, 공영개발을 설명한다. 공유수면 개발은 한강에 제방도로를 건설하고 그 내부를 매립하여 새로운 토지를 조성한 기법으로 1960년대 말부터 1970년대까지 수행되었다. 토지구획정리는 서울에서도 1960년대까지 강북에서 활발히 수행되었던 고전적인 방식과 달리 대규모 미개발지에 적용된 한국의 특수적 사업으로 1960년대 말부터 1970년대까지 수행되었다. 공영개발은 소위 신도시를 개발하는 전면 토지수용 방식으로 서울에서는 주로 1980년대에 수행되었다.

현재의 서울과 주요 개발 시기

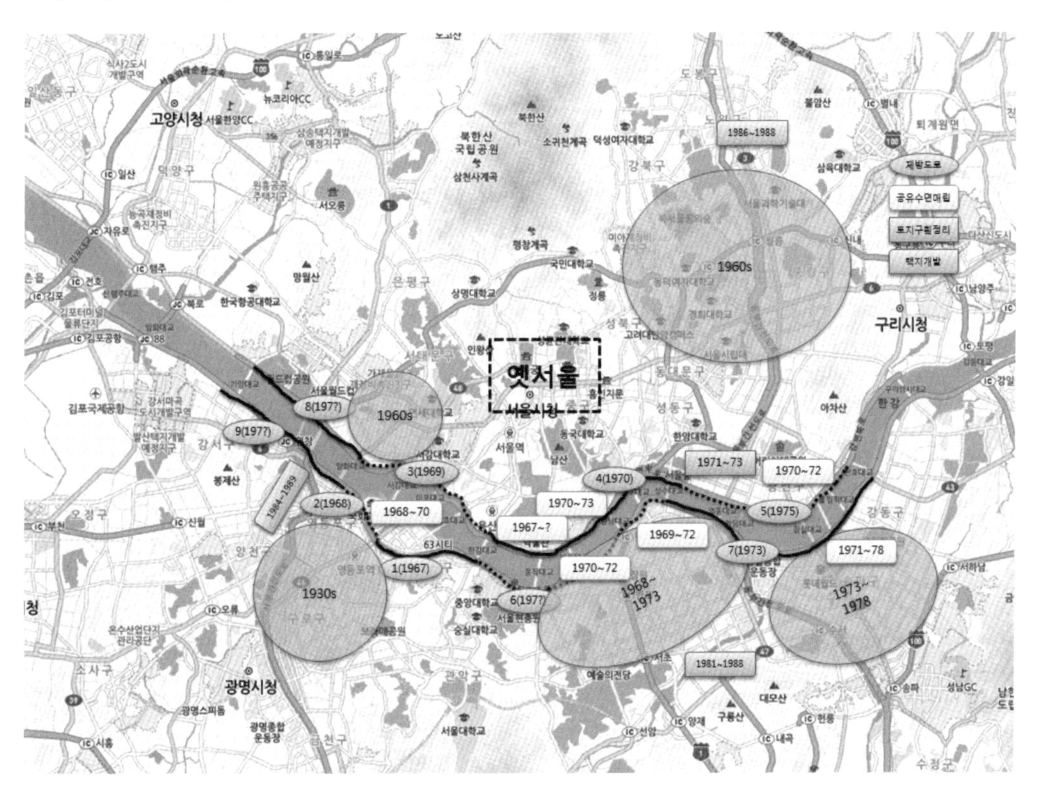

고전적 토지구획정리, 왜 했으며, 한계는 무엇인가?

20세기 전반, 도시개발사업이라고 하면 일부 신도시 건설 사례를 제외하고는 고전적인 토지구획정리가 거의 유일한 방법이었다. 이 기법은 토지소유경계가 복잡하게 얽히고 도로도 좁은 지역에 넓은 도로를 내고, 기존 토지소유주에게 네모반듯한 토지를 반환한다(환지). 도로 건설과 함께 상하수도, 전기 등 기반시설을 공급하기 때문에 토지의 가격은 상승하므로 반환하는 토지는 기존의 40~60%만으로도 토지소유주를 만족시킨다(감보). 나머지 토지는 도로용지, 공원용지로 사용하거나 사업시행자가 분양하여 사업비를 충당한다(체비지).

토지구획정리는 사업시행자의 재정 부담이 적으나, 충분한 수준의 감보가 이루어지려면 토지가격의 상승폭이 커야 한다. 따라서 도시 반의 인프라 상황이 안 좋아 구획정리의 토지가격 상승 효과가 크게 나타나거나 산업 전반이 성장기에 있어야만 효과적이다. 반면, 토지소유주가 감보에 크게 반발하거나 체비지가 팔리지 않으면 사업시행자는 곤경을 겪게 된다.

2. 한강 : 공유수면개발

2.1 시대적 배경과 흐름 : 서울이 한강을 건너다

현대 서울이 강남을 중심으로 개발되었다고 한다면, 강남으로의 출발점은 한강 개발이었다. 우선 한강변까지 서울 시가지를 개발하고 나서야 한강 건너편의 들판을 개발할 수요도 눈에 보이기 때문이다. 공급 면에서 강남 개발의 직접 동인이 경부고속도로의 건설이었기는 하지만, 한강 개발이 뒷받침되지 않았다면 강남 개발의 역량과 재원을 준비할 시간이 부족했을 것이다.

서울시가 한강을 정비한 것은 1960년대 초반으로 강남은 이제 막 서울의 행정구역으로 편입된 정도였다. 전통 시대의 서울은 한강의 범람을 피해 한강에서 약 5km 떨어진 곳에 입지하였으나, 인구가 증가하면서 한강 주변 주민이 늘어났고, 관리청은 제방을 쌓아 홍수에 대비해야 했다. 이때 자연히 제방 안쪽에 생겨나는 새로운 땅을 택지로 활용할 수 있다는 것은 일제강점기에도 알려진 사실이었다.

1960년대 중반까지 별다른 토목 사업을 벌이지 않던 서울시는 1966년 김현옥 서울시장이 부임하면서, 간선도로 건설과 토지구획정리사업에 집중하기 시작했다. 시 전역을 관통하는 방사선형 간선도로를 건설하면서 그 비용 마련을 위해 강북에서 구획정리를 하였던 것이다. 이 당시 간선도로 건설은 이른바 전시행정으로 경영행정에까지 미치는 것은 아닌 것으로 보인다.

간선도로 건설은 한강변에도 이뤄지는데, 서울에서 당시 김포 국제공항으로의 연결도로를 조성하면서 제방을 쌓고 그 위에 도로를 얹은 것이었다. 당시 김현옥 서울시장은 이런 종류 사업을 하면 제방 안쪽에 넓은 매립 토지가 새로 생기며, 이것을 팔면 시 재정이 풍부해질 것을 깨달았고, 대대적인 한강정비사업을 시작하게 되었다고 한다(손정목, 2003).

서울의 주요 개발과 시기

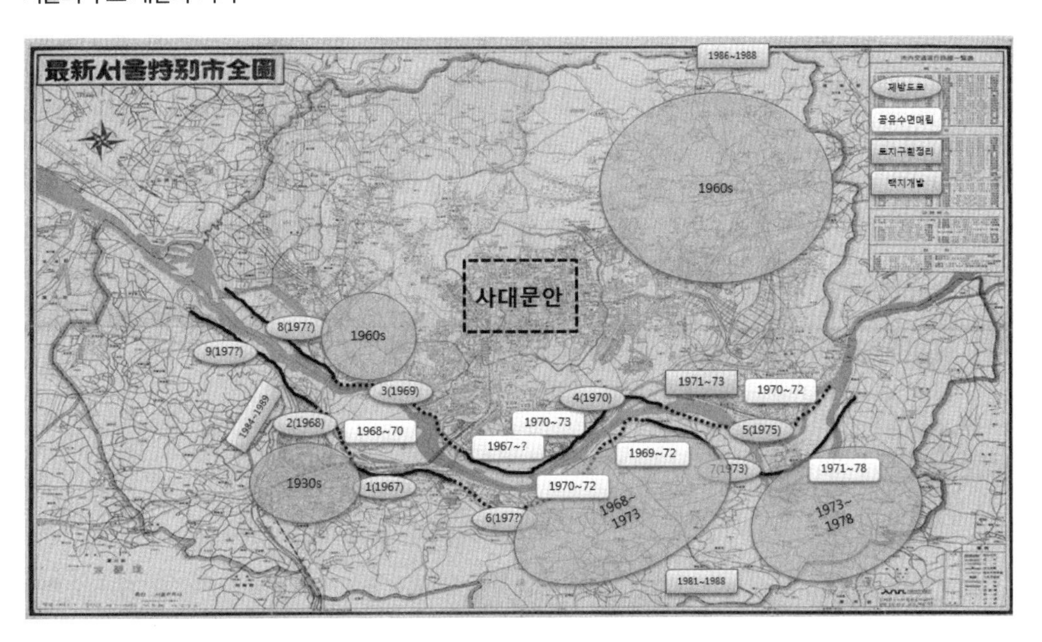

본래 한강 주변 지역은 자주 홍수를 겪었지만 예전부터 서울은 4대문 영역 안의 것이었고, 한강 본류에서는 5km 정도 떨어져 있었기에 한강 범람이 큰 문제가 되진 않았다. 그러나 도시가 성장하면서 4대문 밖, 이른바 성저십리에 사람들이 모여 살기 시작하였고, 근대 이후에는 교통수단이 발달하면서 한강 주변에 사는 사람들도 불어났다. 1900년대 초가 되자 이제 한강의 홍수는 주민들에게 큰 문제가 되었다. 그래서 1923년의 제방을 시작으로 근대적인 제방이 만들어지기 시작하였으며, 1925년 홍수로 제방이 무너지고 큰 피해를 입자 더욱 큰 제방을 쌓기 시작하였다.

서울의 시가지 확장
출처 : 서울특별시(2000)

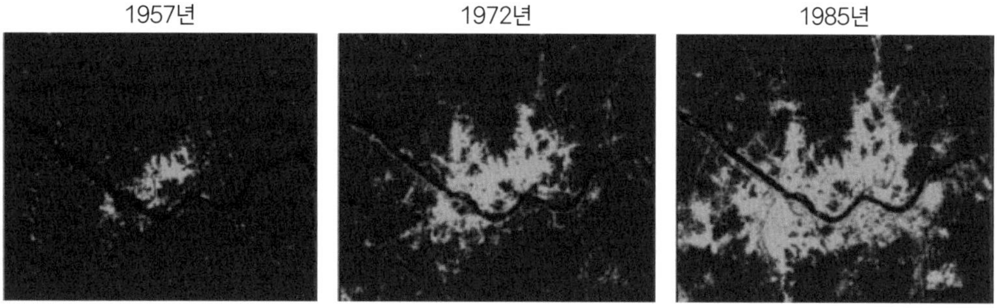

1957년 1972년 1985년

제방을 건설할 때는 제방 내부에 새로 조성되는 토지를 판매하거나 불하하여 건설비를 조달한다. 이때 토지에 적극적인 배수시설을 설치하면 상습 침수 구역이 단기간 내에 든든한 택지가 될 수 있었으며 이것이 한강의 홍수 문제를 근본적으로 해결하는 열쇠가 된다. 이런 도시개발 방식은 일제강점기에도 일부 적용되었으나 적극적으로 활용되기 시작한 것이 1967년경부터였다. 당시 서울의 국제공항이었던 김포공항으로 연결되는 유료도로인 제1한강교~영등포 간 제방도로가 완공되면서 내부에 8만m²의 토지가 조성되었고, 이후 한강 전역의 제방도로 건설 및 공유수면매립으로 확대되었다.

시공유수면매립식 택지개발의 효과

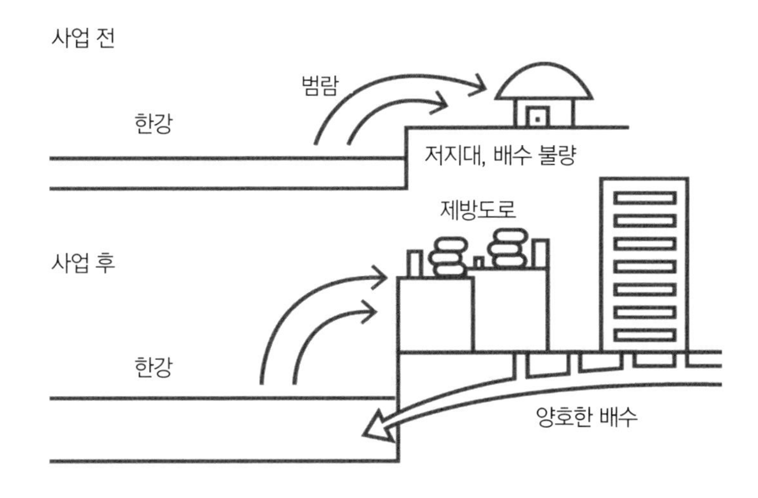

한강 개발과 댐 건설

한강 개발은 한강 상류의 댐 건설이 동반되지 않았으면 어려운 것이었다. 공사 중에 유량을 조절해야 하기 때문이다. 개발 전 한강의 하상계수는 450을 넘었다. 하상계수란 최소유량에 대한 최대유량의 배수로 유럽의 강들은 10~50 사이에 형성되지만, 한국과 일본은 100~1000에서 형성된다.
한강의 주요 댐인 팔당댐은 1966년 착공하여 1973년 완공되었으며, 소양강댐은 1967년 착공해 1973년 완공하였다. 한강변의 공유수면매립은 1960년대 말부터 10여 년간 진행되었고 사업 후반에는 많은 도움을 얻을 수 있었다(한종수 외, 2016). 특히 잠실 지구 공유수면 개발 당시에는 청평댐을 활용해 수위를 낮추기도 하였다(손정목, 2003).

2.2 관련 법체계와 제도

공유수면매립은 땅이 부족한 대도시에선 사업시행자에게 특권에 가까운 면허 사업으로 리스크가 거의 없는 사업이다. 국유하천에 제방을 쌓고 하천부지를 택지로 조성하는데, 건설업 비수기인 겨울철, 12

월부터 4월까지 유휴화하는 중장비와 노동력을 이용하여 우선 첫 해는 제방만 쌓아놓고 다음 해 비수기에 모래를 가져다 퍼부어 택지를 조성할 수 있다. 이렇게 조성한 토지는 국영기업체나 정부투자기관에 일괄 매도하거나 스스로 아파트단지를 조성해서 일반에 분양할 수도 있다(손정목, 2003). 관련된 가장 중요한 제도적 사항은 신규 조성 토지에 관한 소유권 귀속이다. 또 폐천이 되어버린 하천 전체를 매립하였을 경우, 해당 하천이 본래 행정경계였다면 새로 생성된 토지의 행정구역 조정도 중요하다. 매립지의 소유권 귀속과 관련된 문제는 매립주체에 따라 귀속 여부와 소유권 지분 등이 법률[6]에 따라 결정되도록 규정되어 있다. 따라서 공유수면의 매립에서 주목해야 하는 부분은 매립지의 소유권 재편 과정에서 수익이 창출될 것으로 기대하는 참여자와의 이해관계 정립이라고 할 수 있다(해양수산부, 2013).

점용·사용과 함께 공유수면에 대한 주요 이용 형태인 '매립'은 준공 이후 소유권이 부여되고 토지 등록 절차를 거친 후에는 더 이상 공유수면이 아니라는 점에서 「공유수면관리매립법」은 더욱 엄격하게 관리하고 있다. 즉, 공유수면에 대한 매립은 원칙적으로 공유수면 매립 기본계획에 반영된 사업에 대해서만 가능하다. 다만, 예외적으로 매립 예정지의 매립 주체가 국가 또는 지방자치단체인 때에는 그 매립 목적이 공용 또는 공공용 시설을 설치하는 경우에 한하여 매립 기본계획에 대한 변경이 가능하다. 국가, 지방자치단체 또는 면허를 받은 자는 「공유수면관리매립법」 제45조의 규정에 따른 준공검사확인증을 받은 경우에 다음 표에 나타난 구분대로 매립지의 소유권을

6 엄밀히 말해 현재 한국의 법체계에서 정식 명칭을 가진 대부분의 하천은 「공유수면 관리 및 매립에 관한 법률(약칭 공유수면관리매립법)」이 아닌 「하천법」 및 「소하천법」에 의해 공유수면매립을 하게 된다. 그러나 실제로 「하천법」과 「소하천법」에 의해 매립허가가 나오면 「공유수면관리매립법」에 의제하도록 되어 있어 구분의 실익은 적다.

각각 취득한다. 이때 「공유수면관리매립법」 제47조에 근거해서 매립 면허를 받은 자는 준공 검사를 받은 날부터 1년 이내에 국가가 소유권을 취득한 잔여 매립지의 매수를 청구할 수 있으며, 국가는 공용 또는 공공용으로 사용하려는 경우를 제외하고는 청구를 거절하지 못한다.

공유수면매립지의 소유권 구분
출처 : 해양수산부(2013)

구분	대상 매립지
국가	• 매립된 바닷가에 상당하는 면적(매립된 바닷가 중 매립 공사의 사행으로 인하여 새로이 설치된 공용시설 또는 공공시설의 용지에 포함된 바닷가를 제외한다)을 집합구획한 매립지 • 국가·지방자치단체 또는 매립 면허를 받은 자가 소유권을 취득한 매립지를 제외한 잔여 매립지
국가 또는 지자체	공용 또는 공공용에 사용하기 위하여 필요한 매립지
매립 면허권자	국가 또는 지방자치단체가 소유권을 취득한 매립지를 제외한 매립지 중 대통령령이 정하는 당해 매립 공사에 소요된 총 사업비(조사비·설계비·순 공사비·보상비 기타 비용을 합산한 금액으로 한다)에 상당하는 매립지는 매립 면허를 받은 자

2.3 사업추진 과정

한강 제방도로 건설과 택지 조성 판매는 여의도 신도시 개발까지 이어지는 전략적인 과정이었다. 당시 김현옥 시장은 여의도에 제방을 쌓고 신도시로 개발, 판매하면 서울의 각종 도시 문제를 해결할 수 있는 재원을 마련할 수 있을 것이라는 계획을 세웠다. 당시 여의도는 거대한 하중도이자 모래톱으로 군용 비행장으로도 쓰이고 있었다. 또 홍수가 나면 곧잘 범람하여 사람이 살기에는 적당하지 않았기에 주민이 많지 않았다. 이런 여의도에 제방을 쌓아 홍수의 염려를 없애고, 서울의 제2도심으로 조성해 큰 수익을 얻고 그것을 각종 도시 인프라 개발 및 서민 주택공급에 활용한다는 것이 여의도 계획의 골자였다.

1967년 한강개발 3개년계획이 발표된다. 우선 한강 북안과 남안

가로명	구간
강변1로	천호대교 북단~구의동~잠실대교 북단
강변2로	잠실대교 북단~영동대교 북단~한남대교 북단
강변3로	한남대교 북단~반포대교 북단~한강대교 북단
대건로(강변4로)	한강대교 북단~마포대교 북단~양화대교 북단
강변5로	양화대교 북단~망원동~성산대교 북단~난지도 시계
강남1로	강동구 하일동~암사동~천호대교~풍납동~잠실대교
강남2로	잠실대교 남단~청담동~영동대교~한남대교 남단
강남3로	잠실대교 남단~반포대교 남단~동작대교 남단~한강대교
강남4로	한강대교 남단~여의도~양화대교 남단~양화교
강남5로	양화교~염창동~개화동~행주대교 시계

확정된 강변 제방도로의 가로명

1966년 서울시 지도와 강변제방도로 및 공유수면매립
출처 : 지도자료(서울특별시 홈페이지 지도전시관)

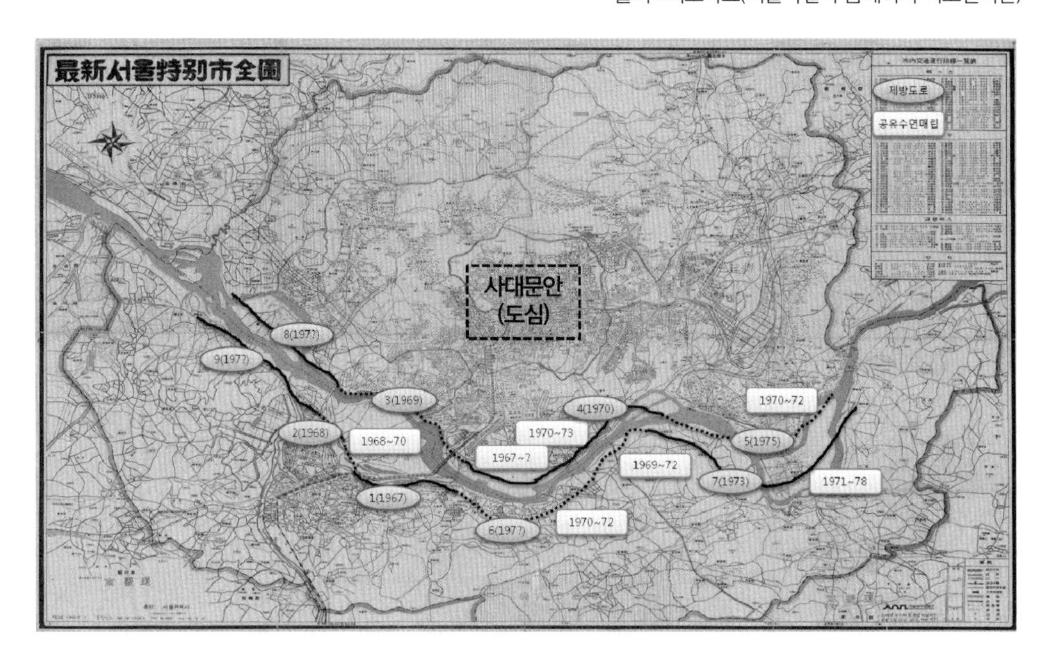

74km에 걸쳐 9개의 제방도로를 건설하며, 도로의 너비는 20m, 4차선으로 하였다. 당시 계산된 조성 택지는 약 230만m^2였다. 9개의 구간으로 나누어 한 구간이 완성되어 조성되는 택지를 판매하여 다음 도로

의 건설비를 확보하도록 하였다. 제방도로 사업을 통한 택지판매 대금은 결국 여의도 건설에 투입하도록 하였다. 제방도로 사업은 작게는 그 자체의 수익 사업이었지만 궁극적으로는 여의도 개발을 위한 수단이었던 것이다.

여의도 윤중제는 1967년 12월에 기공하여 110일 만에 완공하였다. 당시 허가권을 가지고 있던 건설부는 여의도에 제방을 쌓을 경우 한강 본류 너비는 1,300m로 유지할 것을 요구하였고, 이를 위해서 곁에 있던 섬인 밤섬을 폭파하였다. 밤섬에서 채취된 11만 4천m^3의 석재는 다시 윤중제에 투입되었다. 밤섬 주민들에게는 토지보상비와 건물 보상비를 지급하고, 인근 산기슭에 연립주택을 건설하여 집중 이주시켰다(손정목, 2003).

1968년 윤중제 완공 이후, 여의도가 본격적으로 개발되기 시작한 것은 1970년 마포대교가 완공된 이후였다. 이때는 이미 김현옥 시장은 와우아파트 사건이 물러난 후였으며 신임 양택식 시장이 자리를 맡고 있었다. 여의도는 총 2,871,000m^2가 조성되었는데, 도로 등 공공용지 759,000m^2를 제외한 2,112,000m^2를 판매해야 했다. 당시 서울시는 이미 재정은 부족하고, 핵심 시유지도 모두 팔아버린 상태였는데, 도시가 성장해 지하철 건설이 꼭 필요한 시점이었다. 게다가 대통령의 특별 지시로 396,000m^2의 토지를 광장 부지로 해야 했다. 이런 어려운 상황에서 재원 마련을 위해서는 여의도 신도시 사업은 대성공이어야 했다.

결과적으로 여의도 사업은 성공적이었다. 1971년 이미 택지판매 대금으로 개발비를 모두 회수하였을 뿐 아니라 지하철 건설비로도 쓸 수 있었다. 여의도가 성공한 이유는 그것이 서울 시민들에게 신도시의 매력을 확실하게 전달했기 때문이다. 고급 아파트인 시범아파트로 시작된 주택공급은 처음에는 반응이 좋지 않았으나 곧 입소문을 탔다. 아파트 자체의 편리함, 단지의 쾌적함, 공동구가 설치된 환경, 현대적인 도시풍광과 아름다운 자연환경, 우수하고 풍부한 교육시설의 배치, 국회와 방송국 등 앵커 시설의 유치 등으로 여의도는 한국 최초로 세간의 주목을 받은 신도시 사업이 되었다.

여의도와 제방도로 외에도 공기업 및 민간 기업에 의한 다수의 공유수면매립 사업도 추진되었다. 수자원공사는 소양강댐 개발을 위한 자금 마련을 위해 사업을 추진하였으며, 그 외 한국의 내로라하는 기업들이 공유수면매립 허가를 받기 위해 노력하였다. 이 당시 조성된 택지들이 현재의 한강변 아파트 주거 단지를 형성하고 있으며, 특히 강남의 한강변 아파트는 대부분 이런 식으로 조성되었다.

1967년 수자원공사는 동부이촌동의 강변 백사장을 매립하여 택지를 조성했다. 계획면적은 사유지 38,000m², 시유지 13만m², 하천 부지 173만m², 총 340만m²였다. 한강에서 290만m³의 토사를 퍼 올렸으며, 당시 준설전문가들이 감독을 맡아 수월하게 해냈다. 준공 면적은 400만m²로 이 중 도로 부지, 제방 부지를 제외하고 약 300만m²가 수자원공사에 귀속되었다. 이 택지는 대한주택공사(현 LH) 및 민간건설사에 판매되어 아파트단지가 건설되었다. 또 다른 대형 부지는 현대건설이 추진한 압구정 지구로 1969년 공유수면매립 허가가 나왔다. 근처에 여름에는 물에 잠기는 섬이었던 저자도의 토사를 이용했다. 계획면적은 17만m²였다. 또 현대건설, 삼부토건, 대림건설이 공동 설립한 경인개발 주식회사가 추진한 반포 지구였다. 본래는 대규모의 모래사장이었다. 1970년 총 계획면적 63만m²에 대한 공유수면매립 면허가 나왔다. 1972년에 준공되었으며, 52만m²가 매립자에게 귀속되고 10만m²가 제방 및 도로용지로 국유화되었다. 이 택지는 대한주택공사에 일괄 매각되어 5~6층짜리 아파트 99동 3,650가구가 건설되었다.

잠실 지구 개발계획 개요
출처 : 손정목(2003)

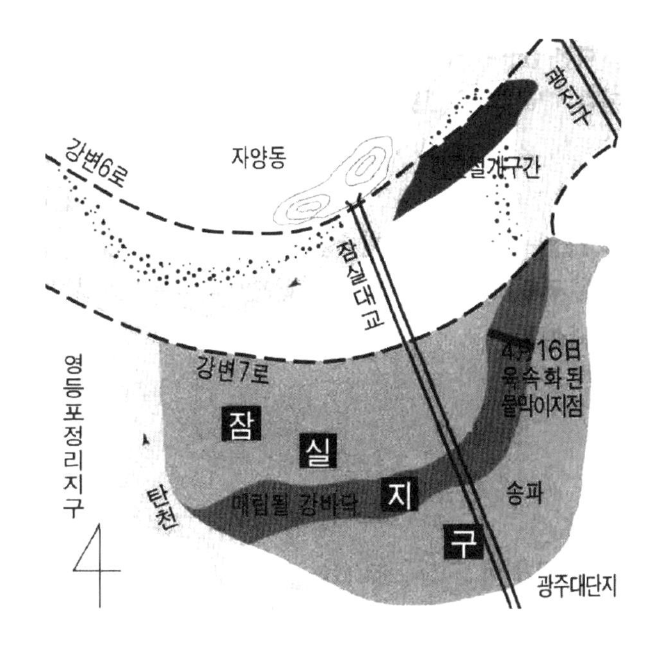

1971년부터 수행된 잠실 지구 공유수면 개발은 아예 한강의 한 본류를 매립해버렸다. 잠실섬의 동북부를 절개하여 광진교 쪽에서 흘러내려오는 본류를 뚝섬 쪽으로 돌리는 한편 잠실섬 남쪽은 막아서 남쪽 본류를 육지화했다. 길이 1,300m, 너비 200m의 하천 절개공사에는 1,470대의 불도저, 5,000대의 페이로더, 5,300대의 트럭, 연인원 26,000명이 동원되었다. 수면 이하 70cm까지는 불도저로 굴착하고 수면 위는 페이로더로 파내어 이 토사를 매립 예정지까지 운반해서 메웠다. 송파쪽 물막이 지점에는 50~70kg 무게의 돌 5,000m^3, 빈 가마니 2만 장, 자갈 3만m^{3}가 투입되었다(손정목, 2003). 물막이 공사에서 상류댐의 존재는 중요했다. 물막이 최종공사가 벌어진 4월 15일 오후 4시부터 상류인 청평댐발전소가 발전을 중지함으로써 물막이 공사 지점의 수위를 약 20cm 낮추고 강물의 속도로 낮추었다. 1971년 공유수면매립 공사가 면허되고 착공될 당시 만 3년이면 충분히 공사를 끝낼 수 있을 것으로 보았다. 그러나 실제로 공사를 진행해보니 한강에서 거두어 올리는 토사의 양이 턱없이 부족했다. 두 차례나 설계를 변경하여 인가된 면적을 축소하였다. 1975년 말 제방 축조 공사는 완성되었으나 택지가 조성될 만큼 땅이 메워지지 않아 준공검사가 되지 않았다. 사업자는 주변에 있는 언덕을 헐어 공사를 완료하고 싶어 했지만 당시 이 언덕이 고대의 유적으로 토성의 흔적이라는 것이 알려질 때였고 서울시가 받아들이지 않았다. 서울시는 대신 쓰레기를 가져다 쓰기로 하였다. 이미 전에도 사용했던 방법으로, 당시 쓰레기 주종은 연탄재였기 때문에 저지대 매립에는 좋았다. 약 2년에 걸쳐 잠실 저지대는 쓰레기 매립장으로 활용되었고 이후 사업자가 서울 시내 건설공사 현장에서 배출되는 토사를 운반하여 쓰레기 위에 복토하였다.

2.4 성과와 과제

한강에 제방을 쌓아 홍수를 방지하고, 새로 생긴 땅에 홍수 방지 능력이 뛰어난 택지를 조성하며, 수익금을 시 재정으로 환원한다는 사업 구조는 획기적인 방식으로 뛰어난 아이디어였다고 할 수 있다. 현재 한강변의 주택들은 대부분 이런 방식으로 들어섰다고 볼 수 있다.

아쉬운 면도 있다. 제방을 쌓고 도로를 건설함으로써 한강과 시민의 연결을 크게 제한하였다는 점이다. 또 한강변의 수려한 경관을 한강 주변의 주택에 독점시켰다는 것도 문제가 된다. 그 옛날 한강변에 모여 선거유세를 하던 광경이나 한강에 쉽게 다가가 썰매를 타고 고기를 잡는 모습은 찾아보기 어렵게 되었다. 한강종합개발사업을 통해 한강시민공원을 조성하긴 하였지만 쉽게 접근할 수 있는 한강은 사라진 셈이다.

그러나 이 사업을 통해 서울의 고질적인 홍수 문제를 상당 부분 해소하였다는 것은 개발도상국들이 주목할 만한 점이다. 단지 제방을 쌓는 것으로 끝내지 않고 제방 안쪽을 택지개발하면서 하수도관을 증설하였고, 그 설치비 또한 당 사업비로 모두 충당할 수 있었다.

3. 강남 : 초거대 구획정리와 비환지

3.1 시대적 배경과 흐름 : 강남을 개발하게 되기까지

강남은 1960년대 후반 서울과 한국 제2의 대도시인 부산을 연결하는 고속도로 건설비용의 일부를 마련하기 위해 토지구획정리 방식으로 개발하였다. 그러나 강남 개발계획이 처음부터 고속도로 건설을 위해 수립되었던 것은 아니다. 1960년대 초반부터 한강 이남의 일부 지역을 영국식 전원도시로 개발하려는 구상이 있었다(서울연구원, 2012). 그러나 결과적으로 강남은 전원도시가 아닌 서울의 부도심이자 고밀도의 시가지로 개발되었고, 현재는 서울의 제2도심이 되었다.

강남이 서울의 행정구역에 편입된 것은 1963년이었으며, 당시 서울 시민에게는 작은 배를 타고 한강을 건너 다녀올 수 있는 하루 일정의 소풍지였다. 1966년 수립된 서울도시기본계획은 토지구획정리를 통해 강남에 시가지를 형성하는 계획을 세웠는데, 활발히 추진하기보다는 토지구획정리 예정지로 정해놓은 것뿐이었다. 1966년 당시에는 경부고속도로 건설계획도 전혀 없었으며, 다만 강남으로 연결되는 한강교량(제3한강교[7])을 건설하면서 토지가격이 증가할 것을 대비해 도로, 학교, 공원 등 공공용지를 계획적으로 확보할 근거를 마련해두겠다는 정도였다. 게다가 한강교량의 건설도 지지부진하면서 강남 개발은 중요하게 다뤄지지 않았다.

개발은 1967년 경부고속도로 건설과 함께 본격화하였다. 또한 같은 해 11월 제3한강교 남단을 경부고속도로의 기점으로 하고, 7.6km 구간의 부지를 확보하기 위해 대대적인 토지구획정리를 실시하게 된 것이다. 다만, 건설비용은 국고에서 지원하였다. 강남이 개발된 원인은 1950년부터 3년간 치러진 한국전쟁의 영향도 컸다. 당시 서울은 한강 북쪽에 한정되어 있었는데, 북한의 공격으로 피난할 때 한강을 건널 수 있는 다리가 2개뿐이었던 것이다. 60년대에는 아직 전쟁의 기억을 가진 시민들이 절대다수였고, 유사시 한강을 건너지 못하는 두려움이 있었다. 정부 역시 서울 시민이 늘어날수록 도강에 대한 부담감이 커졌고, 한강 이남에 새서울을 건설해야 한다는 의견이 있었다.

너무나 광대한 토지였고 기개발지가 아닌 논밭이나 공유수면매립을 마친 나대지가 대부분을 차지했기 때문에, 기존과는 다른 강남만의 토지구획정리를 구상해야 했다. 영동1 지구, 영동2 지구, 잠실 지구 등이 차례대로 개발되었으며, 처음에는 전통적인 토지구획정리 방식을 도입하였다가 필지가 너무 작아지고, 도로를 넓게 만들 수 없으며, 공원과 학교 부지를 많이 확보하기 어려웠던 문제들을 당면하면서 여러 차례 제도를 보완했다.

7 현재의 한남대교이다.

한국은 왜 그리고 어떻게 서울 - 부산 고속도로를 건설했는가?

1967년 한국은 고속도로를 건설하기로 결정한다. 당시 박정희 대통령이 독일에서 아우토반에 감명을 받아 고속도로 건설을 결심했다는 것은 아주 유명한 이야기이다. 인구 밀집지역인 서울과 산업 핵심 지역이자 무역항인 부산을 연결한다는 것은 당시로서는 아직 그 이유를 실감할 수 있는 때는 아니었으며, 대통령의 강력한 의지가 가장 큰 영향을 미쳤다.

기공식은 1968년 2월에 하였지만, 일부 구간은 공병대를 동원해 먼저 공사에 들어가는 등 빠른 시간에 완성하기 위해 총력전을 펼쳤다. 고속도로 건설이 시기상조라는 반대가 많았고 당시 한국의 경제 규모에 비해 건설비도 너무 컸기 때문이다. 고속도로를 개통해 효용을 실감케 하고, 건설비도 빨리 회수하는 것이 급선무였다. 결국 왕복 4차로, 총 연장 400여 km의 고속도로가 2년 반 만인 1970년 7월 완공하였다.

경부고속도로는 당시 일본 기준의 정상적인 건설비보다 7분의 1밖에 들어가지 않고 겨우 2년 만에 완공했는데, 일부 기록에 의하면 한국전쟁 당시 미군에 의해 부산에서 서울로 이어지는 군사용 도로 노선들이 일부 설정되어 포장까지 된 도로들이 여럿 있었고, 이것을 하나의 고속도로로 연결한 것이기에 가능한 것이었다고 한다. 보상과 정지작업의 비용과 시간이 절약된 것이다(임동근 외, 2015).

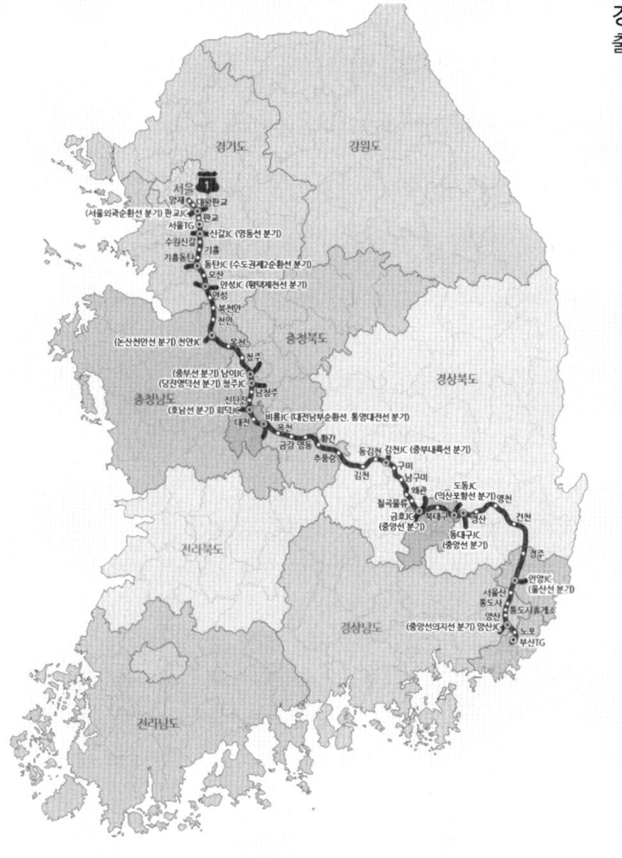

경부고속도로 노선도
출처 : 한국도로공사

주택은 주로 한국식의 아파트로 채워졌는데 싸고 빠르게 지을 수 있는 주거형식이었다. 서울 시민들의 시각에선 한강 건너편 벌판에 불과하였기에 처음에 인기가 없었고 땅이 잘 팔리지 않아 사업비 회수가 어려웠다. 당시 대통령은 땅이 팔리지 않는다면 집을 지어서 팔도록 지시했고, 싸고 빠르게 지을 수 있는 아파트가 그 수단으로 선택되어 적극적으로 공급되었다. 또 정부의 강력한 의지로 한강 이북의 신규 개발을 억제하고, 대법원 등의 핵심 시설과 전통적인 유명 중고등학교를 강남으로 이전시킴으로써 강남이 인기를 얻기 시작했다.

1970년대는 강남과 잠실의 토지구획정리사업과 아파트 중심의 신시가지 모델이 패키지가 되어 10여 년 만에 4,000만m^2에 이르는 벌판이 시가지로 변모한다. 토지구획정리사업에 아파트의 광적인 인기가 얹어지면서 사업성이 크게 증가해 강남 사업은 큰 난관 없이 마무리될 수 있었다. 그러나 구획정리 기법의 태생적 한계는 있었고 이후 강남을 포함한 서울 주변의 시가지는 토지수용에 의해 개발하는 방식으로 전환하게 된다.

왜 한국에서는 아파트가 인기 있었는가?

한국식 아파트는 한국의 전통가옥을 그대로 수직으로 겹쳐 올린 형식에 가까웠다. 환기가 우수하고 난방에 유리했으며, 해충의 차단이 쉬웠다. 청소도 간편했다. 주부의 가사노동이 크게 감소하였고 표준화된 공간구조로 사고팔기에도 유리했다. 아파트는 생소한 주거양식이었으나 1970년대에 이르러 긍정적인 인식이 확산하기 시작했다.
당시 대한주택공사가 발표한 주택 유효 수요 추정 보고서에 따르면 아파트 선호도는 전체 국민의 6%에 불과하였지만, 대졸자만 놓고 보면 11%, 여성 대졸자만 놓고 보면 25%에 달했다. 즉, 아파트의 생활양식이 익숙하지는 않았지만 가사노동이 대폭 줄어든다는 점을 알고 있던 중산층 이상의 소득자들, 즉 주택의 본격적인 유효 수요인 계층이 아파트를 선호하고 있었던 것이다.
한국식 아파트는 부동산 투자에도 유리했다. 모양과 규모가 제각각인 단독주택에 비해 아파트는 규격화되고 주소도 간단해 시장거래에 편리했다. 아파트 거래가 활성화하고 가격이 오르면서 아파트는 부의 창출을 위한 수단으로 인식되었고 아파트 가격은 빠르게 상승했다. 많은 시민들은 자신들의 전 재산을 아파트 구입에 투자했다.

강남의 토지구획정리는 특별한가?

토지구획정리는 농지의 경지 정리사업에서 힌트를 얻은 것으로 오래전부터 세계적으로 널리 사용되는 기법이다. 토지가격 상승기라는 전제조건만 있다면 사업자의 비용 부담이 적고, 토지소유자들의 반발도 적기 때문이다. 그러나 소유권이 복잡하게 얽혀 있거나 등기 시스템이 부재한 경우 수행이 어려우며, 더하여 사업면적이 거대하다면 실행이 거의 불가능하다. 서울 역시 초기에는 서교, 동대문, 수유, 불광, 면목, 성산 등에서 도로 건설과 병행하며 100만m^2 내외의 토지구획정리를 실시해왔을 뿐이었다. 그러나 강남 개발은 한강에 가로막혀 오랫동안 미개발지였던 거대 토지를 한꺼번에 구획정리함으로써 비교적 소유권 문제가 단순했고, 시행자의 자율성도 높았다는 점에서 특별한 면이 있었다고 할 수 있다.

3.2 관련 법체계와 제도

강남 개발의 핵심이 되었던 법은 「토지구획정리사업법」(현 「도시개발법」 환지방식)과 「주택건설촉진법」(현 「주택법」)이었다. 기본적으로 강남은 토지구획정리를 통해 개발하였으며, 사업면적이 너무나 대규모였기 때문에 나타난 여러 한계를 보완하기 위해 1977년 「주택건설촉진법」이 제정·적용되었다. 그러나 결국 구획정리의 근본적 한계는 해소하기 어려웠으므로 1980년 말 「택지개발촉진법」이 제정되는 계기가 되기도 하였다(토지주택연구원, 2010). 농촌의 경지 정리를 도시개발에 접목한 토지구획정리는 오래된 시가지 또는 미개발지에 토지소유 관계가 자연 형성되는 과정에서 나타나는 비효율적 토지이용에 적용할 수 있다. 해당 토지를 현대적 시가지로 정비하여 토지의 가치를 상승시키고 사업시행자는 그 대가로 토지소유자의 토지 중 일부를 양도받는다.

토지구획정리의 핵심은 환지와 감보이다. 시행자는 토지소유자의 토지 경계를 다시 정해 돌려주는데 이를 환지라고 한다. 환지를 할 때는 도로, 공원 등의 공공용지용 토지와 사업시행자의 사업비에 해당하는 면적을 제외하고 원래 토지의 30~70%의 면적만을 돌려주게 되는데, 이를 감보라고 한다. 이를 위한 환지 설계와 감보율 책정이 가장 큰 난관이 된다.

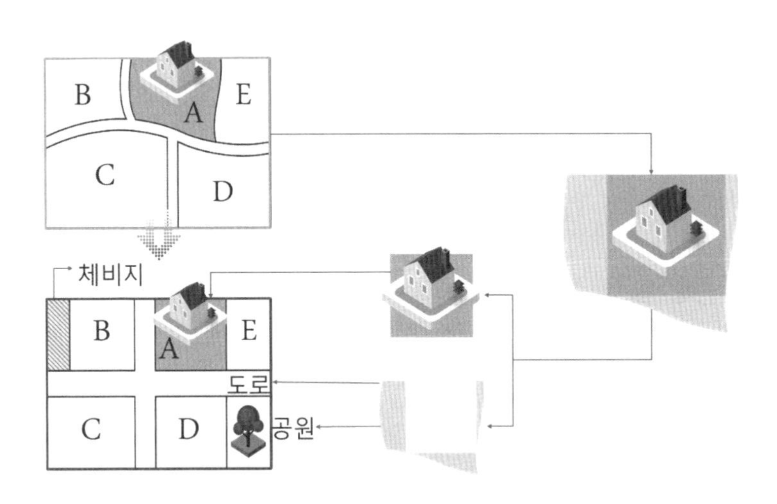

토지구획정리의 원리

토지구획정리의 장점으로 용지 보상비 부담 완화, 민원 최소화, 민간의 사업 참여 용이, 공공용지 확보 용이, 대규모 택지 매각 부담 완화 등을 들 수 있다. 반면, 단점으로 복잡한 환지계획 절차(사업 지연 가능성 증가), 개발이익의 불공평한 분배, 감보율에 따른 민원 유발 등이 있다(지종덕, 1997).

한국의 「도시개발법」에 따르면 환지방식의 도시개발사업은 대상지역 면적의 3분의 2 이상의 토지소유자와 그 지역의 토지소유자 총 수의 2분의 1 이상의 동의를 받아야 한다. 그러나 시행자가 국가 또는 지자체일 경우에 이 조항은 무력화한다(법 제4조 제5항). 시행자는 환지 예정지를 지정하며, 지정된 경우 종전 토지의 권리는 예정 지정지로 귀속된다(법 제35조, 제36조). 현재 「도시개발법」에 의한 환지

사업은 임대주택 건설용지를 조성·공급하거나 임대주택을 건설·공급하도록 하고 있다(법 제21조의3 제1항). 시행자는 사업에 필요한 경비에 충당하기 위해 일정한 토지를 환지로 정하지 아니하고 보류지로 정할 수 있다(법 제34조 제1항). 이를 체비지라 한다. 시행자는 공동주택 건설을 촉진하기 위해 체비지 중 일부를 같은 지역에 집단으로 정할 수 있다(법 제34조 제2항).

또 다른 축이었던 「주택건설촉진법」은 토지구획정리로 조성된 토지에서 민간 및 공기업이 대규모 아파트 공급을 할 수 있도록 지원한 법이었다. 우선 아파트 지구를 도입하였다. 아파트 지구는 토지이용을 공동주택 건설로 한정함으로써 영동 지구의 주택공급을 활성화하였다. 또 국민주택기금(현 주택도시기금)을 도입하여 공동주택 구입을 원하는 사람들은 기금에 출연하도록 하였으며, 이 기금을 토대로 건설사들의 주택공급을 지원할 수 있었다.

3.3 사업추진 과정

강남의 토지구획정리는 크게 영동1 지구, 영동2 지구, 잠실 지구로 구분된다. 영동1 지구는 1966년 지구지정을 받아 1968년 사업시행인가를 받았으며, 최종 1,373만m^{2}가 시행되어 1990년 완료하였고, 현재의 강남역을 포함한 서초구 지역이 형성되었다. 영동2 지구는 1966년 지정, 1971년 사업시행인가를 받았으며, 최종 1,315만m^{2}가 개발되어 1985년 완료하였고, 현재의 강남구 지역을 형성하였다. 잠실 지구는 1971년 지구지정을 받아 1974년부터 1986년까지 시행되어 1,122만m^{2}가 조성되었으며, 현재의 송파구를 형성하였다.

영동1 지구 토지구획정리는 강남의 신시가지 개발이 필요한 시점에서 이곳을 관통하는 고속도로가 건설되면서 본격적으로 추진되었다. 7.6km에 달하는 고속도로 구간을 위해 확보해야 할 토지는 약 30만m^2였는데 이를 위해 전체 구획정리 구역도 매우 커야 했다. 사업 착수 당시 이미 1,033만m^2라는 엄청난 대규모였는데 기존에 서울에서 진행하던 사업들의 5~10배에 해당하는 크기였다. 이마저도 고속도로 부지를 떼어주고 나면 도로, 공원, 학교 용지 등을 확보할 수 없다는 판단에 여러 차례 구역을 확장하여 1,695만m^2까지 늘어나기도 했다. 당시 일반적인 토지구획정리는 일본에서도 100만m^2 정도였고, 한국에서 가장 큰 것이 600만m^2 정도였다. 영동2 지구는 영동1 지구에 비해 3년 늦게 추진되었기 때문에 여러 가지 개선과 변화가 있었다. 첫째, 폭 50~70m의 간선도로를 배치하여 격자형 가로를 형성하였다. 또 기존의 토지구획정리가 감보를 거친 작은 필지를 형성하는 것을 보완하여 대지 최소 면적을 200m^2 내외로 설정하였다. 그러나 워낙 넓은 토지를 대상으로 토지구획정리를 하면서, 근접 환지 원칙을 유지하였기 때문에 간선도로가 형성한 슈퍼블록 안으로 조금만 들어가도 길이 좁고 불규칙한 문제는 여전하였다. 또 공원과 학교 용지 확보를 위해 더 강력한 감보를 실시하였는데도, 학교와 공원 부지의 비율은 훨씬 더 적었다. 영동 지구는 한강 이북의 인구를 이남으로 분산시키는 목적도 가지고 있었지만, 개발 초기에는 인구 이동이 뜻대로 이뤄지지 않았고 체비지도 잘 팔리지 않았다. 게다가 전 구역을 동시에 시공함에 따라 재정상의 어려움을 겪었다. 거점개발 방식으로 공무원 아파트와 주택단지를 개발했지만 광대한 영동 지구에서 별다른 효과를 보이지 못했다(서울대학교 환경대학원 40주년 역사서 발간위원회, 2010).

서울의 토지구획정리사업과 영동 지구
출처 : 서울특별시(1996)

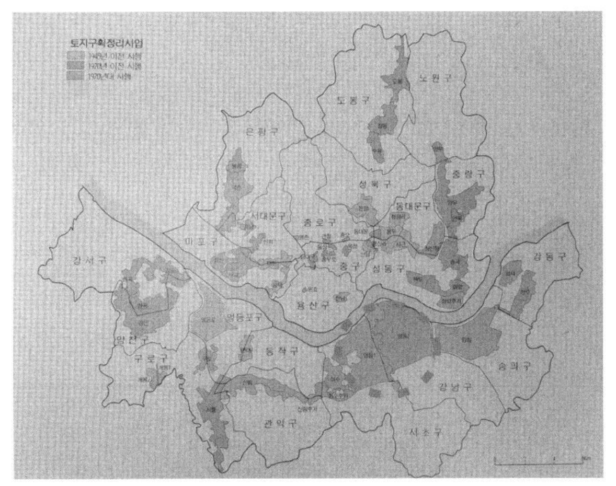

영동 지구 공사 현장
출처 : 서울사진아카이브

영동 지구 토지구획정리 추진 과정
출처 : 서울역사박물관(2011)

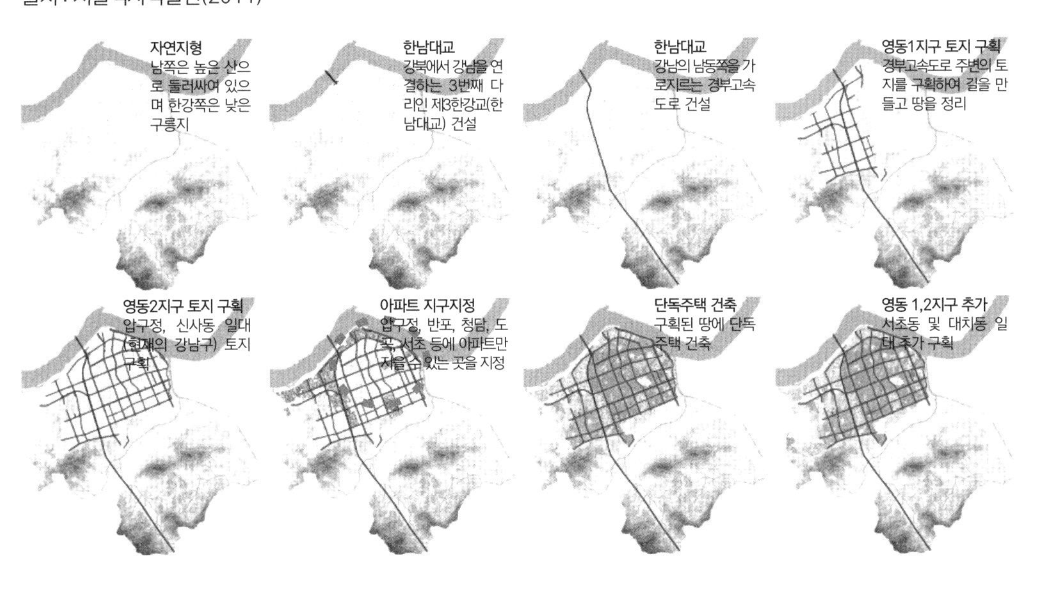

자연지형
남쪽은 높은 산으로 둘러싸여 있으며 한강쪽은 낮은 구릉지
한남대교
강북에서 강남을 연결하는 3번째 다리인 제3한강교(한남대교) 건설
한남대교
강남의 남동쪽을 가로지르는 경부고속도로 건설
영동1지구 토지 구획
경부고속도로 주변의 토지를 구획하여 길을 만들고 땅을 정리
영동2지구 토지 구획
압구정, 신사동 일대(현재의 강남구) 토지 구획
아파트 지구지정
압구정, 반포, 청담, 도곡, 서초 등에 아파트만 지을 수 있는 곳을 지정
단독주택 건축
구획된 땅에 단독주택 건축
영동 1,2지구 추가
서초동 및 대치동 일대 추가 구획

정부는 강북의 개발을 강력하게 억제하고, 영동 지구에 지원을 쏟아부었다. 1970년대 초반의 주요 강북 개발 억제책으로 도심지 내 신규 건축 금지(1970), 백화점 및 유흥업소 신규 허가 불허(1972), 학교 신설과 확장 불허(1974)가 있었다(서울연구원, 2016). 영동 지구 지원을 위해서는 교량(영동대교)을 추가 건설하였으며, 한강 이남 지역을 횡으로 연결해주는 남부순환도로를 개통시켰다. 또 서울시는 원 도심, 여의도, 강남을 연결하는 순환지하철을 건설하였으며, 15만m^2 규모의 고속터미널을 설치하였다. 그러나 1970년대 중반까지도 영동 지구는 인기가 없었다. 전환점이 된 것은 아파트 지구의 도입이었다. 1970년대 초반에 여의도 시범아파트와 한강 북안(동부이촌동)에 공유수면매립지에 건설된 아파트들이 큰 인기를 끌게 된다. 또 1974년 반포에 분양된 아파트는 엄청난 반응을 얻었다. 서울시는 영동 지구도 아파트 중심으로 개발된다면 인구가 증가하고 토지가격이 상승해 체비지 매각도 가능할 것이라고 판단했다. 그러나 토지구획정리사업의 특성상 아파트단지를 지을 만한 큰 필지가 없었다. 서울시는 아파트 지구를 도입하여 영동1, 2지구의 25%에 달하는 779만m^2를 지정하였다. 아파트 지구 내에서는 오직 공동주택만 지을 수 있으므로 소규모 토지소유자는 주변인들과 조합을 구성하여 직접 공동주택을 짓거나 공동주택 사업자에게 땅을 팔아야 했다. 동시에 서울시는 강북에 아파트 신축을 금지하였다. 누군가에게는 큰 고난이었지만, 결국 강남은 아파트 지구의 도입으로 떠오르는 지역이 되었고 인구가 폭발적으로 유입되었다. 인구가 늘어나자 강북의 명문학교들과 유명 병원들이 이전해왔으며, 강남은 명실상부한 새 서울이 되었다(서울대학교 환경대학원 40주년 역사서 발간위원회, 2010).

아파트 지구

아파트 지구는 용도 지역 지구의 하나로 아파트 지구로 지정되면 그 지역은 아파트만을 지을 수 있다. 1970년대 초반 영동 지구가 별다른 인기가 없자 서울시는 재정난을 타개하기 위해 당시 인기를 끌고 있던 아파트를 영동 지구에 대량 공급할 방도를 찾았다. 도시 주택난이 컸기 때문에 아파트는 좋은 대안이었다. 우선 1973년 특별법을 제정하여 민간 기업의 아파트 건설에 세제 지원을 줄 수 있도록 하였다. 그러나 토지구획정리로 구성된 영동 지구의 필지가 단독주택 위주의 소필지인 것이 문제였다. 서울시는 1975년 8월 건설부에 아파트 지구의 신설을 요청했고, 1976년 1월 「도시계획법 시행령」을 통해 근거가 마련되어 같은 해 8월 영동 지구에 11개의 아파트 지구를 지정하였다. 건물 높이는 5~12층으로 고속도로변은 5층, 한강변은 15층으로 하였으며, 대지면적은 661.15m^2(200평) 이상에 건축면적은 330.57m^2(100평)으로 규제하였다. 이후 1977년 「주택건설촉진법」이 제정되어 아파트 지구는 시행령이 아닌 법률에 의해 근거가 유지되었다.

잠실 지구의 구획정리사업은 도시설계에 의한 사업으로 이후의 공영개발로 가는 과도기적 작품이었다. 국제대회를 치를 수 있는 운동장을 갖춘 지역으로 설계된 것이다. 1973년 박정희 대통령이 잠실 지구에 대규모 체육시설을 만들 것을 검토하라는 지시를 내리면서 본격화되었다. 당시 한국은 제대로 국제규격을 갖춘 종합운동장이 없어 1970년 서울에서 개최 예정이었던 아시안게임 개최를 포기하는 수모를 당했던 것이다. 이때는 일본에서 도시설계가 막 적용되고 있던 시기로 한국에서도 도시설계 기법에 의한 개발이 필요하다는 목소리가 나오고 있었다.

본래 잠실 지구는 1971년부터 토지구획정리사업이 진행되고 있었고 그 면적은 1,120만m^{2}에 달했다. 잠실 지구 사업이 추진된 이유는 광주대단지 사업이 관계가 있었다. 서울의 판자촌을 소개하고 그 주민들을 서울 동남쪽 한강 건너 20km 지점으로 집단 이주시킨 것이 광주대단지이다. 서울 도심에서 일을 해야 하는 저소득층을 너무 멀리 내보낸 것이 실수였고, 결국 저항으로 이어졌다. 서울시는 잠실대교를 건설하여 광주단지의 도심 연결성을 확대하려 하였으나 광주단지만을 위해 건설할 수는 없었고, 그 비용도 마련해야 했기에 잠실 지구 토지구획정리에 착수해 있었다.

광주대단지의 비극

1960년대 건설된 광주대단지(성남단지)는 서울 내의 무허가 건물 철거민을 집단 이주시킨 주거단지로 일종의 신도시였다. 그러나 제대로 준비되지 않은 무분별한 이주는 많은 문제를 발생시켰고, 결국 이주민의 폭동이라는 끔찍한 결과를 가져왔다. 이때의 사건으로 한국에서는 서울 외부의 신도시에 부정적인 기류가 생겼고, 20여 년이 지난 1980년대 말 분당, 일산 등 수도권 신도시를 기획할 때 걸림돌이 되었다.

1966년 서울시 인구가 400만에 육박함과 더불어 무허가 건물이 증가하자, 서울시는 뉴타운개발을 통해 이것을 해결해보고자 했다. 총 136,650동의 무허가 건물 중 76,650동을 뉴타운으로 건설하고, 46,000동은 현지개량사업으로, 14,000동은 아파트를 건설하는 계획을 세웠으며 1968년부터 3년간을 사업기간으로 했다. 이 계획안은 수정을 거쳐 철거민 50만 명을 서울 중심지에서 20km 떨어진 지역의 825만m^2로 이주시키는 것으로 하였다. 이 중 495만m^2는 택지로 조성하며 132만m^2는 공장부지로 하였다. 철거민들은 1가구당 100m^2의 택지를 분양받아 장기상환하도록 하였다.

1969년에 입주가 시작된 성남단지는 성숙하지 못한 계획의 결과가 무엇인지 보여줬다. 우선 성남단지 안에 다시 무허가 건물이 증가했다. 1972년 총 주택 수는 23,988동으로 그중 무허가 건물이 4,961동이었다. 철거민을 대상으로 하였기에 중산층이 거의 존재하지 않았으며 1차 산업 3.5%, 2차 산업 7%, 3차 산업 종사자가 89.5%에 달하는 기형적인 모습을 보였다. 자급사속 도시를 의도하고 공업단지를 조성하려고 하였으나 공장들이 제대로 운영되지 못해 취업 기회조차 부족했다. 결국 많은 시민들이 서울로 출퇴근해야 했다. 영세민들 대부분이 서울에서 저숙련 노동에 종사하고 있었기 때문이다. 그러나 서울 연계 대중교통은 거의 존재하지 않았으며 한강을 건널 다리조차 없어 진입하는 데 너무 많은 시간이 들었다. 단지 내 택지 조성 수준도 질이 형편없이 낮았는데 입주 초기에는 상하수도 시설조차 없었다. 시민들의 불만이 가중한 것은 당연한 것이다(우리나라 국토도시이야기, 보성각).

1971년 8월 일부 지역주민들에 의한 대규모 관공서 파괴와 방화가 이뤄졌다. 결정적인 이유는 정부가 장기상환하기로 한 분양가격을 일방적으로 인상하고 토지대금을 일시상환하도록 하며 분양증을 전매할 수도 없게 하였던 것이다. 택지개발에 대한 인식이 알려지지 않았던 당시에 정부가 100원에 매수한 땅을 10,000원에 분양하는 것은 받아들이기가 쉽지 않았으며, 사업 당사자인 서울시의 대응도 고압적이었다. 일부 시민은 버스를 탈취하여 청와대로 향하다 제지당하기도 하였다.

광주대단지 사건 이후로 여러 개선 합의가 있었으나 이후 신도시 조성에 대한 비판적 시각이 형성되었고, 대규모 택지개발을 할 수 있는 역량을 갖추는 데는 10여 년의 시간이 더 필요했다. 그러나 이때의 경험이 토대가 된 것도 사실이다. 한편, 이 사건 이후로 한국은 대규모 영세민 주거단지 건설은 집단화로 인한 사회불안이 나타날 수 있다고 판단하여, 임대주택 등 영세민 주택은 분산 건설하게 된다.

잠실 지구에는 원래 하중도인 잠실섬이 있었는데, 한강이 양쪽으로 흐르고 있었다. 잠실섬의 북쪽은 잘라내어 한강이 흐르게 하고, 남쪽은 매립하여 250만m^2에 달하는 토지를 확보하였다. 여기에 추가로 국유지, 시유지를 합해 16만m^2의 땅이 있었다. 원래 하천 부지가 많은 곳으로 국공유지가 많았기 때문이다.

1974년 초 잠실지구종합개발기본계획 보고서가 발간되었다. 한국 최초의 도시설계 용역보고서였다. 영국의 뉴타운 계획과 일본 오사카의 센리 뉴타운, 도쿄의 다마 뉴타운 등을 참고하였다. 이 뉴타운은 다음의 10가지를 추구했다. ① 커뮤니티의 유기성 ② 높은 수준의 교육시설 ③ 충분한 오픈스페이스 ④ 녹지 계통의 형성 ⑤ 입체적 공간 조성과 도시 경관으로서의 랜드마크 ⑥ 중심 지구의 고밀한 분위기 ⑦ 대규모 상업기능의 유치 ⑧ 주거형식의 다양성 ⑨ 원활한 교통체계 ⑩ 공해 없는 환경이다.

당시 잠실 지구 개발도
출처 : 손정목(1999)

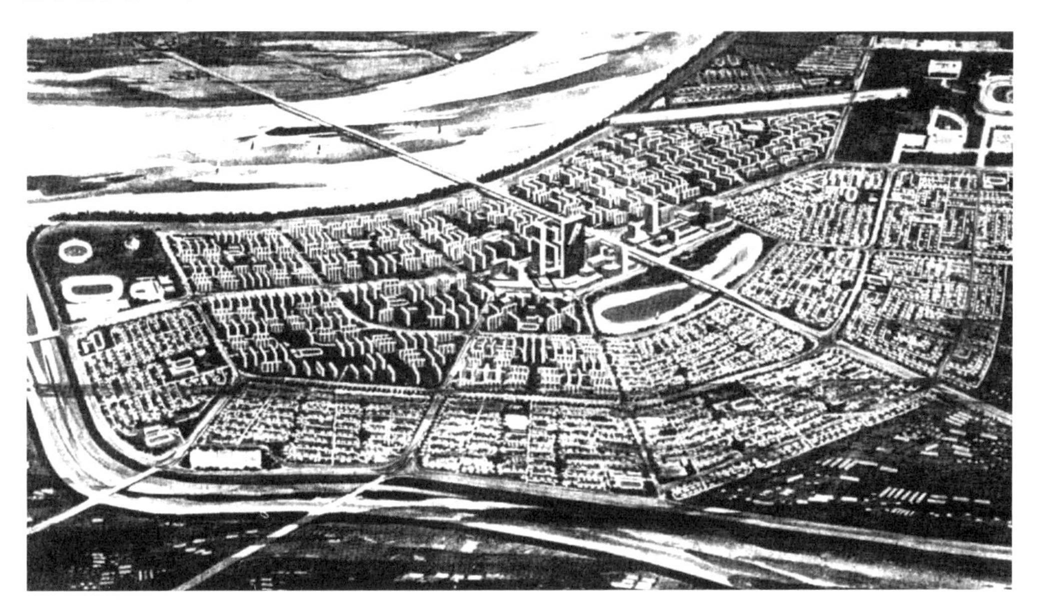

잠실계획의 특징 중에 특이한 것은 대담한 비환지 수법에 의한 집단 체비지의 확보 그리고 높은 감보율이었다. 그것은 그 이전까지 시행되어온 구획정리사업과는 달랐다. 본래 환지는 근접 환지가 원칙이다. 그러나 당 지구에서는 잠실섬에서 성내천 동편으로 밀어낼 정도로 강력한 비환지를 적용하였다. 사업시행자인 서울시는 전체 면적의 14.4%에 달하는 200만m^{2}의 체비지를 집단으로 확보할 수 있었다. 이를 집단체비지라 한다.

다른 특징은 넓은 공공용지의 확보였다. 종합운동장, 호수공원, 근린주구별 공원, 도로, 광장, 제방, 시설녹지, 학교, 시장, 동사무소, 파출소 하천 등 450만m^{2}의 공공용지를 확보하였다. 지구면적의 40.46%에 달했다. 이전에는 20% 정도를 유지하였던 것에 비해 매우 컸다. 감보율도 커서 평균 60%나 되었다. 대담한 비환지, 광역공공용지와 집단체비지, 높은 감보율이 가능했던 것은 평가식 환지계산법이 적용되었기 때문이다. 토지가격이 빠르게 상승하던 시기였기에 가능한 일이었고 저항도 비교적 크지 않았다. 서울시는 잠실 구획정리에서 모두 200만m^{2}의 체비지를 집단 또는 개별로 확보하였다. 집단체비지는 서편이 116만m^2, 동편이 34만m^{2}였는데 이 중 서편의 체비지를 대한주택공사에 일괄 양도하여 대형 아파트단지를 건설하게 하였다.

3.4 성과와 과제

강남의 토지구획정리는 10여 년 만에 3,000만m^{2}가 넘는 광활한 들판을 시가지로 만든 대역사였다. 이 짧은 시간에 서울시의 주요 지표는 크게 개선되었다. 서울시는 끝없이 늘어나는 인구를 수용하기 위해 초기 투자비용이 적은 토지구획정리를 선택하였으며 결과적으로 대성공이었다.

토지구획정리는 적은 초기 투자로 시가지를 형성할 수 있다는 장점이 크지만 여러 단점을 가지고 있었다. 우선 환지 구조와 절차의 복잡성으로 인해 짧아도 5~6년, 길어지면 10~20년이 소요된다는 단점이 있다. 가장 어려운 점은 감보율의 상승이었는데 경제 발전과 함께 사업비용이 증가하고 공공용지 수요가 늘어나 감보율 상승이 불가피했기에 분쟁이 잦아져 사업이 지연되는 문제가 있었다. 서울의 경우 평균 감보율이 1960년대의 31.6%에서 80년대의 55.0%로 증가하는 가운데 토지소유자들의 반발하면 공공용지를 하향 조정하기 십상이었으며, 공공용지의 부족은 공간의 질적 저하를 야기하였다.

토지구획정리가 가지는 개발이익의 사유화 문제는 이 기법이 재정이 부족한 개발도상국의 경제 발전 초기에는 유용하지만 지속적으로 활용할 기법은 아님을 보여준다. 시행자 측 입장에서는 도시기반시설을 갖출 수 있다는 점 외에 이득이 거의 없는데, 토지소유자에게는 엄청난 부를 안겨주기 때문이다. 체비지를 판매해 사업비를 회수해야 하는 시행자는 체비지 가격을 올리기 위해 여러 혜택을 주게 되고 그 이익을 훨씬 더 많은 면적을 차지하는 원 소유자들에게 대부분 돌아가게 된다.

4. 신시가지 개발 : 공영개발방식의 도입

4.1 신흥공업국으로의 도약과 공영개발

공영개발은 공공기관이 저렴한 토지를 일괄 매수하고, 택지로 개발해 가치를 높여 높은 가격에 분양함으로써 개발이익을 획득하는 방식이다. 토지를 얼마나 저렴하고 빠르게 확보할 수 있는가에 사업의 성패가 나뉜다. 매수 비용이 지나치게 높으면 사업 초기부터 너무 큰 금융비용이 발생하며, 매수 기간이 길어지면 착공이 지연되고 시공기간도 늘어나 비용이 눈덩이처럼 불어나기 때문이다. 따라서 토지수용과 신속한 사업추진을 위한 각종 특혜를 제공하되 그 대상을 공공기관에 한정하고 막대한 개발이익을 공익을 위해 활용하도록 하였다.

1980년 공영개발이 도입되기 전에 대량 주택공급은 2개의 흐름으로 나뉘어 있었다. 하나는 신시가지형으로 증가하는 인구를 수용하기 위해 시청이나 민간 기업이 토지구획정리나 공유수면매립을 통해 택지를 확보하고 대한주택공사와 민간건설사가 아파트를 공급하는 것이고, 다른 하나는 산업 배후 신도시형으로 현재의 한국수자원공사의 전신인 산업기지개발 공사가 창원, 구미 등의 산업단지를 만들고 주변에 노동자 등이 살 수 있는 도시를 새로 건설하는 것이었다. 처음부터 서울에서도 신도시를 건설할 수 있다면 더 유리했겠지만 기존 시가지 주변에서는 토지매입에 많은 비용이 들어 엄두를 못 내고 토지구획정리 위주로 사업을 했다.

택지개발과 공공수용

공공기관에 의한 일괄 매수는 1960년대까지는 손쉬웠지만, 1970년대부터는 법적 장치가 필요해졌다. 1962년 울산 특정 공업지구는 계엄령을 선포한 군사정부가 추진하는 것이었고, 토지 매수에 응하지 않는 지주는 바로 구속을 당할 수도 있었다. 1967년 포항단지, 1969년 구미단지 역시 특별한 법적 조치 없이 방대한 토지를 일괄 매수하였다. 그러나 1970년대가 되면서는 공권력의 동원이 필요했다. 그렇지 않고서는 토지 매수 협의에 2~3년이 지나는 동안 땅값을 잡아둘 수 없었던 것이다. 1973년 공포된 「산업기지개발촉진법」은 창원, 여천 등의 공업단지 개발에 활용되었다. 조성 계획의 발표와 동시에 대상지역 일대를 지가 고시 지역으로 지정하고 땅값을 동결하여 토지 매수에 들어간다. 이후 1977년 기존 공업단지의 배후도시를 건설하게 되면서 「산업기지개발촉진법」에 의한 토지수용이 광범위하게 이뤄진다. 이런 경험은 1980년 「택지개발촉진법」에 계승되었으며 이후의 신도시 사업은 사실상 토지수용만으로 수행하게 된다.

1970년대 말에 이르면 토지구획정리와 공유수면매립은 더 이상 유효한 수단일 수 없었다. 70년대 한국은 두 차례의 오일쇼크에도 불구하고 오히려 중동 특수를 활용하고 중화학공업화를 성공시켜 신흥공업국으로 도약하게 되었다. 외화 유입은 한국의 시장에 많은 영향을 미쳤으며, 높아진 소득수준으로 시민의 생활양식도 달라졌다. 쾌적한 공간에 대한 수요가 증가하면서 토지구획정리는 더 효율적인 공간이용을 추구하고 도로율과 공원녹지율을 높여야만 체비지를 제값에 팔 수 있었다. 또 인건비 증가에 따라 시공비용도 계속 증가했다. 따라서 감보율이 크게 높아질 수밖에 없었는데, 원 지주들의 반발이 심할 수밖에 없었다. 그마나도 사업 가능지는 계속 줄어들었다. 공유수면매립도 사업성 있는 부지는 대부분 소진되었다.

반면 신도시 방식은 서울에서도 점차 해볼 만한 이유가 커졌다. 우선 국가경제가 성장하고 금융기법이 성숙함에 따라 자금동원력이 비교할 수 없을 만큼 향상되었다. 이미 대한주택공사가 1977년부터 관악산 남쪽에 과천 신도시를 전면 매수방식으로 개발할 수 있었다.

같은 시기 산업기지개발 공사도 반월에 신도시를 전면 매수하여 개발했다. 물론 서울 행정구역 내의 토지가격과 비교할 것은 아니었으나 개발제한구역이나 저지대 상습 침수 지대라면 서울이라도 전면 매수하여 개발할 수 있는 정도는 되었던 것이다.

서울 택지개발의 시초

서울 권역의 신도시, 특히 택지개발방식의 개발은 박흥식의 남서울 개발계획이 시초라고 할 수 있다. 이 계획은 여러 문제점 때문에 실행되지 못했는데, 가장 큰 문제는 사업지구 내 토지 면적의 3분의 2 이상의 토지소유자의 동의를 얻는 것이었다. 또 사업시행으로 농지를 잃게 된 농민들에게 대체 농지를 알선하고, 일괄 매수에서 토지와 가옥을 팔지 않겠다고 하는 사람들에 대처하기가 어려웠다(손정목, 1997). 토지를 지주에게 돌려주는 환지방식에 비해, 택지개발은 개발이익이 기존 지주에게 돌아가기 어려워 사업 실행이 어렵다. 결국 이 어려움은 공공이 토지를 일괄 수용할 수 있는 근거법이 마련되기까지는 계속될 수밖에 없었다.

1980년 8월 정부는 10년간 주택 500만 호를 공급하겠다는 계획을 발표하였다. 당시 한국의 총 주택 재고가 500만 호 정도였으므로 엄청난 규모였다. 역사적으로 많은 국가에서 일어난 소요와 폭동은 의식주 문제를 해결하지 못한 국민의 불만이 원인이었다는 생각에서 정권 안정화를 위해 발표한 것이다. 당시 한국 도시주민의 주택보유율은 겨우 45%였고 그 주된 원인은 토지가격 비중이 너무 높다는 것이었다. 500만 호 공급을 위해 정부가 내놓은 대안이 바로 「택지개발촉진법」이다. 산업 배후 신도시 건설을 위해 활용되어온 「산업입지개발촉진법」을 개량해 만든 이 법은 공공기관인 사업시행자가 사업대상지에 대한 개발계획을 세우고 택지개발예정지구 지정을 받으면, 대상지의 토지 거래는 동결되고 사업시행자가 독점적인 토지수용권을 획득하게 되는 강력한 법률이다. 또한 19개에 이르는 각종 규제 법률에 의한 개발 승인 및 허가는 이 법에 의거한 각종 위원회 및 관련 규제청 심의 및 협의를 통과하면 자동으로 통과된 것으로 의제되는 특징도 가지고 있다.

「택지개발촉진법」에 의한 택지개발을 공영개발이라 부르는 이유는 이 법이 너무나 강력한 특혜를 부여하기 때문에 원칙적으로 사업시행자를 정부 및 광역자치단체, 공공기관으로 한정하기 때문이다. 대신 시행자는 공익적 목적의 토지는 원가 또는 무료로 제공해야 하고, 도시공간의 설계는 공익성과 효율성을 모두 만족할 수 있어야 한다. 또 도시 인프라 공급을 담당하여 각종 개발부담금을 제공해야 하며, 사업 이익은 다시 공익적 목적을 위해 투자해야 한다. 예를 들어 분당 신도시는 총 사업비가 4조 1,642억 원이었는데, 37.9%에 해당하는 1조 5,762억 원이 전철, 고속도로 등의 간선시설 개발부담금으로 제공되었다.

공영개발은 개포 지구 개발로 시작하여 목동, 상계, 중계 등의 대형 신도시 사업으로 이어져나갔으며, 작은 규모의 택지개발사업도 계속 시행되었다, 이 중 서울시와 한국토지개발공사(현 LH)가 수행한 목동 신도시와 대한주택공사가 시행한 상계 신도시는 주목할 만한 사례이다. 목동 신도시는 여의도, 잠실로 이어져온 서울 내 신도시가 분당, 일산 등의 수도권 신도시로 전환해가는 과도기적 사업으로 한국 신도시의 원형이 되었다. 상계 신도시는 대한주택공사가 과천, 화곡, 잠실 등에서 주도해온 쾌적한 공공주택단지 개발 노하우가 공영개발방식에 접목된 사례이다.

토지투기와 한국토지개발공사의 설립

70년대의 경제성장은 지가 상승과 주택수요의 증가로 이어졌다. 경제성장에 따라 지가가 상승하는 것은 당연한 일이었으나, 문제는 기업의 토지투기가 심해졌다는 것이었다. 또 시민 소득이 증가하고, 도시 인구가 증가하면서 내 집 마련에 대한 욕구도 커졌는데, 이것이 주택가격 상승으로 이어지면서 주택투기도 활발해졌다. 인플레이션이 가중하면서 실물 자산에의 투기는 더욱 활발해질 수밖에 없었다. 정부로서는 특단의 대책을 마련할 필요가 있었다.

정부는 1975년 토지금고를 설립했는데, 기업이 투기한 토지를 강제로 매수하여 기업이 토지대금을 산업 생산에 재투자하는 것 외에 다른 대안을 남겨두지 않도록 하는 방법이었다.

기업은 재빨리 산업 투자를 하지 않으면 인플레이션으로 인해 이 토지대금의 실질 가치가 하락하기 때문에 경제를 활성화하고 토지투기를 막는 효과가 있었다. 한편으로 정부는 이렇게 구매한 토지를 택지 공급에 활용하여 주택을 공급하고자 하였으며, 산업기지개발 공사가 일부 수행하던 택지개발 기능을 분리하여 토지금고에 통합하였다. 이것이 바로 1979년 3월 설립된 한국토지개발공사(현 LH)이다.

한국토지개발공사가 제일 처음 한 과업은 40개 시급 도시 주변에 당장 개발할 수 있는 택지개발 가능지를 찾는 것이었다. 5개월간 연 인원 1,700여 명이 3,000평(9,900m^2) 이상의 개발 가능지를 항공사진 촬영과 현지답사 등으로 조사하였다. 그 결과 모두 1,797개 지구 3억 3천만m^{2}의 토지를 찾을 수 있었다. 현재의 분당 신도시도 이미 이 당시 발굴되어 개발계획을 세워두었다(손정목, 2003).

당시 토지개발공사가 1년에 공급하는 택지는 총 1,000만m^2 정도였는데, 서울을 비롯한 32개 주요 도시가 필요로 하는 택지는 6억m^{2}가 넘었다. 특별조치 또는 특별법 제정이 필요한 상황이었다. 앞선 조사 결과 대도시 내에도 절대농지나 자연녹지로 묶여서 값이 싼 토지가 아주 많았다. 문제는 이 땅을 일시에 확보해야 하고 오래 붙잡아두어도 안 된다는 것이었다. 자칫 값이 오르거나 보상 처리 기간이 길어지면 재정 부담이 너무나 커지기 때문이었다. 이에 따라 위원회 심의와 같은 것을 일거에 처리하거나 생략하는 방법이 고안되기에 이른다.

4.2 관련 법체계와 제도

공영개발은 「택지개발촉진법」에 의해 수행되었으며, 1980년대 법률과 당시의 특징은 다음과 같다(손정목, 2003).

- 일정 규모 이상의 토지를 건설부장관이 '택지개발예정지구'로 지정만 하면 그 토지는 일괄 매수되어 택지로 개발된다. 그 과정에는 몇 가지 절차가 있지만 거의 형식적인 것에 불과했다.

핵심은 '건설부장관에 의한 지정행위'였다.

• 건설부장관의 지정행위는 사업시행자의 신청을 전제로 한다. 사업시행자는 국가, 지방자치단체, 한국토지개발공사, 대한주택공사로 한정되었다. 법 통과 당시 일반 개인은 물론이고 공공법인인 기관, 단체라 하더라도 시행자가 될 수는 없었다(현재는 개정되어 참여 가능).
• 사업시행자가 건설부장관으로부터 택지개발사업 실시계획 승인을 얻은 경우 「도시계획법」을 비롯한 19개의 법률에서 규정된 결정, 인가, 허가, 협의, 면호 등 모두 32개의 처분을 받은 것으로 의제된다. 이런 특징은 1973년에 공포된 「산업기지개발촉진법(현 산업입지및개발에관한법률)」의 선례를 따른 것이다.
• 토지공사 또는 주택공사가 사업시행 지구 내의 토지를 매수하는 행위는 「상법」상의 일반매수가 아닌 「토지수용법」상의 수용이 되었다. 개발계획 승인일이 바로 「토지수용법」상의 사업인정일로 간주되었으며, 토지수용에 관한 재결(裁決) 관할위원회는 중앙토지수용위원회 하나로만 규정되었다.
• 사업시행자는 택지를 공급받을 자(아파트 건설 업자)로부터 그 대금의 전부 또는 일부를 미리 받을 수 있게 했다. 또 토지공사가 시행자인 경우는 토지의 매수대금이나 보상비 중 일부를 공사가 발행하는 토지개발 채권으로 지급할 수 있도록 했다. 토지주로부터의 토지 매수는 토지개발 채권으로 지불하고 조성할 택지의 매각 대금은 선수금으로 미리 받을 수 있게 한 것이다.
• 사업지구 내 들어가 있는 분묘에 대해서는 사업시행자가 강제 이전할 수 있게 하였다.

그 외에 추가로 다음과 같은 내용도 있었다(한국토지공사, 2009).

- 주택건설종합계획에 의한 택지수급계획에 따라 건설부장관이 택지개발예정지구를 지정하되, 「주택건설촉진법」에 의한 주택정책심의회의 심의를 거친다.
- 건설부장관이 택지개발예정지구를 지정하고자 할 때에는 미리 관계 중앙행정기관장과 협의하고, 당해 지방자치 단체장의 의견을 듣도록 한다.
- 택지개발예정지구를 지정한 후 5년 내에 택지개발사업에 착수하지 않을 때에는 지정을 해제한다.
- 택지개발사업의 시행자는 국가, 지방자치단체, 한국토지개발공사 또는 대한주택공사 중에서 건설부장관이 지정한다.
- 택지개발사업의 시행자가 택지를 공급하고자 할 때는 택지의 용도, 공급의 절차, 방법 및 공급 대상자, 기타 공급 조건에 관하여 건설부장관의 승인을 얻도록 한다. 사업시행자가 택지를 「주택건설촉진법」에 의한 국민주택의 건설용지로 공급할 경우에는 공급가격을 택지조성원가 이하로 한다.
- 사업시행자가 개발한 택지를 공급받은 자는 3년 내에 주택을 건설하도록 의무화하고, 이를 위반한 때에는 사업시행자가 이를 환매한다.

현재의 공영개발 제도도 몇 가지 개정을 통해 다음과 같은 특징이 있다. 환지방식을 포함한 타 도시개발 방식은 「도시개발법」에서 규정하고 있는데, 장기적으로 한국의 대규모 택지개발 수요가 줄어들면 「택지개발촉진법」은 「도시개발법」에 흡수될 것으로 예상된다.

「택지개발촉진법」과 「도시개발법」 비교
출처 : 국토해양부(2012)

구분	택지개발촉진법	도시개발법
사업 목적	도시지역의 택지난 해소 택지의 취득, 개발, 공급	계획적 체계적 도시개발 쾌적한 도시환경 조성
개발방식	공영개발방식	혼합개발방식 ※ 혼용, 환지방식
인허가 절차	개발계획을 수립하여 택지개발지구 지정 → 실시계획 → 시공	구역지정(개발계획) → 실시계획 → 사업시행
사업인정 시점 (「토지수용법」상)	택지개발지구의 지정, 고시	구역지정 승인 시
민간의 토지수용권 부여	없음	토지 면적 2/3 매입하고, 소유자 2/3 이상 동의를 얻은 경우
선수 공급	실시계획 승인 후	실시계획 승인 후 ※ 토지 30% 이상 취득 시
지구지정 가능 용도	일반적으로 도시지역 및 그 주변 지역(기본계획상 주거지역)	도시계획구역 내 : 주거/상업/자연·보전녹지 지역 1만m^2 이상, 공업 지역 3만m^2 이상 도시계획구역 외 : 30만m^2 이상 ※ 보존 족지 : 언급 없음
지정권자	20만m^2 미만 : 광역자치단체장 20만m^2 이상 : 국토교통부장관	광역자치단체장 ※ 100만m^2 이상 국토교통부장관 승인
산업단지 조성	도시형 공장 및 첨단산업 집적 단지의 경우 전체 면적의 10%(수도권) 또는 5%(그 외 지역) 이내에서 가능	도시개발사업의 일부로 개발하는 산업단지의 경우 지정을 의제 처리함
사업시행 주체	국가 및 지자체, 공공기관 혹은 제3섹터 중에서 국토교통부장관이 지정	국가 및 지자체, 지방공사 혹은 제3섹터 중 한 곳과 토지소유자 및 조합, 기타 일정 자격을 갖춘 민간 기업 등의 동시 개발 가능
주민 참여 방안	제한적 - 보상 범위, 내역에 대한 의견 제시 - 이주택지를 둘러싼 의견 제시 등	광범위 - 토지구획정리사업이 이뤄지는 곳에서 조합 구성을 통한 참여 가능
민관협력 방안	민간이 50% 미만의 자본을 출자하고 공공과 협력하여 법인을 설립하는 제3섹터 형태의 협력이 가능	단일사업에 대해 역할 분담 방식의 합동 개발 가능
외국인 투자유치	산업단지, 관광단지 등 특수 목적을 위한 단지 조성상 필요한 경우 택지개발 가능	명확하게 규정되어 있지는 않으나 민간 기업의 참여와 동일하게 적용
재원조달방안	- 선수금, 토지상환채권 발행 - 국가나 지자체의 보조나 융자금	- 선수금, 토지상환채권 발행 - 국가, 지자체의 보조, 융자금 - 수익자 부담금 - 도시개발특별회계
토지 취득 방법	- 전면 매수방식 - 필요한 경우 환지방식	매수 또는 환지방식

택지개발의 절차는 지구지정 및 개발계획 수립, 실시계획, 이주대책, 택지공급, 주택공급, 시공, 사업 준공으로 이어지며, 대상지 일부를 환지방식으로 하는 경우 별도의 절차가 진행된다. 일반적으로 개발계획은 지구지정 이전에 수립하여 제출하고, 지구지정과 함께 승인된다. 지구지정이 되면 시행자는 지구 내 토지의 수용권을 갖게 되며, 원소유자의 토지소유권은 제한된다. 시행자는 승인받은 개발계획을 토대로 각종 위원회 및 규제관리청의 심의와 협의를 거치며 개발계획을 수정해나가고, 최종적으로 실시계획 승인을 얻게 된다. 실시계획 승인 시점부터는 택지를 선공급할 수 있으며, 이어 주택공급과 함께 착공을 하게 된다. 여기까지 걸리는 시간은 빠르면 6년에서 길면 15년이다. 사업 준공까지 걸리는 시간은 사업에 따라 많이 다른데, 준공이 되면 사업시행자는 개발지구의 운영 관리 업무를 해당 지자체에 이관하게 된다.

택지개발절차와 소요 시간

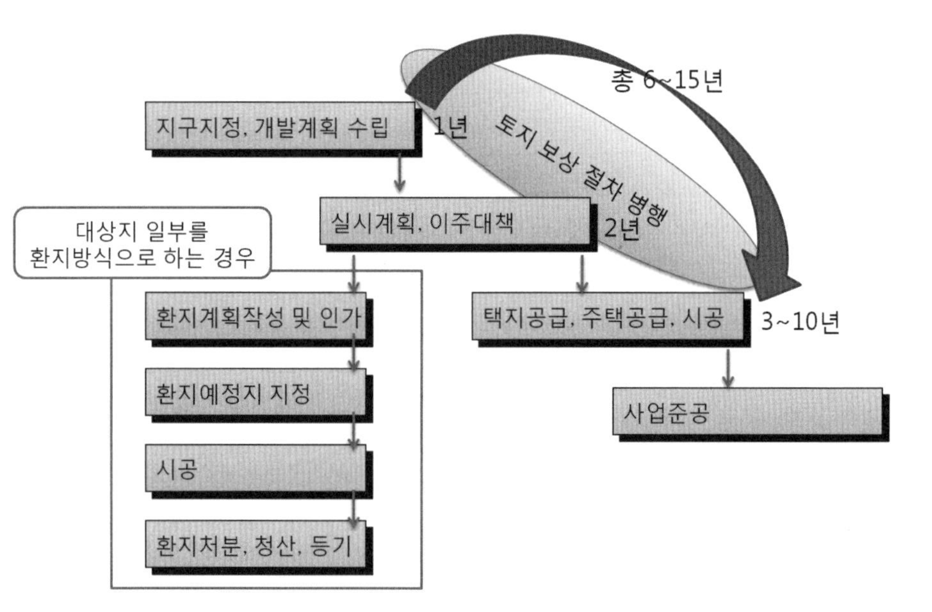

공영개발의 특성상 택지는 별도의 공급가격 기준에 의해 제공된다. 중소형 임대주택과 소형 국민주택,[8] 공립학교 용지는 조성 원가 이하로 공급하며, 일부 공공시설, 중형 국민주택, 사립학교 용지는 조성 원가 수준으로 공급한다. 이 외 단독주택, 대형 국민주택 및 임대주택, 일부 공공시설 용지는 조성 원가 이상의 감정 가격으로 공급하며, 상업용지 등은 경쟁입찰에 의한 낙찰가격으로 공급한다. 이 외에 규정되지 않은 택지는 사업시행자가 별도로 정할 수 있는데, 경쟁입찰, 감정가 공급 등을 할 수 있다. 예를 들어 민간건설사가 공급하는 주택의 택지 등은 경쟁입찰이 가능하다. 단, 수의계약은 임대주택 용지만 가능하다.

4.3 사업추진 과정

1) 목동 신시가지

1983년 서울시는 서남쪽 안양천 일대의 저지대에 신도시를 조성하기로 발표하였다. 1989년까지 6년이 소요된 이 사업으로 430만m^2 시가지에 392개 동 2만 6,629가구(계획인구 12만 명)의 아파트단지가 완공되어 입주하였다. 25개의 건설회사가 참여한 큰 사업이었다. 사업부지가 본래 수해가 잦은데다가 절대농지로 묶여 있었는데 안양천의 오염으로 농사에도 적합하지 않아 토지 가치가 낮았다. 게다가 무허가주택들이 뚝방촌을 형성하여 개발할 경우 철거 이주 문제도 큰 부담이 되었다. 결국 서울시나 대한주택공사는 주변의 비교적 양호한

8 국민주택의 요건은 법으로 규정되어 있으며 주로 국가, 지방자치단체, 공기업 등이 공급하는 주택을 말한다.

택지들을 토지구획정리 방식으로 먼저 개발하면서도 이 지역은 손을 대지 않고 있었다.

목동 지구를 개발하게 된 이유는 무엇보다도 부족한 택지공급이었지만, 굳이 목동을 선택한 이유는 안양천 홍수 대책과 아시안게임 및 올림픽의 준비였다. 한강의 최하류에서 합류하는 안양천은 집중 폭우를 만나면 쉽게 물이 불고 급류로 변하는 경향이 있었으며 서해안 조수간만의 차로 밀물 때는 한강물이 역류하기도 했다. 게다가 목동은 저지대로 지반고가 12m는 넘어야 홍수를 견딜 수 있었는데 실제는 5~10m에 불과했고 평균 6.5m였다. 또 1986년 아시안게임과 1988년 올림픽을 앞두고 이 지역이 김포공항에서 서울로 들어가는 길목에 있었다는 것이 중요했다. 한국의 첫인상이 될 수 있는 지역이기도 했기에 오염된 하천과 무허가로 지어진 건물들은 우선 해결해야 할 문제였다.

목동 신시가지 도시설계안
출처 : 서울특별시(1983)

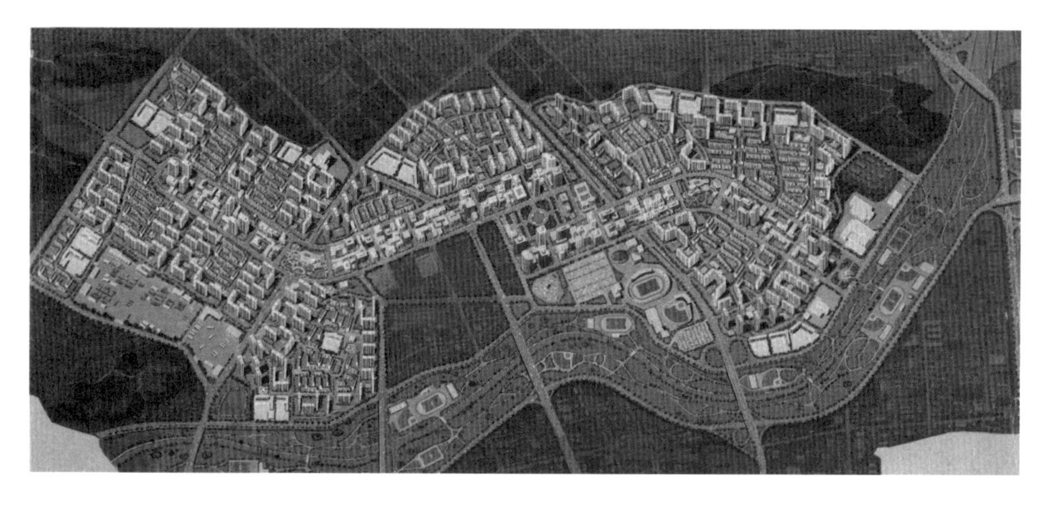

토지매입자금은 국민주택기금(현 주택도시기금)에서 전액 지원하기로 하였고, 한국 최초로 현상설계를 통해 아이디어를 수렴했다. 또 관내에 초등학교 5개소 등 11개소의 학교를 설치하고 근린주구 개념을 도입하였으며, 열병합발전소를 건설하였다. 2만 5천 가구의 분양과 임대의 비율을 2대 1로 하여 임대주택 공급에 비중을 두었다.

목동 신시가지의 가장 큰 특징은 '도시 내 신도시' 개념으로 개발되었다는 것이다. 즉, 단순히 주거만을 위한 신도시가 아니며 상업·업무시설을 중심 지구로 포함하도록 함으로써 내부에서 통근이 이뤄지도록 시도하였다. 여러 도시 인프라 시설이 패키지로 제공되는 자족도시를 구현하려 시도하였다. 또 당시 영국에서 시도된 후크(Hook) 신도시의 선형 계획을 도입하여 중심에는 상업업무시설을 두고 선을 따라 근린주구들을 배치하였다.

지반고를 높이기 위해 해발 6.35m에 불과했던 사업지구를 1.75m 성토하여 평균 8.1m로 높이는 한편 유수지 건설 및 단지 내 하수시설 설비 등 영구적인 침수 대비를 하였다. 요구되는 총 성토량은 750만m^3로 두 개의 토취장을 지정하여, 제1토취장은 시민아파트 부지로, 제2토취장은 공원으로 조성하였다. 계획인구 12만 명의 1인당 상수도 급수량은 600리터를 기준으로 하였고 6만 톤과 5만 톤의 배수지 2개를 건설하였다. 이와 함께 21.5km의 송수관도 건설하였다. 30년 빈도의 홍수에 대비하여 두 개의 유수지를 두었으며 배수펌프장을 설치했다. 유수지의 활용을 위해 하나는 복개 후 상설 주차장으로 활용하고, 나머지 하나는 체육공원으로 하였다.

목동 신시가지 개발 당시 성토 모습
출처 : 서울특별시(1990)

목동 개발의 가장 큰 문제는 그것이 재개발사업이 아니었음에도 토지의 보상과 가옥의 철거였다. 무허가 건물이 워낙 많았던 것이다. 그래서 이 사업을 재개발사업이라고 칭하기도 한다. 개발계획 발표 후 4개월이 지난 8월 하순 보상가격이 확정되고 지주에게 통보되었다. 그리고 9월부터 토지매입 협의가 시작되었다. 계획 발표 이전까지 목동 지역은 무허가 건물이 얼마나 되는지, 세입자는 얼마나 되는지 아무런 자료도 없었다. 당시 무허가 건물은 안양천 바깥쪽 둑 밑으로 세 줄 내지 일곱 줄로 줄지어 있었고, 어떤 곳은 취락을 구성한 무허가 집단지역도 있었다. 무허가 건물 지대의 안쪽은 논과 밭이었으나 이 사이사이에도 무허가 영세공장과 자재 야적장이 들어서 있었다.

제일 먼저 착수한 것은 개발 지역 내 철거 대상 건물의 조사와 가옥주 확인이었다. 항공측량도면을 바탕으로 건물 하나하나에 번호를 부여하고 그 번호를 따라 소유자를 확인하는 작업을 하였다. 허가 건물 소유자에게는 법정 보상비와 함께 새로 지어질 아파트의 입주권을 주거나 주변에 별도의 시영아파트 단지를 조성하여 집단 이주시키는 방안이 검토되었다. 무허가 건물주와 세입자에 대해서는 별다른 대책을 고려하지 않은 것이 이후 문제가 된다.

목동의 철거민 문제는 결국 크게 번져 사회적 문제가 되었다. 폭력과 연행이 이어지면서 서울시와 도시빈민 모두에게 큰 상처가 되었고, 그 후 서울시는 직접적인 신시가지 개발을 포기하게 되어 서울의 시가지 개발은 한국토지공사와 대한주택공사, 서울도시개발공사가 맡게 되나 무허가 건물 집단지역을 철저하게 회피하게 된다.

목동은 한국의 신도시 사업의 기본 틀이라 할 수 있다. 영국 뉴타운 계획에 영향을 받아 중심축을 설정하였으며 근린주구와 중심축이 연결되도록 선형의 교통계획을 수립하였다. 많은 연구를 통해 20개의 소블록을 나눠 블록마다 공원녹지, 교육상업, 지구센터, 문화복지, 업무중심, 행정업무 등 고유의 기능을 부여하였다. 지원을 위해 우선 지하철 2호선 지선을 설치하기로 하였다. 또 서울과 김포공항을 연결하는 5호선 건설도 계획되어 3개 정거장이 할당되었다. 종합운동장으로 축구장, 야구장, 실내체육관 그리고 빙상경기장도 설치하였다. 종합병원도 유치하였다. 고등학교도 2개를 이전해왔다. 녹지를 확보하여 5개의 근린공원, 19개의 아동공원, 113개의 어린이놀이터가 조성되었다. 관공서와 방송국도 옮겨왔다.

2) 상계 신시가지

1985년부터 대한주택공사에 의해 개발된 상계 지구는 총 면적 3.3km², 41,020세대(계획인구 약 13만 명) 규모로 개발되었으며 본래 개발제한구역, 군사시설보호구역 등으로 묶여 있던 미개발지역이었다. 주로 농경지[9]로 쓰였고, 쓰레기 매립지로도 사용되고 있었으며, 중랑천의 잦은 범람으로 사람이 살기는 어려운 지역이었다. 그러나 이미 1960년대 후반부터 도심재개발로 인한 철거민들의 이주정착지로서 저소득층 집단부락이 대규모로 형성되어 있기도 하였다.

서울의 대규모 공영개발 대상지를 물색하던 대한주택공사는 상계 지구를 지목하고 정부에 사업을 제안했다. 당시 주택공사는 「택지개발촉진법」 초기에 개포 단지 등을 개발하였으나 곧 건설 물량이 급격히 감소하여 1981~1982년에는 22,370호를 건설했지만, 1983년에는 전혀 건설하지 못했고, 1984년에도 3,000호에 그치는 상황이었다. 상계 외에 판교도 검토하였지만, 아직은 외곽 신도시까지 광역상수도를 건설하고 도로와 전철을 건설해줄 수 있는 시대가 아니었다. 대한주택공사는 이 지역의 군사보호구역 해제를 강력하게 요청하고 대통령의 결정과 국방부 심의를 거쳐 개발을 시작할 수 있었다. 절차는 매우 까다로웠는데, 1985년 1월, 국방부의 군사시설보호구역 해제, 2월 서울시의 지구지정 동의 및 환경청의 동의, 3월 농수산부의 농지전용 동의, 4월 주택정책심의위원회의 의결을 거쳐서 최종적으로 1985년 4월 건설부를 통해 택지개발예정지구 지정을 받을 수 있었다. 이를 위해 1984년 11월부터 개발계획을 작성하였다.

상계 지구는 인구수용을 중심으로 하되 지역의 중심지로서 서울의 부도심 기능을 맡을 수 있도록 설계되었다. 인구밀도는 640인/ha이며, 주택용지 52.7%, 상업용지 13.0%, 학교 7.4%(19개소), 공원 6.9%(42개소), 도로 15.7%(13개 노선 및 3개 광장)였다. 기타 사회복지시설, 종합의료시설, 자동차정류장, 공급처리시설 등이 배치되었다.

9 개발계획 당시 토지이용 현황을 보면 논이 47.3%, 밭이 37.1%였으며, 임야 6.8%, 대지는 2.2%였다.

하늘에서 내려다 본
상계 신도시(일부)
출처 : 다음 지도

계획적 특징으로 입주할 주민의 소득계층, 연령 구성 등을 구상하기 위해 인구영향평가와 주택수요조사를 실시하였다. 인구영향평가로는 지역 주변의 기존 주민들의 생활수준과 인구 구성을 파악하여 사회적 갈등을 줄일 수 있는 인구계층을 설정하였으며, 주택수요조사로는 입주 가능한 인구의 소득수준별 분포를 고려하였다(장중규, 1987). 설계적 특징으로는 초고층부터 저층까지의 아파트를 배치하여 스카이라인을 고려하였다는 점과 기존의 근린주구 설계를 개선하여 개방적인 분위기를 만들었다는 점을 들 수 있다. 특히 근린주구는 주구별로 상업시설을 중심에 두는 폐쇄형을 벗어나기 위해 대가구 안에 소가구를 구성하는 형식으로 설계하여 상업시설과 학교를 대가구의 중심에 놓되 소주구들 간에 개방적으로 생활할 수 있도록 하였다. 대가구는 600m×900m로 대략 3~4천 세대를 수용하는데, 초등학교 2개와 중고등학교 1개씩을 배치하였고, 소가구는 600m×300m로 하였다.

4.4 성과와 과제

1980년대는 토지구획정리사업을 지양하고 대규모 토지수용에 의한 택지개발방식을 활용해 서울 내에 신시가지가 만들어지기 시작했다. 토지구획정리를 줄이게 된 것은 1970년대 말 서울 내의 웬만한 구획정리 대상지는 사업이 시행·종료되었기도 하였지만, 1980년대 정부가 의욕적으로 도입한 「택지개발촉진법」에 기반을 둔 공영개발이 활성화되었기 때문이기도 하다.

토지구획정리는 기본적으로 본래부터 사람이 살 만한 지역에 도로와 취락이 자연 형성되어 있고, 또 대부분의 지주가 곧 주민인 지역에 적합한 방법이다. 또 지주들의 토지 위치와 모양을 일일이 조정해야 했기 때문에 일도 많고 지주의 불만도 많았다. 막대한 개발이익을 지주에게 넘겨준다는 것도 부담이었다. 1980년대까지 빠르게 누적되어온 서울의 택지 수요를 감당하기에는 토지구획정리는 한계가 컸던 것이다.

공영개발은 기존의 토지구획정리사업으로 손을 대지 못했던 지역, 즉 상습 침수 등으로 사람이 살기 어려워 버려지다시피 한 지역이나, 도심에서 너무 멀어 새로 길을 내어도 토지가격이 별로 오를 수 없는 지역에도 활용할 수 있었다. 오히려 토지를 저렴하게 매수할 수 있었기 때문에 일부러 이런 지역을 선택하기도 하였다. 대상지에 저지대가 있으면 흙을 쌓아 홍수를 방지하고, 대상지 내에 도시시설을 배치해 도심에의 의존도도 낮췄다. 이렇게 단점을 줄이는 만큼 토지는 더 높은 가치를 인정받을 수 있었고, 개발이익도 기존 지주에게 넘어가지 않기 때문에 결과적으로 사업비를 모두 회수하고도 엄청난 이익이 남았다.

그러나 사실 버려진 땅은 없었다. 그 안에는 무허가 건물이 있었고 그 세입자들이 있었다. 그들을 내보내는 일은 굉장히 복잡한 일이었고 사회적 문제도 많았다. 이런 사업을 서울시와 같은 지방행정기관이 직접 한다는 것은 더욱 어려운 일이었다. 공영개발이 가져다주는 막대한 수익은 행정기관의 엘리트들에게는 그 어려움을 상쇄할 만큼의 인센티브가 되지 않았기 때문이다. 오히려 사건사고로 인해 책임을 지게 되는 것이 더 두려운 일이었다.

결과적으로 공영개발 활성화와 함께 서울을 포함한 전국의 대규모 택지개발은 현재 한국토지주택공사의 전신인 한국토지개발공사와 대한주택공사가 주역으로 나서게 된다. 목동 사업 이후 서울시는 택지개발은 이어가기는 하였지만, 일부를 제외하곤 문제가 적은 소규모 택지에 집중하게 된다. 상계, 중계 등의 택지개발사업 이후에는 양대 공기업도 서울시 외곽의 미개발지에 초점을 맞춘다. 주민들이 집단화되어 있지 않아 저항이 적고, 개발제한구역 등 규제로 토지가격도 낮은 땅을 대상으로 하였던 것이다.

1981~1989년 지구지정한 서울 내 LH 사업 실적
출처 : LH, 서울특별시

지구 명	면적	지구지정	시행
개포	1,694천m^2	1981.9.	한국토지개발공사
고덕	3,148천m^2	1981.10.	한국토지개발공사
상계	3,715천m^2	1985.4.	대한주택공사
문정	1,396천m^2	1985.10.	대한주택공사
중계	1,593천m^2	1986.4.	한국토지개발공사
월계	70천m^2	1986.7.	대한주택공사
번동	328m^2	1986.7.	대한주택공사
창동	529m^2	1986.7.	대한주택공사
월계4	158천m^2	1989.12.	대한주택공사

참고문헌

서울대학교 환경대학원 40주년 역사서 발간위원회(2010), 「우리나라 국토·도시 이야기 : 태동기」, 보성각.

서울역사박물관(2011), 「강남 40년」.

서울연구원(2012), 「1960년대 서울시 확장기 도시계획」.

서울연구원(2016), 「서울의 도시공간정책 50년 : 어제와 오늘」.

서울특별시(1983), 「목동신시가지 중심지구 도시설계」.

서울특별시(1990), 「목동신시가지개발」.

서울특별시(1996), 「서울 600년사」.

서울특별시(2000), 「지도로 본 서울」.

서울특별시(2010), 「지표로 본 서울」.

손정목(1999), '잠실지구가 개발되기까지(II)', 「국토」, 1999년 4월호(통권 210호), pp. 104-113.

손정목(2003), 「서울도시계획이야기(1~5)」, 한울.

손정목(2015), 「손정목이 쓴 한국 근대화 100년」, 한울.

임동근·김종배(2015), 「메트로폴리스 서울의 탄생」, 반비.

임재빈(2007), 「한국의 근대화와 도시전략의 유효성」, 서울대학교 대학원, 석사학위논문.

장중규(1987), '저소득층의 주택문제 : 서울 상계동 신시가지 개발사업 현황', 「건축」, 31(4), pp. 53-63.

지종덕(1997), 「토지구획정리론」, 바른길.

토지주택연구원(2010), 「녹색의 나라, 보금자리의 꿈」.

한국토지공사(2009), 「토지 그 이상의 역사 : 한국토지공사 35년사」.

한종수·강희용(2016), 「강남의 탄생」, 미지북스.

해양수산부(2013), 「공유수면 업무 길라잡이」.

서울사진아카이브 홈페이지 photoarchives.seoul.go.kr

함께서울지도 홈페이지 http://gis.seoul.go.kr

2장

신도시 개발

1. 서 론

지속 가능한 신도시계획기준에 의하면 신도시란 330만m² 이상의 규모로 시행되는 개발사업으로 자족성, 쾌적성, 편리성, 안전성 등을 확보하기 위해 국가적인 차원의 계획에 의하여 국책 사업으로 추진하거나 정부가 특별한 정책적인 목표를 달성하기 위하여 추진하는 도시를 말한다. 도시의 기능적 측면에서 보면 주거와 산업 그리고 이를 지원하기 위한 각종 용도와 시설을 포함하는 자족적인 도시가 계획적으로 그리고 대규모로 조성된 곳을 신도시라고 볼 수 있다. 이러한 광의적 개념에서 보면 주택문제를 해소하기 위해 조성된 대규모 신도시뿐만 아니라, 울산, 창원, 안산, 구미 등 공업도시, 과천, 세종 등 행정기능 이전 도시, 대덕 등의 연구도시 등도 신도시에 포함된다.

이 장에서는 1980년대 말 이후 서울을 포함한 수도권의 주택난을 해소하기 위해 추진된 신도시를 소개한다. 수도권의 신도시들은 대도시의 과밀과 혼잡 문제를 해소하기 위해 조성된 사례라고 볼 수 있는데, 이를 통해 한국형 신도시의 배경과 목적 그리고 계획적·기술적 발전상을 살펴볼 수 있다.

1980년대 중·후반 서울의 주택수요가 급증하였지만 이를 충족시킬 주택공급을 위한 재원이 턱없이 부족했다. 1980년대 초에 마련된 「택지개발촉진법」을 근거로 공공기관이 서울 주변의 미개발지를 수용하여 대규모로 개발함으로써 얻는 개발이익으로 신도시 조성에 드는 비용을 충당하였다. 기성시가지에서의 공급은 기반시설 확충의 어려움, 높은 지가, 이주민의 재정착 문제 등 난제가 많아 주변의 미개발지에 대규모로 주택을 건설하는 것이 훨씬 유리했기 때문이다.

한국의 수도권에서의 신도시 공급 정책은 1990년대 외환위기를 전후로 수도권 1기와 2기로 나뉜다. 서울 주변으로 광역교통 접근성이 우수한 곳에 주로 지정되었으며, 수도권 1기 신도시는 서울에서 약 20km 전후, 수도권 2기 신도시는 약 40km 전후에 위치한다. 시간이 흐를수록 거리가 멀어지는 이유는 대규모 가용지를 찾기가 어렵기 때문이었다. 서울로부터 거리가 40km를 넘어서면 서울로의 통근이 쉽지 않기 때문에, 이러한 위치의 신도시는 고용 기반을 갖추기 위한 노력이 더해졌다.

수도권 신도시 건설이 가능했던 배경에는 개발제한구역의 역할도 컸다. 서울의 무분별한 시가지 확장을 막기 위해 설정한 개발제한구역은 1971년 지정되었으며, 1972년 2배로 확대되었다. 개발제한구역으로 지정되면 모든 토지개발행위가 금지되어 토지 가치가 급락하게 된다. 수도권 신도시는 이런 저렴한 개발제한구역 토지를 수용하면서 구역지정을 해제해 개발한 것이다. 조성한 택지는 LH 등 공공기관에 의해 독점적으로 공급하였으며, 도시철도와 간선도로를 연결해 더욱 토지 가치를 높였다. 이렇게 얻은 막대한 개발이익이 신도시 건설 재원의 원천이 되었다.

다음 절에서는 1기 신도시 정책이 태동된 시대적 흐름과 전개 방향, 재원과 조직체계 등 관련 제도를 소개한다. 사례로서 제시된 분당과 평촌 신도시의 입지선정, 도시 콘셉트, 각종 세부계획으로 당시 신도시 건설의 전개 과정을 엿볼 수 있다. 2절에서는 우선 1기 신도시에 대한 평가와 반성과 함께 2기 신도시가 추진된 배경과 전체적 추진 과정을 살핀다. 1기 신도시와 2기 신도시에 대해 개요와 성격, 계획수법, 개발방식을 비교함으로써 수도권 신도시가 시간의 흐름에 따라 발달된 과정을 알 수 있다. 대표적인 사례로 동탄신도시의 추진 과정 개발방향, 계획 내용, 이를 가능하게 한 각종 계획 기법을 살핀다.

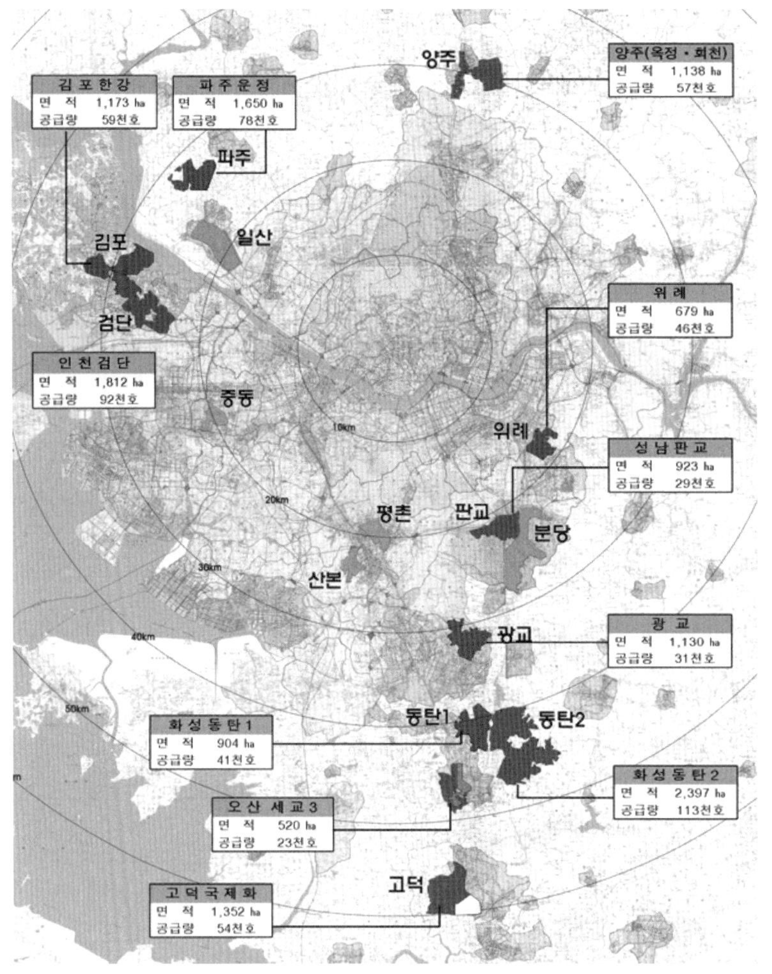

수도권 신도시 위치와 개요

* • 짙은 표시가 2기 신도시 지역임

2. 수도권 1기 신도시 : 한국형 신도시의 시초

2.1 시대적 흐름과 전개 방향

1980년대 말 한국의 주택가격은 급증하기 시작했다. 주택수요는 날로 늘어나는 반면, 공급은 원활히 이뤄지지 못했기 때문이다. 1986년 주택가격 지수가 조사된 이래로 1987년은 104.3(1985년=100)이 되었고, 1988년은 118.0로 증가했는데, 1989년에는 163.6으로 수직 상승하였다. 사실 1988년까지의 상승세는 당시의 주가나 지가 변화에 비하면 큰 폭은 아니었으나, 그 상승 과정을 들여다볼 때 1989년의 대폭등을 예견할 수 있는 신호가 되었으며, 정부에게는 폭풍 전야와 같았다.

1985~1989 한국 국내 주요 지수 추이
출처 : 주택은행(1992)

구분	1985	1986	1987	1988	1989
경상수지 흑자(억 달러)	8	46	99	142	51
총 통화(십억 원)	26,015	30,396	36,119	42,893	50,793
주가 지수	100	166.8	321.4	555.2	426.0
지가 지수	100	117.3	123.0	156.8	249.6
주택가격 지수	100	97.3	104.3	118.0	163.6

주택수요 증가의 주요 원인은 부동산시장으로의 자금 유입과 국민 소득 증가였다. 1986년부터 3년간 달러화 약세(엔고), 국제 금리 저하, 유가 하락이 이어지면서, 한국은 매년 경제성장률 12%를 기록하고 최초로 국제수지 흑자를 내며 국내 자본을 축적하였다. 그러나 1988년 원화 절상 및 수입 개방 압력 등으로 국제수지 흑자가 크게 축소되고, 1987년 민주화운동 이후 제조업 노사분규가 폭발적으로 증가하면서 유동자본이 산업시장 투자를 줄이고, 주식과 부동산시장으로

몰려들었다. 한편으로 1인당 국민소득이 1985년 2,355달러에서 1989년 5,556달러로 4년 만에 2.4배가 되었고, 민주화 결과로 소득불평등이 크게 개선되면서 중산층의 소득이 집중적으로 증가하여 주택수요는 더욱 크게 증가했다(임재빈, 2007).

같은 시기 주택공급 부족의 원인은 올림픽 개최와 건설사들의 주택 사업 축소였다. 1986년 아시안게임과 1988년 서울 올림픽이 개최되면서, 한국의 건설 역량은 서울의 대개조에 총집중되었다. 올림픽 경기장 건설은 물론 올림픽대로 등의 도로 신설, 한강종합개발사업의 수행 등 국내 건설사들은 눈코 뜰 새가 없었으며, 자재와 건설 장비, 인부도 크게 부족한 상황에 있었다. 또 개발제한구역제도가 1971년 도입된 이래 1980년대 중반에 이르러 잠실, 목동, 상계, 고덕 등의 신도시 공급이 마무리되면서 서울 내 주택공급 가용지는 거의 다 소진되기에 이르렀다.

1987년 새롭게 수립된 정부는 주택 200만 호 건설이라는 대안을 내놓았지만, 초기에는 큰 효과를 보지 못했다. 이미 대통령 선거 당시 주택 200만 호 건설을 공약으로 내놓았고, 1988년 8월 '부동산 종합대책'을 수립하여 토지 공개념 도입, 제도정비 등 대책을 내놓았으며, 1988년 9월에는 3년 안에 전국에 200만 호를 공급하고 수도권에도 평촌, 산본, 중동 신도시 등 몇 개의 택지개발지구를 공급할 것이라 발표하였는데도 주택가격은 핵심 지역인 강남을 중심으로 상승한 것이다. 특히, 강남의 중대형 아파트 가격 상승세는 폭발적이었는데 소형 아파트도 결국 이 흐름에 동참하였다. 200만 호 건설사업 발표 직전인 1988년 8월 압구정동 현대아파트(61평)는 3억 4천만 원이었는데, 5개월 후인 이듬해 1월에는 오히려 3억 8천만 원이 되었고, 4월에는 4억 5천만 원까지 올랐다. 이것은 아직 수도권 억제 정책을 포기하지 않았던 정부의 발표가 오히려 향후 서울 및 근교에서는 대량의 주택공급이 없을 것이라는 신호가 되었던 한편, 주택의 대량 공급으로 자재비와 인건비가 상승하면 분양가가 올라 기존 아파트는 더욱 값이 오를 것이라는 여론이 형성되었기 때문이다(한국토지공사, 1997).

1988년 하반기~1989년 초반기 주택가격 변동 상황
출처 : 한국토지공사(1997a)

(단위 : 백만 원)

구분	중대형 아파트			소형 아파트			
	압구정동 현대 (61평)	청담동 진흥 (55평)	여의도동 한양 (50평)	개포동 주공 (15평)	상계동 주공 (23평)	과천시 주공 (16평)	성산동 시영 (22평)
1988.8.10.	340	235	175	40	42	35	38
1989.1.9.	380	250	200	35	40	33	39
1989.4.15.	450	370	250	50	55	50	55

당시 주택문제의 심각성은 곧 체제 위기의 문제였기에 정부는 과감한 결단을 해야 했다. 기존의 수도권 성장억제 정책과는 동떨어진 결정을 해야 했던 것이다. 정부는 1989년 2월 부동산투기억제대책을 발표하고, 1989년 4월 분당(면적 19.64km^2, 계획인구 390,500명)과 일산 신도시(면적 15.74km^2, 계획인구 276,000명)를 발표하였다. 이들은 기존의 평촌, 산본, 중동과 함께 수도권 5개 신도시로 불리게 된다. 5개 신도시의 총 공급 면적은 50.14km^{2}로 서울 면적의 12분의 1에 달했으며, 총 주택 29만 4천 호, 계획인구 117만 6,500명이었다.

2.2 관련 체계와 제도

1) 주택 200만 호 건설사업과 수도권 1기 신도시

200만 호 사업의 정책 목표는 세 가지로 1988~1992년간 200만 호의 주택을 공급하여 주택부족 문제를 완화해 가격을 안정시키며, 과거에 소홀히 취급되었던 저소득층의 주거안정 기반을 확립하는 것이었다. 다섯 가지 중점사항이 제시되었는데 첫째, 대도시지역 주택공급 부족의 가장 큰 해결 과제인 택지공급을 확대할 것. 둘째, 주택건설을 촉진하고 주택구입 비용 부담을 줄일 수 있도록 하는 자금 지원에 노력할 것. 셋째, 민간주택업체의 적극적 참여를 위해 관련 제도를 개선할 것. 넷째, 저소득층에의 저가 주택공급을 위한 택지, 금융, 세제상의 특별 지원을 실시할 것. 마지막으로 시장 가격보다 낮은 수준의 주택공급 혜택의 공평한 배분을 두고 계획을 마련할 것이 그 내용이다.

구체적인 공급 계획은 다음과 같으며, 계획 수립 후 사업 수행 순서는 한국토지개발공사와 대한주택공사, 지자체, 민간건설사 등이 택지개발을 수행하고, 이어 공기업 및 민간건설사가 아파트를 건설하는 합동 개발방식으로 하였다.

- 최저소득계층인 도시영세민(소득 1분위)을 대상으로 전용면적 7~12평 규모의 영구임대주택 25만 호를 건설·공급하며 이에 소요되는 재원의 90% 이상을 정부재원으로 충당한다(실제로는 19만 호로 축소).
- 집 없는 서민계층(소득 2~5분위)을 위한 10~15평 규모의 장기임대주택과 12~18평 규모의 소형분양주택 35만 호를 대한주택공사(현 LH)와 지방자치단체에서 건설·공급한다. 소요재

원은 국민주택기금(현 주택도시기금)에서 각각 3조 3,700억 원과 2조 3,400억 원을 융자 지원한다.

- 주택구입에 부분적인 금융지원을 필요로 하는 중산화 가능층(소득 3~5분위)에 대한 25평 이하의 주택 48만 호를 공급한다.
- 중산층(소득 5~7분위) 및 그 이상(소득 7~10분위)의 소득계층을 위한 25평 이상 규모의 주택 67만 호를 공급한다.
- 근로자(소득 2~4분위) 주거안정을 위하여 7~15평 규모의 근로자주택 25만 호를 3년 동안(1990~1992) 공급한다.

주택 200만 호 건설사업 택지공급 계획
출처 : 한국토지개발공사(1993)

구분		1988~1992	1988	1989	1990	1991	1992
계		190,481	32,382	34,286	38,097	40,953	44,763
공공(60%)	합계	114,289	19,429	20,572	22,858	24,572	26,858
	토공	48,687	8,743	9,052	9,829	10,320	10,743
	주공	25,583	4,857	4,937	5,257	5,160	5,372
	지자체	40,019	5,829	6,583	7,772	9,092	10,743
민간(40%)		76,192	12,953	13,714	15,239	16,381	17,903

공택 200만 호 건설사업 주택공급 계획
출처 : 김용철(1995)

구분		총계		1988~1989		1990		1991		1992	
		원안(1989)	변경(1990)	원안	변경	원안	변경	원안	변경	원안	변경
총계		2,000	2,000	700	779	400	450	430	400	470	371
공공부문	영구임대	250	250	40	43	60	60	170	70	80	77
	근로복지	-	150	-	-	-	40	-	-	-	60
	사원임대	-	100	-	-	-	20	-	-	-	50
	장기임대	350	150	110	91	65	25	80	80	100	14
	소형분양	250	250	130	142	45	55	40	40	30	13
	소계	850	900	280	276	170	200	190	210	210	214
민간부문	민영주택	480	601	175	211	95	120	100	120	110	120
	민간주택	670	499	245	262	135	130	140	70	150	37
	소계	1,150	1,100	420	503	230	250	240	190	260	157

사업 목표는 3년 만인 1991년 9월 208만 호가 공급됨으로써 계획보다 1년 3개월 앞당겨 달성되었다. 1992년 말까지 공공부문은 90만 호, 민간부문은 178만 호를 공급하였다.

원 계획과 실제 건설 실적
출처 : 국토연구원(1992)

구분	계획 (1988~1992)	실적 1988~1990	실적 1991	실적 계	대비
계(천 호)	2,000	1,529	613	2,142	107.1%
공공부문(천 호)	900	546	164	710	78.9%
민간부문(천 호)	1,100	983	449	1,432	130.2%

수도권 1기 신도시의 특징 비교
출처 : 권성실(2005)

구분		분당	일산	중동	평촌	산본
목적 및 특성		서울 강남 기능을 분산, 업무상업기능을 갖춘 자족도시	• 예술, 문화시설이 완비된 전원자족도시 • 남북통일 전진기지	서울~인천 간 공업 지역의 배후인 주거 신시가지	기존 서울위성도시의 신시가지 확장	• 수려한 자연환경을 가진 전원도시 • 서민주거 중심
위치		서울 강남 지역의 동남쪽 25km	서울 강북 지역에서 북서쪽 20km	서울 서부 지역에서 서쪽 20km	서울 남부 지역에서 남쪽 25km 지점	서울 남부 지역에서 남쪽 20km 지점
면적		19.64km²	15.74km²	5.46km²	5.1km²	4.2km²
계획인구		390,500명	276,000명	170,000명	170,000명	170,000명
인구밀도		19,883명/km²	17,535명/km²	31,136명/km²	33,333명/km²	40,476명/km²
수용세대		97,500세대	69,000세대	42,500세대	42,500세대	42,500세대
시행자		LH	LH	LH, 지자체	LH	LH
사업기간[1]		1989~1996	1990~1995	1990~1996	1989~1998	1989~1995
토지이용	주거	32.3%	33.4%	34.4%	37.8%	43.1%
	상업업무	8.35%	7.9%	10.4%	4.9%	3.8%
	공공[2]	59.2%	58.7%	55.2%	57.2%	53.1%

주 1) 사업계획승인으로부터 지자체 관리 이관까지의 기간
2) 도로, 공원녹지, 공용청사, 학교, 운동장, 종합의료시설, 하천 등 포함

수도권 1기 신도시는 2개의 완전한 자족 신도시와 3개의 기존 도

시 확장 시가지로 구성된다. 분당, 일산 신도시는 자족도시로서 약 15~20km^2 규모인데, 분당은 서울 강남의 업무기능을 분산하고 중산층의 주거 수요를 흡수하고자 하였다. 일산은 서울 강북의 업무기능을 분산하면서 남북통일기를 대비하여 입지했다. 평촌, 산본, 중동 신도시는 기존 중소 위성도시를 확장하는 개념으로 4~6km^2 규모로 개발하였고, 인구수용이 주목적으로 비교적 인구밀도가 높다.

신도시 입지는 서울 외곽의 개발 가능지 중 1시간 통근권인 20~25km 거리에서 기존 도시와 가깝고, 지가가 저렴한 지역을 우선으로 선정하였다. 신도시 개발에는 교통기반시설을 활용한 통근거리 압축이 중요한 역할을 하였다. 본래 서울에서 멀리 떨어진 지역으로 저렴하게 토지를 수용하고, 이것을 서울과 고속도로, 도시전철 등으로 연결하여 통근거리를 압축함으로써 기존 서울 시가지 수준으로 토지가치를 상승시킨 것이다. 이를 통해 사업성을 높이는 한편 서울의 인구를 효과적으로 분산 유치할 수 있었다.

신도시 주민의 이주 전후 통근 소요 시간(직장 변경 없음)
출처 : 한국토지공사(1999)

(단위 : 분)

현 거주지	분당	일산	평촌	산본	중동
이주 전 통근시간	28.1	44.1	36.3	39.6	27.1
이주 후 통근시간	30.1	56.5	41.4	41.0	23.0
이주 후 강남 접근시간	30.0	73.0	45.6	51.9	56.9

2) 주택 200만 호 건설사업의 재원

일반적으로 대단위 신도시 개발의 초기 투자금 마련을 위해서는 세 가지 방법이 동원된다. 사업시행자가 은행권에서 대출하거나 공채를 발행하는 방법, 정부의 특별기금에 의해 조달하고 세금으로 충당하는 방법, 마지막으로 차관을 들여오는 방법이다(임재빈, 2007). 수도권 1기 신도시 사업은 첫 번째와 두 번째 방법을 동원한 셈이다. 그런데 정부의 지원이 예년의 3~4배로 강화되었기는 하지만, 정부의 지원금은 전체 사업비의 15% 수준에 불과하였고, 그것도 대부분 국민주택기금이었다.

정부재정지원 실적

출처 : 국토연구원(1992)

구분	1983~1987	연평균(A)	1988~1991	연평균(B)	대비(B/A)
정부자금지원	45,854억 원	9,170	93,614	23,403	255%
정부재정	7,556억 원	1,511	23,572	5,893	390%
주택기금	38,298억 원	7,660	70,042	17,510	229%

수도권 5대 신도시를 포함한 주택 200만 호 건설사업은 택지 선분양제도를 통해 택지개발 재원을 마련하고, 민간건설사는 선분양대금을 주택상환사채와 입주자 분양대금 선납입을 통해 확보하도록 하여, 기본적으로 입주자가 총 사업비의 대부분을 단계적으로 선불하여 사업을 진행하는 방식으로 진행되었다. 건설사는 입주자가 선불금을 장기 저리로 대출할 수 있도록 지원한다. 주택 상승기이기 때문에 입주 시점에 이르면 주택가격이 크게 오를 것이므로 입주자도 손해를 볼 것이 없었다. 이는 입주자가 사실상 공동 사업 투자자가 되는 것과 다름없다.

이렇게 당시 신도시 사업은 많은 부분 최종 소비자인 입주자로부터 선납을 받아 실행하여 정부의 재정 지출 증가가 크지 않았고, 세금 동원의 필요성도 적었다. 택지공급자나 건설 시공자도 선수금을 받은 것이기에 막대한 사업 규모에도 불구하고 사업 위험이 크지 않았고 적극적으로 사업에 뛰어들 수 있었다. 또한 입주자도 자신의 자본 소득을 위해 적극적으로 분양권을 얻으려 하였다.

한국의 선분양제도

선분양제도는 한국토지주택공사 등의 사업시행자가 택지개발사업비를 택지 피분양자인 건설사로부터 미리 받는 제도이다. 이것은 시행자 측면에서는 재원조달의 어려움을 상당 부분 해결할 수 있도록 하는 장점이 있지만 일반 민간건설업체의 재정 압박 요인이 된다. 시공을 시작하기도 전에 큰 지출을 해야 하기 때문이다. 사업시행자의 재원조달 부담이 건설업체의 부담으로 전가된 것이다.
이 문제를 해결하기 위해 민간건설업체에게는 다시 주택상환사채를 발행하고 분양대금 분할 선납입을 할 수 있도록 하였다. 주택상환사채는 주택건설업자가 발행하여 일정 기간이 지나면 주택으로 상환(분양)받을 수 있는 기명식 보증사채로 건설업자가 아파트 시공 이전에 대금을 받을 수 있는 효과가 있었다. 분양대금 선납입 제도 또한 입주 이전에 많은 액수의 시공대금을 충당할 수 있게 해주었다.
입주자의 입장에서도 주택상환사채는 욕심낼 만한 상품이었다. 상환사채의 매입과 동시에 아파트 우선 분양의 혜택이 주어졌다. 또한 미분양 등의 사태로 청약 아파트의 재산가치가 떨어질 경우에도 현금 상환이 가능하도록 되어 있었으며 사채 자체의 수익으로도 최고 2천만 원 이상의 자본 이득이 가능했다. 또한 분양대금 선납입에 관해서도 입주 전에 소위 '프리미엄'을 붙여 분양권을 양도할 수 있었으므로 입주자의 입장에서도 어떻게든 손해 볼 일이 없는 구조를 가지고 있었다. 즉, 돈 좀 있다는 사람은 너도 나도 뛰어들게 하는 자본 투기의 성격을 띠고 있었던 것이다. 저소득층에게는 이런 게임에 뛰어들 기회조차 돌아가지 않았으므로 장기적으로 부의 균형에 악영향을 미칠 우려가 매우 큰 구조였다.

3) 신도시 개발추진 조직

신도시 건설의 효율적 추진을 위해서는 중앙정부, 지방자치단체, 사업시행자, 정책연구기관, 관련 도시 인프라 공기업 등의 적극적인 참여가 필요하다. 신도시 건설을 위해 구성되었거나 참여한 조직체제는 다음 그림과 같다.

핵심이 되는 사업시행자는 한국토지공사와 대한주택공사가 맡았으며, 정부 측 담당은 신도시건설기획관실이 총괄하였다. 국토개발연구원(현 국토연구원)이 5개 신도시의 개발계획을 작성하였고,

신도시 건설 추진 조직(수도권 1기 신도시의 경우)
출처 : 한국토지공사(1997a)

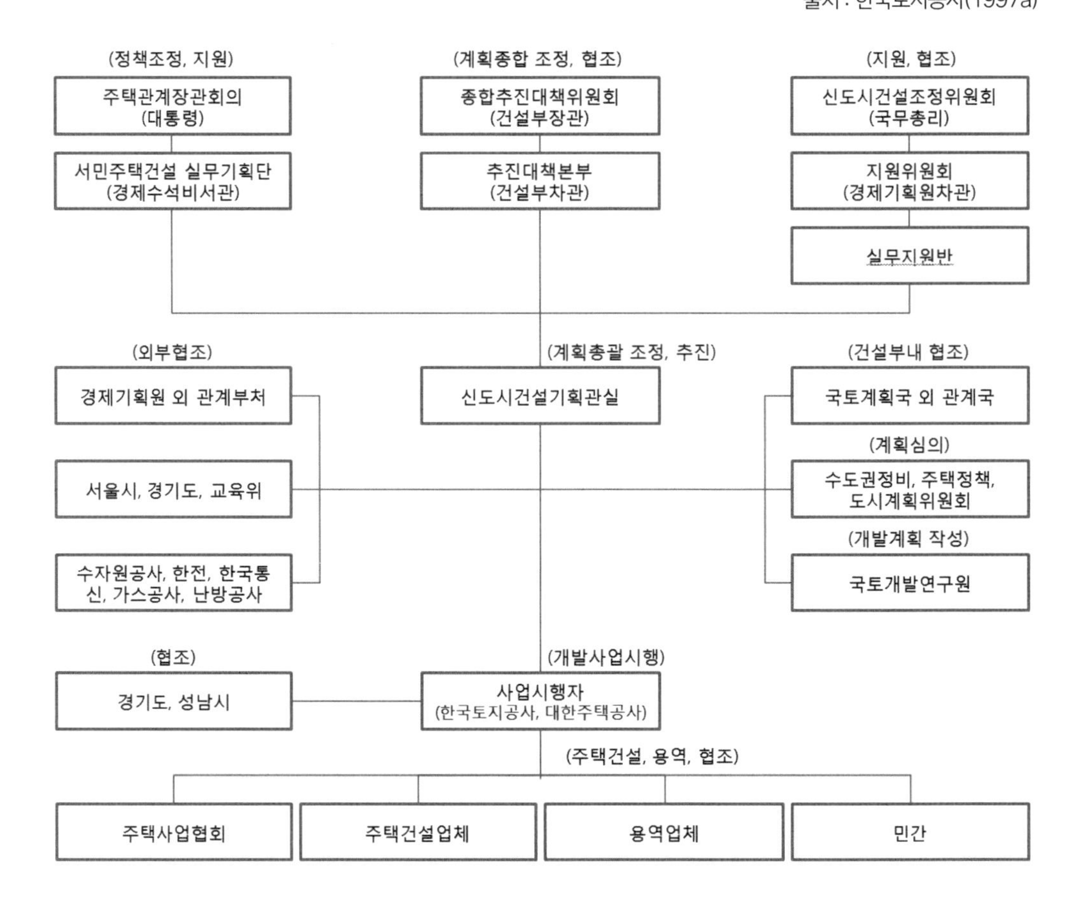

한국토지공사가 분당, 일산, 평촌 신도시를 맡고 대한주택공사가 산본 신도시를 맡아 개발하였다. 중동 신도시는 3개로 나누어 한국토지공사, 대한주택공사, 부천시가 맡아서 시행하였다. 사업시행자는 개발계획을 토대로 각 위원회의 심의와 도시 인프라 관련 타 공사들의 협조를 거쳐 사업을 추진하였으며, 주택건설과 세부 용역은 외부 민간 기업들과 협동하여 실시되었다.

2.3 사업추진 과정

1) 분당 신도시

(1) 사업 개요

분당은 한국 신도시의 기본모형이자 본격적인 신도시 시대를 대표하는 아이콘이다. 서울 외부에 개발제한이 걸려 있던 저렴한 부지(남단녹지)를 일괄 수용하여 택지를 조성하고, 고속도로와 전철노선을 신설하여 서울의 업무 지구인 강남에 20~30분이면 도착할 수 있는 통근권을 형성하였다. 설계 기법으로는 목동 신시가지에서 노하우를 축적한 선형 도시, 한국형 아파트를 수용한 근린주구, 공공시설 배치, 교통 시스템, 중앙공원을 포함한 녹지 등 현재까지 유지되고 있는 요소를 포함한다. 금융기법, 이주민 대책 등의 소프트웨어 측면도 이 사업과 함께 기본 틀을 마련했다고 볼 수 있다. 계획인구 약 39만 명으로 공동주택 94,570호, 단독주택 3,010호로 구성되고 전체 면적은 약 19.6이다. 서울 도심에서 동남 측 25km 지점이며 특히 강남에서는 10km에 불과하다. 사업기간은 1989년 3월부터 1996년 12월까지이며, 사업비는 4조 1,642억 원으로 용지비 30.1%, 개발비 32.0%, 간선시설 지원비 37.9%로, 토지보상비나 시공비보다 분당과 주변 도시를 연결하는 간선시설 부담금이 더 많은 비중을 차지했다.

(2) 사업대상지 선정, 지구계 설정

입지선정 기준은 다음과 같다.

- 신도시의 건설 목적이 서울 지역의 시급한 주택난의 해소인 점에 비추어볼 때, 신도시를 서울 지역의 통근권 밖에 건설할 경

우 서울 지역의 인구와 도시기능을 이전 유치하는 데 상당한 어려움이 따를 뿐 아니라, 장기간이 소요됨. 따라서 1시간 이내에 서울 지역과 출퇴근이 가능한 거리로 서울 중심 20km 정도에 위치한 지역

- 서울 지역의 주택수요와 도시기능을 충분히 흡수할 수 있기 위하여 주택 10만 호 이상의 건설이 가능한 300만 평(9.9km^2) 이상의 비교적 넓은 지역
- 주택가격 폭등의 원인인 서울 강남 지역의 주택수요를 흡수하기 위해 강남 지역에서의 접근성이 좋으며 주변 지역과의 교통성이 양호한 지역
- 신도시로서의 쾌적한 환경을 유지할 수 있으며 지가가 저렴한 지역

분당 지구는 이미 1981년에 한국토지개발공사에 의해 개발계획이 작성되어 있는 곳으로 이 기준에 적합하였다. 본래 이 기준에 적합한 3.3km^2 이상의 부지는 5개 정도였는데, 그중 경부고속도로 및 타 고속도로 현황 및 계획과 인접한 분당이 선호되었다. 또 분당 토지소유자의 50% 이상이 현지주민이 아닌 외지인으로 공영개발 시 집단반발의 우려가 적었다는 점도 선정 근거가 되었다.

분당 신도시 지구계 결정 사유
출처 : 한국토지공사(1997a)

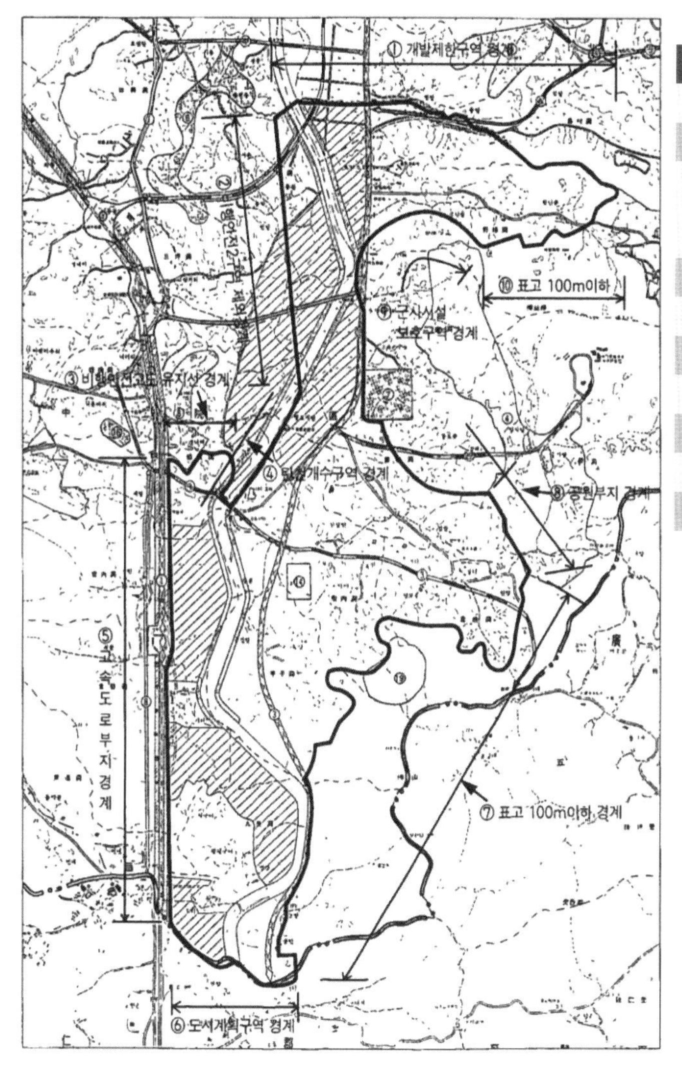

구분	지구계 결정 사유
1	개발제한구역 제외 경계
2	비행안전 제2구역 제외 경계
3	비행안전 제2구역 중 비행 안전 고도 유지선 경계(비행장 남쪽 75km)
4	탄천 개수구역 제외 경계
5	경부고속도로 부지 제외 경계
6	성남시 도시계획구역 경계
7	표고 100m 이하
8	공원 부지 제외 경계
9	군사시설보호구역 제외 경계
10	표고 100m 이하

지구계 설정은 개발제한구역, 군사시설보호구역 및 비행안전구역 등을 우선적으로 배제하고, 지형, 표고 및 경제성 등을 감안하여 결정하였다. 일부의 개발제한구역은 해제하여 지구 내에 포함하였다. 결과적으로 북측은 서울의 외곽의 개발제한구역, 동측은 군사보호구역과 표고 100m의 고지대, 남측은 행정구역 경계, 서측은 비행안전구

역 및 고속도로 경계에 의하여 선이 그어졌다. 고속도로 서측은 개발을 보류하였고 10여 년 후에 판교 신도시로 개발되었다.

분당 신도시 대상지 표고 및 경사분석도
출처 : 한국토지공사(1997a)

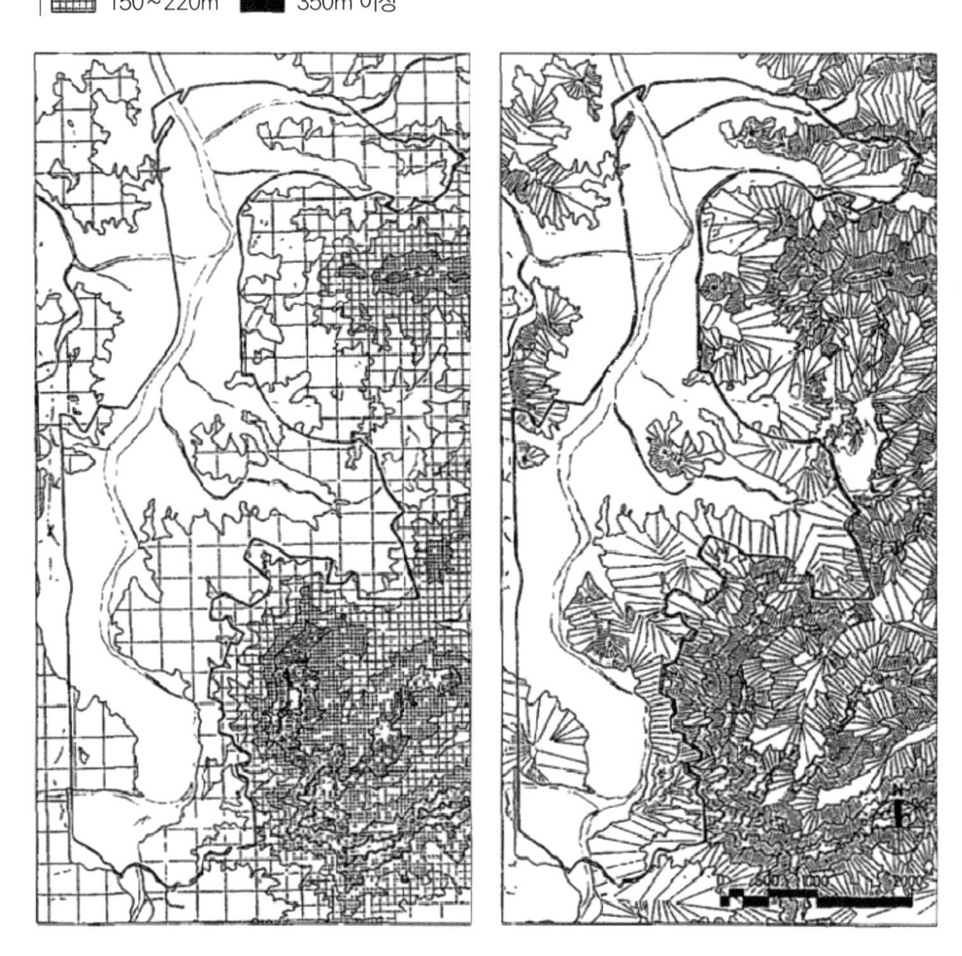

왜 표고 100m를 기준으로 하였는가?

분당은 표고 100m 이하, 경사도 30% 이하 지역을 개발 가능한 지역으로 우선하였다. 이는 1985년 건설부(현 국토교통부)에서 발간한 대규모 주택단지 개발구상의 기준에 의한 것이다. 대규모 택지개발 지역은 표고차 50m 이내가 바람직하며, 절대표고 100m 이하가 적합한 것으로 분석하고 있다. 그 이유는 표고차가 크면 홍수 시 일시에 다량의 급류가 저지대로 유입되어 침수의 위험이 있으며, 상수도 공급을 위한 가업시설의 설치 및 유지 등에 경제성의 문제가 발생하기 때문이다. 분당의 경우 저지대의 표고가 40~50m 정도로서 표고차 50m를 고려하면 표고 100m 이하가 개발이 가능한 것으로 분석되었다.

- 분당 신도시 개발사, p. 58

(3) 도시 콘셉트 : 인구, 밀도, 주택 계획

분당은 자족도시를 목표로 하여 단순한 베드타운으로 전락하는 것을 경계하였다. 기본 전략은 주택시장의 안정과 수도권의 과밀 억제 및 정비였다. 이를 위해 주택의 대량 공급을 통해 서울 지역의 주택수요를 흡수하고, 서울에 집중된 수도권의 기능을 분산하고자 하였다. 또 시범단지를 우선적으로 빠르게 공급해 당장의 주택투기 공포를 잠재우고자 하였다.

서울 강남의 주택수요를 흡수하는 것이기 때문에 중산층의 수요대상인 중형 이상의 주택을 대량으로 공급하되 소득계층별 조화를 위해 규모별로 균형을 갖추고자 하였다. 이에 맞춰 공공시설, 복지시설, 교육시설의 질을 서울 강남 수준에 맞추었고, 업무, 유통, 문화예술, 정보산업, 연구 기능 등을 중심으로 서울에서 유치하도록 하였다. 또 수도권 외부로부터의 인구유입을 차단하기 위해 공장이나 대학 등의 설립을 규제하고, 신도시에서 공급되는 아파트에는 수도권 거주자에 한해 입주하도록 하였다. 중심상업지역과 대중교통수단 인접지역은 저소득층을 위한 소형 고밀주거지로 계획하고, 그 외곽부는 중대형 저밀공동주택이나 단독주거지로 계획하였다. 기본적인 주거양식은 공동주택(한국형 아파트)이나 원주민을 위한 단독주택과 지형 여건 및 스카이라인을 위한 연립주택을 제한적으로 배치하였다. 단독주택 택지는 전체 주거용 택지의 11.4%였으며, 연립주택은 12.3%였다. 아파트용지는 76%이다. 아파트는 총 88,102세대를 공급하였는데, 임대아파트와 분양아파트로 구분된다. 임대아파트는 전용면적 36.3m^2(분양면적 51.8m^2)으로 11,479세대를 공급하였고, 분양아파트는 다시 84.8m^{2}를 기준으로 나눠 혜택을 달리하였는데, 국민주택으로 이름붙인 84.8m^2 이하는 46,434세대를, 이를 초과하는 것은 30,189세대를 공급했다.

(4) 토지이용계획과 주택공급

택지개발계획이 11차에 걸쳐 개정되면서 토지이용계획도 점차 변화하였다. 기본적으로 경부고속도로를 따라 남북의 선형도시로 계획하였으며, 도심을 고속도로에 인접하여 고속도로와 주거지역을 분리하였다.

근린주구(생활권) 개념을 활용하여 토지이용계획에 반영하였다. 주간선도로 및 지하철 노선을 따라 3개 생활권을 나누고, 각 생활권에 배치된 지하철역을 중심으로 상권이 형성되어 여기에 근린생활권이 연계되도록 하였다. 근린생활권은 전철역에 가까울수록 고밀로, 멀수록 저밀로 설정하였다. 각 근린생활권의 인구와 밀도에 따라 초등학교, 주민센터, 파출소 등이 배치되며, 크기를 300m×400m로 하여 근린생활권 내에서는 도보로 생활이 가능하도록 하였다.

토지이용계획상 용도는 주택, 상업업무, 공공시설용지로 구분된다. 주택건설 용지는 기존의 3~10km^2 규모의 개발사례를 바탕으로 전체 면적의 40~50%로 설정하였고, 상업업무용지는 도시의 콘셉

분당 신도시 11차
토지이용계획도
출처 : 한국토지공사(1997a)

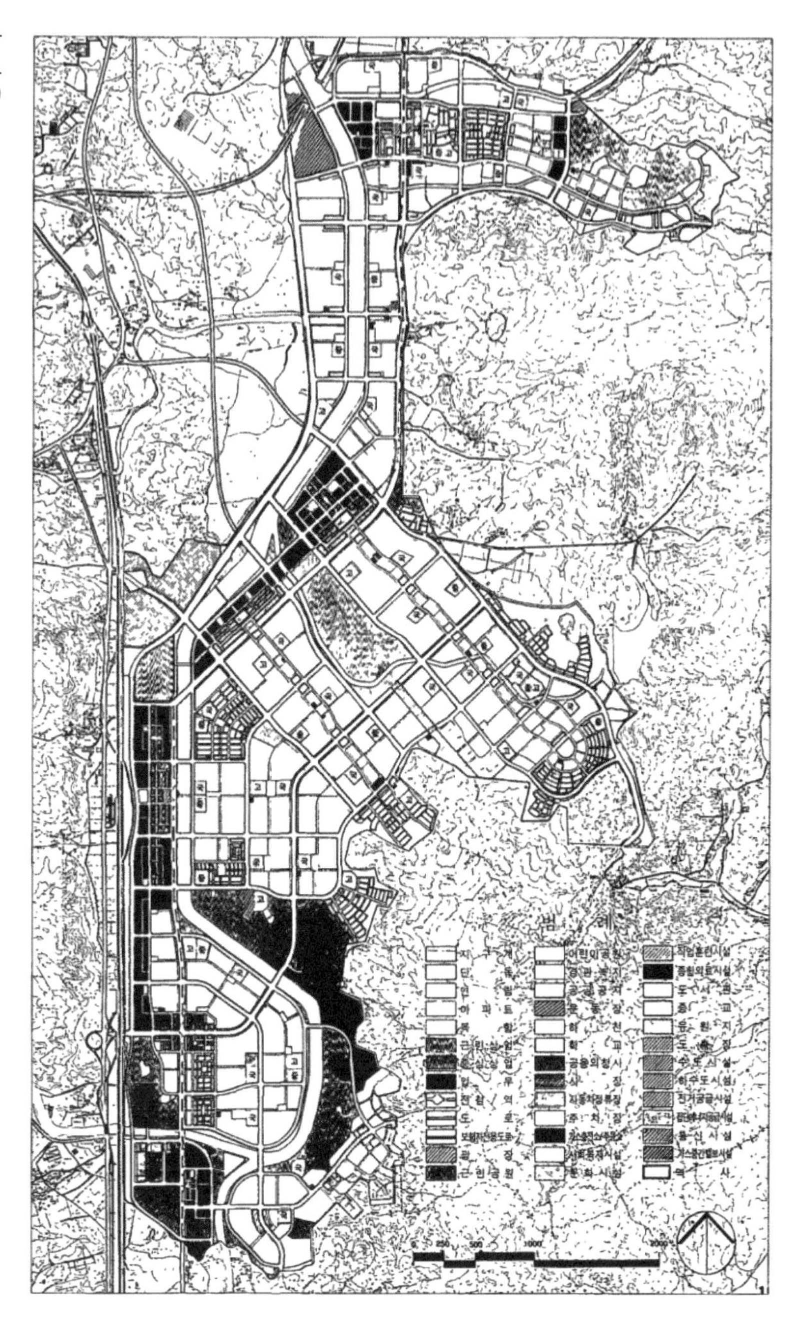

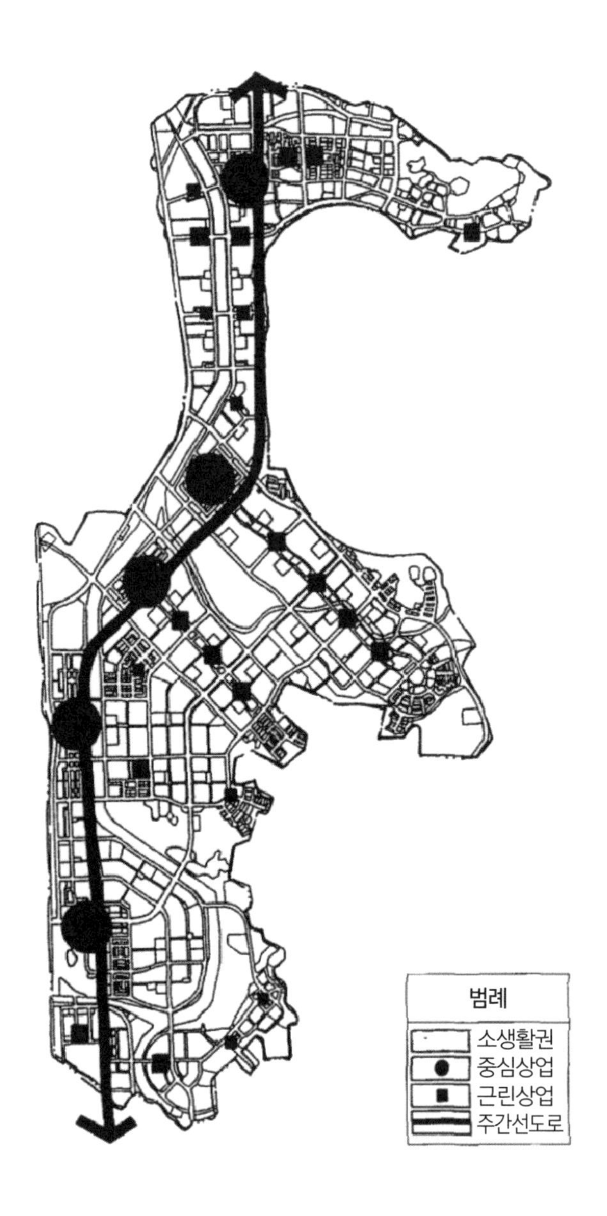

분당 신도시 생활권 구상도
출처 : 한국토지공사(1997a)

트에 따라 2.0～2.5m^2/인으로 하여 전체 면적의 3.5%로 하였다. 공공시설용지는 인구 및 주택규모, 자연 조건, 관계기관 협의 등을 바탕으로 0.6m^2/인으로 하여 도시 전체 녹지율을 20%로 하였다. 또한 자족기능시설 계획으로서 공공기관 유치를 추진하고, 시범주택단지, 민자역사 등은 현상설계 등 도시설계를 도입하여 도시개발을 촉진하였다.

이를 위해 90개 공공기관을 설문조사하여 45개 이전 희망 기업을 선발하였고, 이 중 관세청, 한국가스공사, 대한주택공사, 한국이동통신, 한국토지공사, 지역난방공사, 한전기공, 담배인삼공사, 조폐공사를 유치·확정하였다.

(5) 교통망 계획

교통망은 서울과의 연결성을 확대하는 광역교통망과 내부 교통을 처리하는 내부도로망으로 나뉜다. 광역교통망은 고속도로와 전철을 신설하고 기존 국도를 확장하여 연결성을 확대하였는데, 이 비용은 신도시 택지개발의 이익으로 충당하였다.

광역교통망은 신도시 개발의 주요 목적 중 하나인 강남 인구 흡수를 위해 강남 접근성을 확대하는 방향으로 맞춰졌다. 두 개 노선의 무료 도시고속도로가 건설되어 강남 연결 시간을 20분 이내로 단축하였으며, 분당선 지하철이 강남에 직결하도록 하였다.

내부도로망은 간선(폭 27.5~40m), 보조간선(폭 20~30m), 지분산(폭 12~20m)으로 나누어 배치하였고, 단독택지의 필지별 접속도로도 차량 양방통행이 가능하도록 6~10m로 하였다.

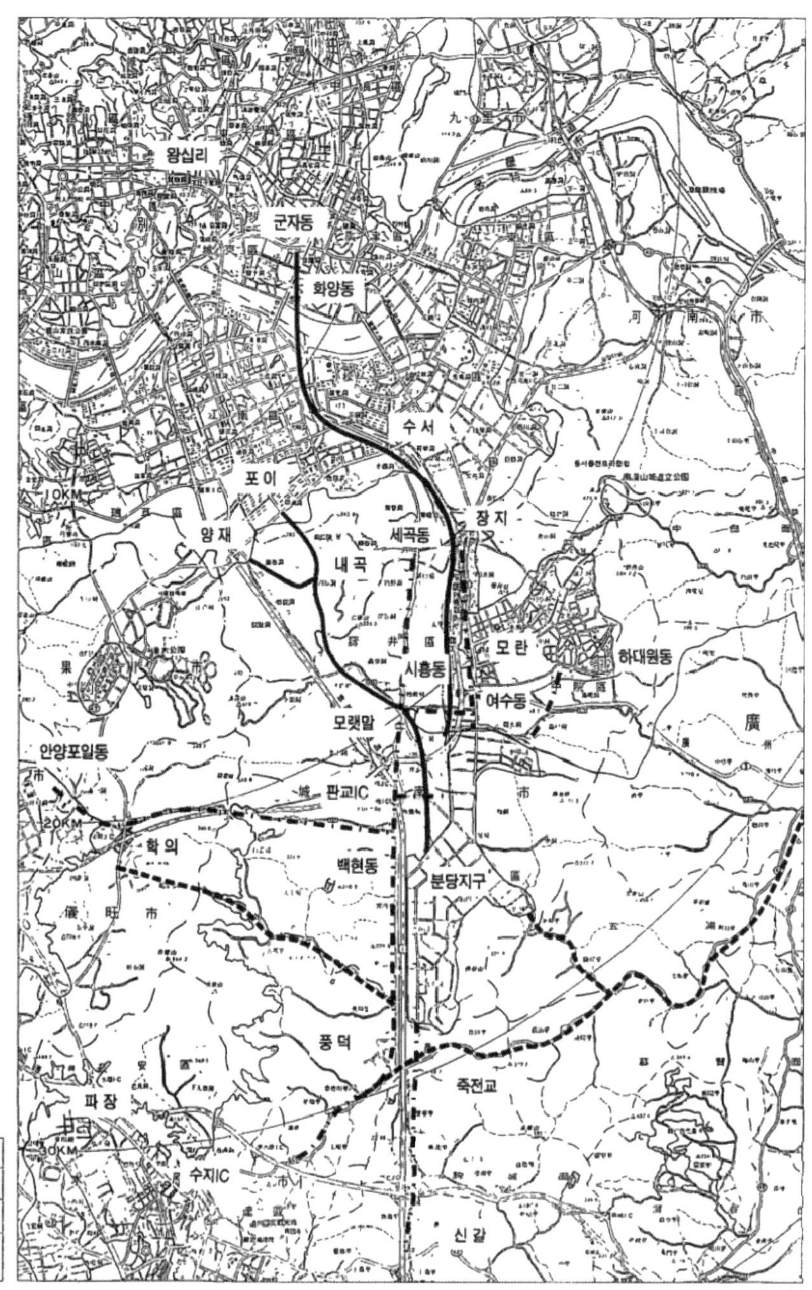

분당 신도시 주변 도로망 확충 계획도
출처 : 한국토지공사(1997a)

범례	
도시고속도로	━━━━
일반도로	━·━·━
일반도로(96이후)	━ ━ ━

분당 내부 교통망 계획도
출처 : 한국토지공사(1997a)

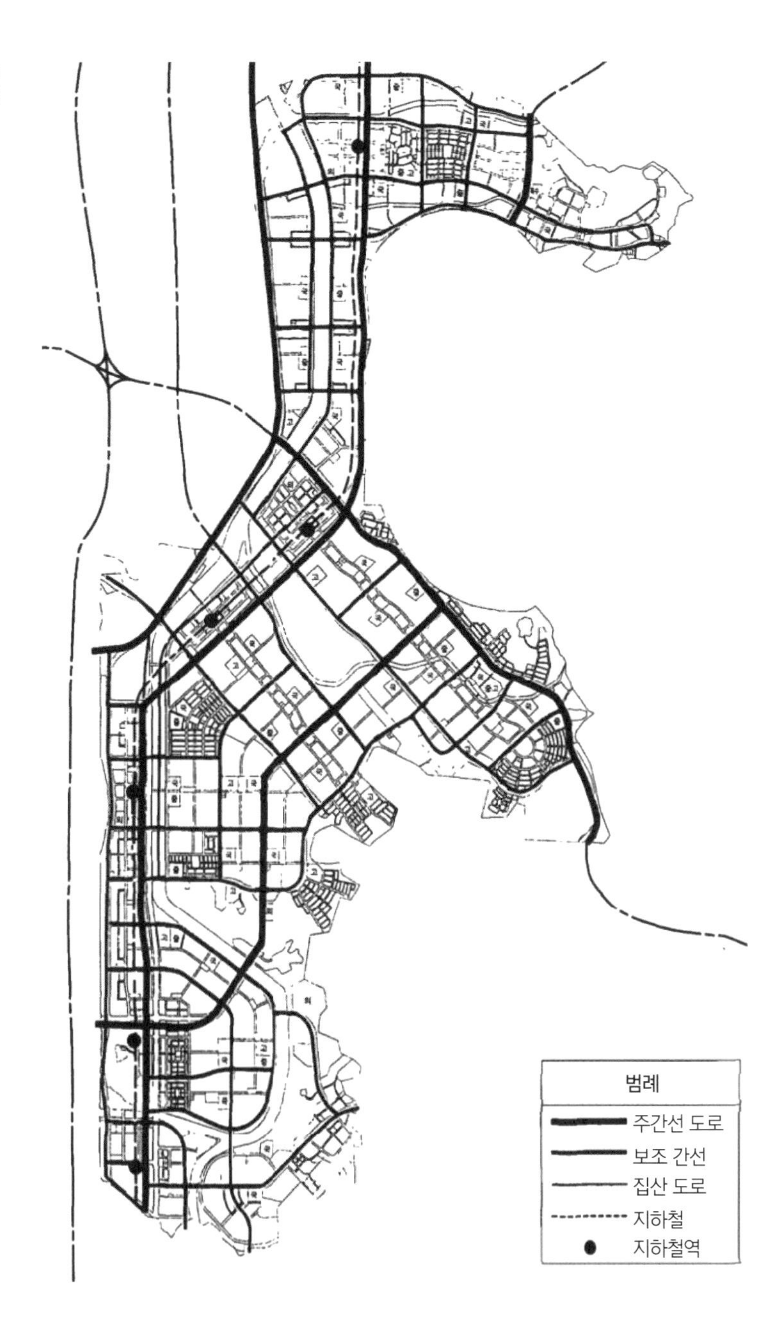

분당 신도시
전철 노선 계획도
출처 : 한국토지공사(1997a)

(6) 도시 인프라 계획

공원녹지계획으로 주요 보존 대상 녹지 및 문화유적지를 중심으로 근린공원을 조성하고, 단지내부 근린주거 단위로 보행자 동선의 결정부에 보행권을 고려하여 배치하였다. 수변공간을 공원화하여 생활권 간의 연결 녹지축으로 활용하였다. 고속도로 및 고속화도로변에는 소음 방지를 위한 시설녹지를 두었으며 수중보를 설치하여 수변 이용을 증대하도록 하였다. 중앙 부분에는 0.5km^2 규모의 대형 공원을 조성하여 랜드마크 기능도 할 수 있게 하였다.

가로수는 119개 노선에 3만 1천 주를 식재하였으며 가로구간별 방향별로 수종을 달리하여 식별성, 연속성을 강조하였다. 폭 40m 광로는 은행나무, 35m 대로는 버즘나무와 메타세콰이어, 30m 대로에는 버즘나무와 목백합, 25m 대로는 중국단풍, 20m 중로에는 은행나무와 버즘나무, 15m 중로에는 목백합과 메타세콰이어를 식재하였다. 식재 간격은 8m 일렬식재를 원칙으로 하여 교차로 부근은 운전자와 보행자의 안전을 고려하여 관목으로 하였다.

분당 신도시 공원녹지 구상도
출처 : 한국토지공사(1997a)

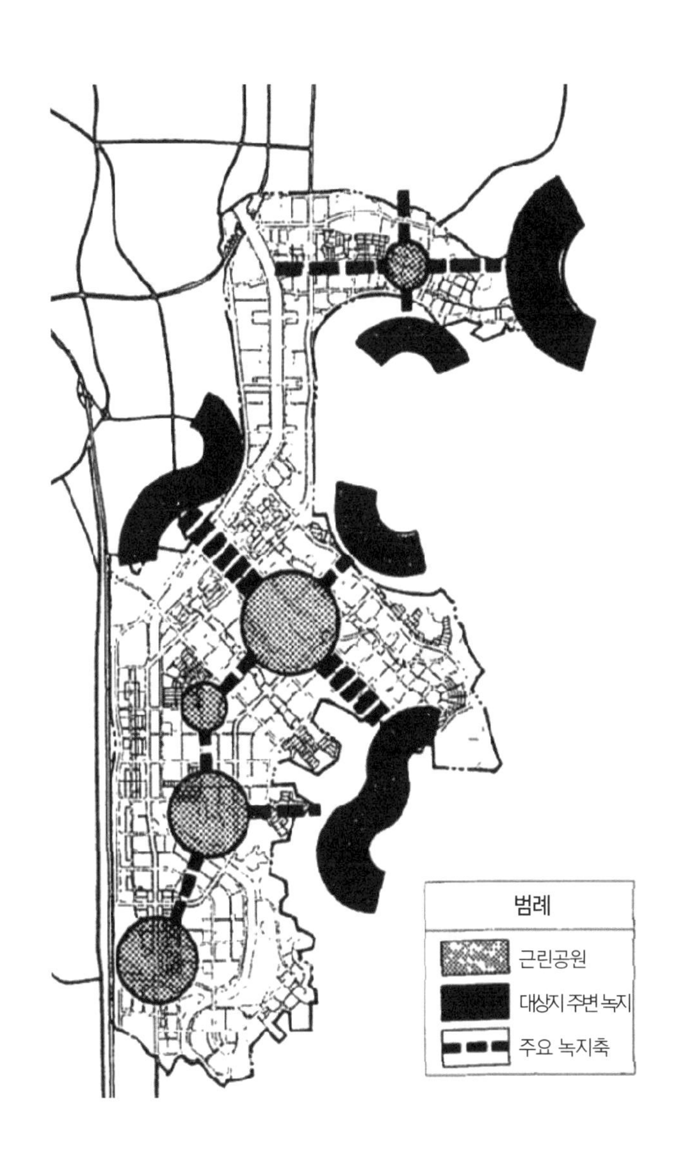

분당 신도시 공공공지 조성 기본방향
출처 : 한국토지공사(1997a)

구분	주변 여건	조성 방향
고속도로변	• 판교~구리 간 고속도로변 • 경부고속도로변	• 50m 폭원의 경부고속도로변 공공공지는 도로변에서 3~7m까지 차음축조하여 둔덕을 조성한 후 상록수 및 낙엽수를 혼합 식재하며 입지 특성을 고려 경관 식재 • 판교~구리 간 고속도로변은 가급적 도로 측으로 밀식하고 중앙부는 비워두면서 경관식재 처리
일반도로변	중심가로 및 주거단지 사이	• 완충성 증진을 위하여 도로 및 단지경계부 측으로 식재, 꽃길조성 식재 • 구배가 급한 도로변 공공공지는 소음 및 공해방지를 고려, 잣나무류의 상록교목 및 상록관목류를 식재
천변	하천 변에 설정	• 주거민의 휴게, 보행자의 편익을 위한 시설 배치 • 구간별 개나리, 수양버들 등 능수형수목을 도입, 둔치 꽃길 조성 계획과 관련, 화관목을 군락식재하여 계절적 변화감 부여
택지개발 경계부	도로에 접한 택지개발 경계부	• 기존 자생수종을 보호하면서 향토수종을 보완식재 • 법면 발생 지역은 관목 및 천근성 수목식재

학교는 분당에 인구가 유입되는 동시에 고령화하는 것을 고려하여 장래취학률이 감소할 것으로 보고 기존 도시보다 낮은 비율로 하였다. 즉, 유치원은 계획인구의 1.0%(타 도시 1.1%), 초등학교는 11%(12%), 중학교는 5%(타 도시 5.7%), 고등학교는 4%(타 도시 6%)로 하였다. 이렇게 추정한 예상 취학생수는 85만 4천 명이며, 이 중 중등도 장애아 출현율을 0.46%로 보아 380명의 특수교육 대상자를 고려하였다.

상수도는 2001년 예상치 1인 급수량 495m^3/일로 하여, 총 19만 3천m^3/일로 추정하고, 신도시 완공시점(1995)에 15만m^3/일 급수가 가능하도록 공급하고, 이후 4만 3천m^3/일은 지자체가 공급하는 것으로 계획했다. 관망은 일부 고지대를 제외하고는 가압펌프 없이 공급하도록 했다. 하수는 2001년 예상치 1인 하수량 447L/일로 하여, 총 17만 5천m^{3}를 처리할 수 있도록 1992년까지 해당 용량을 처리할 수 있는 하수처리장을 신설하도록 했다. 우수는 오수와 분리하여 강으로 흘러

들어가도록 했다. 공동구는 전기, 통신, 상수시설을 수용하도록 하였는데, 간선가로망을 따라 설치하여 연장을 최소화하였다.

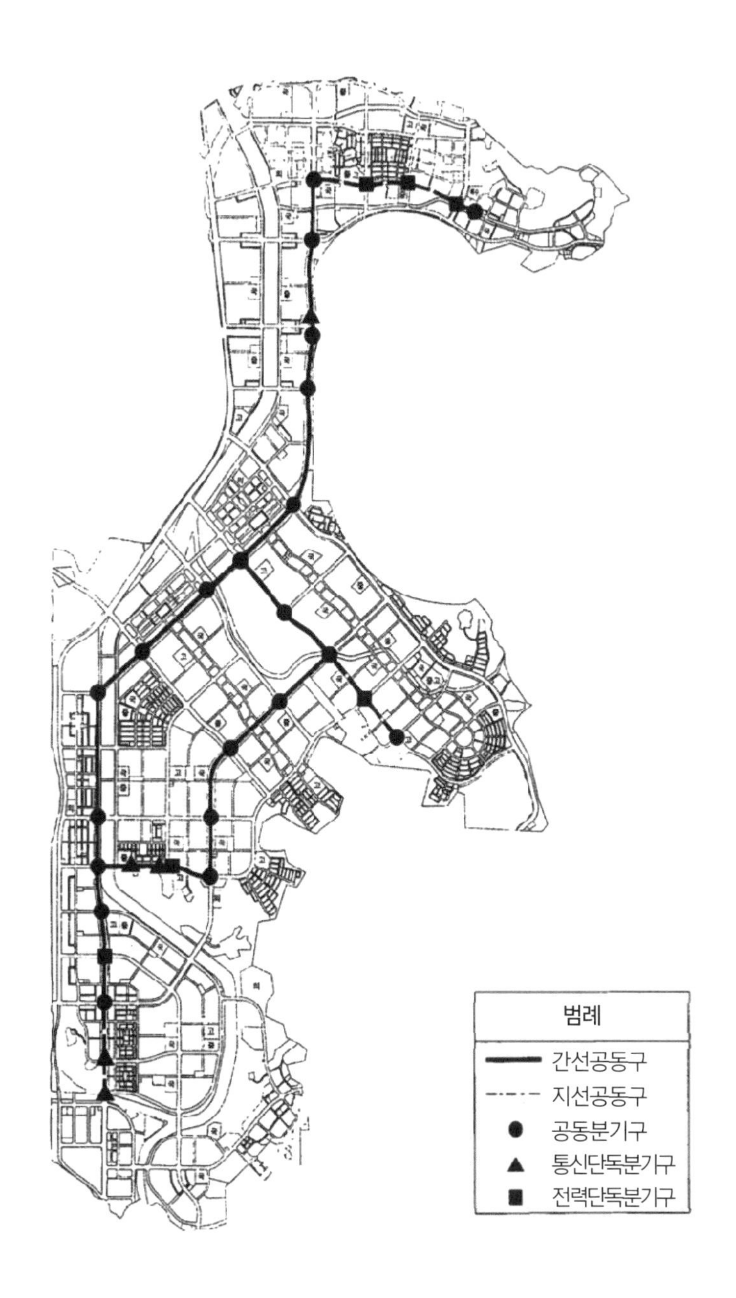

분당 신도시 공동구 배치도
출처 : 한국토지공사(1997a)

2) 평촌, 산본 신도시

(1) 사업 개요

평촌과 산본은 안양이라는 서울 주변의 기성 도시에 조성한 신도시라는 것이 특징이다. 각각은 분당, 일산보다 소규모이지만 지리적으로 가까워 사실상 하나의 신도시로도 볼 수 있으며, 둘을 합치면 계획인구가 34만 명에 달한다. 안양시는 수도권 공업 지역의 대표적인 도시 중 하나로 빠르게 성장하였지만 서비스 시설은 부족했다. 평촌의 건설로 안양시는 중심 업무기능을 평촌으로 이전하였다. 한편 산본의 행정구역은 군포시로 산본 개발을 계기로 독립된 지방자치체가 되었다.

평촌과 산본은 인접하면서도 신도시 성격이 대비되어 흥미롭다. 평촌은 기존의 안양 도심지를 대체하는 성격인 반면에, 산본은 주택공급에 초점을 두고 있다. 두 신도시는 당시 사업시행자가 달랐는데, 평촌은 신도시 개발을 전문으로 하던 한국토지개발공사가, 산본은 주택공급을 전문으로 하던 대한주택공사가 맡았다. 따라서 계획기준 등에 차이가 있었다.

평촌의 사업기간은 1989년 8월부터 1995년 12월로 택지 조성은 1993년에 마쳤다. 총 사업비는 1조 1,787억 원으로 용지비가 5,416억 원(46%), 조성비가 6,371억 원(54%)이었다. 조성비는 전철건설분담금 5,100억 원을 포함하여, 세부적으로는 단지 조성비가 19%, 광역교통망 사업 분담금이 35%를 차지한다.

산본의 사업기간은 1989년부터 1995년까지로, 총 사업비는 6,324억 원이 소요되었으며, 이 중 용지비가 4,097억 원(64.8%), 조성비가 2,227억 원(35.2%)이었다. 조성비는 전철건설분담금 400억 원을 포함한다. 이를 조달하기 위해 34%를 민간합동개발용지매각으로, 21%를 국민주택기금, 45.8%를 시행자 자체 자금으로 융통하였다.

(2) 사업대상지 선정, 지구계 설정

사업대상지는 이미 1982년부터 택지개발 가능지로 조사되어 있었다. 평촌은 1988년 시점에 이미 안양시가 평촌 지구 종합개발계획을 수립해놓고 있었다. 때를 같이하여 주택 200만 호 건설사업을 추진하면서, 서울로 연결되는 도시전철의 신설하고, 이 지역의 개발이익을 도시전철 사업비로 활용하는 것으로 사업추진이 결정되었다.

평촌과 산본의 위치와 지구계
출처 : 한국토지공사(1997b)

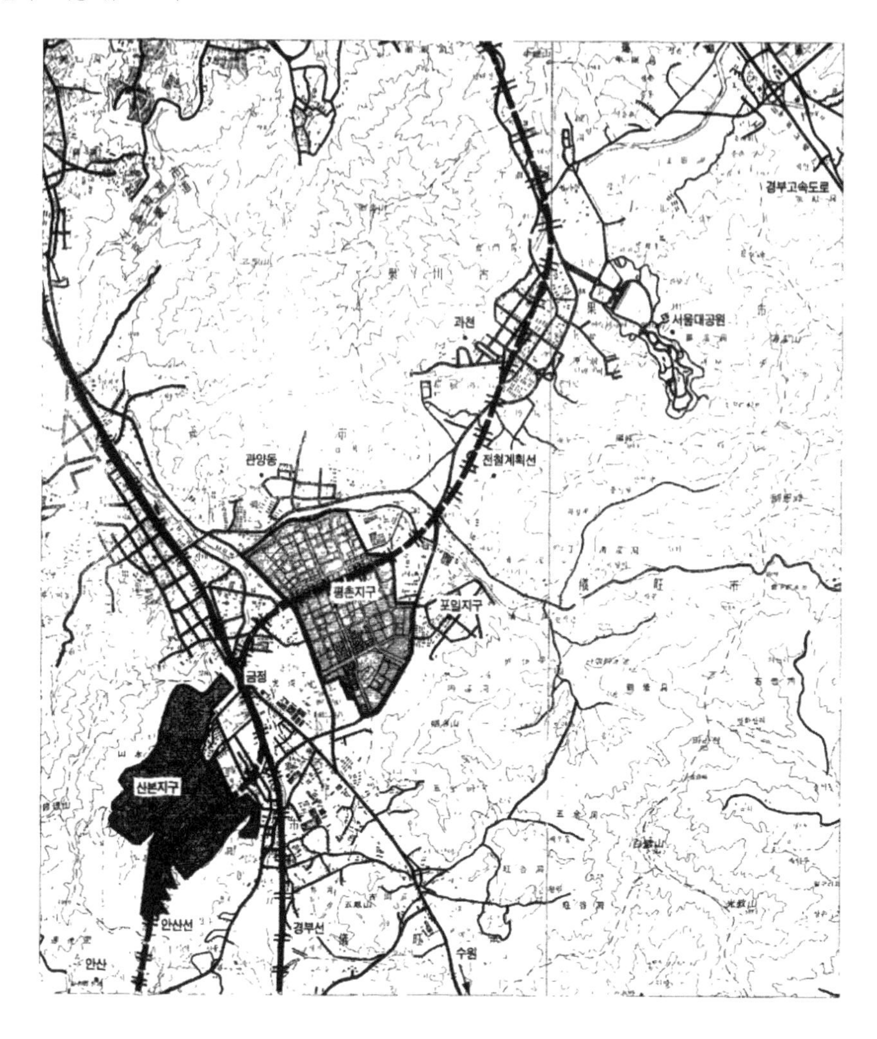

평촌의 계획면적은 511만m^2이며, 서울 중심부에서 20km 반경 이내에 위치한다. 기개발 지역의 틈새에 있는 농지 및 미개발 녹지를 활용하였다. 사업대상지의 81.3%가 농지였으며, 73%가 생산녹지로 지정되어 개발행위가 제한되어왔다. 평탄한 농경지가 많고 경사 5% 이하의 단조로운 지형이었으나 주변 개발지보다 1~2m 정도 저지대로 하천이 범람한 경우가 있어 1.5m 이상 성토가 필요했으며 동·서측은 공업 지역, 남·북측은 시가지가 형성되어 있었다. 최초에는 북측의 소하천이 제외되어 있었으나 변경을 거쳐 포함되었다.

산본의 계획면적은 419만m^2으로 지형과 토질이 택지개발에 유리했다. 평촌보다는 5km 정도 남쪽에 경부선을 건너 입지한다. 서, 남, 북측의 지역은 개발제한구역으로 지정되어 있었고 내부는 평탄하며

개발제한구역과 생산녹지, 자연녹지는 어떤 규제가 있는가?

개발제한구역, 즉 그린벨트(Green Belt)는 주로 도시 외곽에서 토지의 개발행위를 금지함으로써 도시지역의 무분별한 확장을 막는다. 개발제한구역으로 지정되면 원칙적으로 건축물의 건축 및 용도변경, 공작물의 설치, 토지의 형질변경, 죽목의 벌채, 토지의 분할, 물건을 쌓아놓는 행위, 도시계획사업을 할 수 없다. 개발제한구역의 재산권의 행사를 극히 제한하므로 정부의 강력한 자율성이 없이는 지정이 어렵다. 1971년부터 1974년까지 8차례에 걸쳐 지정된 후로 신규 지정된 예는 없으며, 2000년 이후로는 계속 해제해오고 있다.

생산녹지와 자연녹지는 용도지역지구제에 의해 도시지역에 설정하는 녹지지역의 하위 카테고리이다. 녹지지역은 보전녹지, 생산녹지, 자연녹지로 나뉘는데, 보전녹지는 도시 내의 자연적 경관을 보전하는 지역으로 개발이 곤란하다. 생산녹지는 농업용 토지로 개발이 유보되며, 자연녹지는 도시의 녹지공간 확보와 도시공간 확산 방지를 위해 제한적으로 개발을 허용하고, 향후 도시용지 공급 등을 위해 활용된다.

개발제한구역과 녹지지역의 가장 큰 차이는 녹지지역은 실제 산림이나 농지, 나대지에 설정되는 데 반해 개발제한구역은 도시 외곽지역에 광범위하게 지정되었다는 데 있다. 즉, 이미 사람들이 집단으로 정주하고 있는 지역도 개발제한구역으로 일괄 포함되어 건축의 개보수조차 자유롭게 할 수 없는 어려움을 겪었다.

한국에서 개발제한구역은 산업화시기 도시외곽의 토지투기와 도시의 무분별한 확장을 막았으며, 신도시 건설 등을 위해 대량의 토지를 저렴하게 취득하는 데 큰 도움이 되었다. 그러나 하루아침에 지정되어 재산권의 침해가 광범위하게 이뤄졌기에 큰 고통을 받은 시민들도 많았다. 이 제도를 개발도상국에서 활용하기 위해서는 세심한 논의가 필요할 것이다.

동측은 기존 주거, 공업활동도 일부 있는 자연녹지 지역이다. 전체 면적의 73.5%가 표고 51~90m에 해당하였고, 5% 미만의 평탄지와 15% 미만의 구릉지가 전체의 71%을 차지했다, 토질은 석영입자가 50~60%로 배수성이 크다.

(3) 도시 콘셉트 : 인구, 밀도, 주택 계획

안양에 평촌과 산본, 두 개의 신도시를 공급하게 된 것은 이 지역의 산업이 발달하면서 서울과 독립된 도시권을 형성할 수 있는 잠재력이 있다고 판단하였기 때문이다. 1988년 당시 이미 도시형 공업을 갖추고 있었으며, 신도시 건설로 도시권 인구가 100만에 이를 것으로 기대되었는데, 이 경우 대규모 쇼핑센터와 업무시설이 늘어나 서울 통근수요는 상대적으로 줄어들 수 있다고 판단한 것이다. 동시에 서울과의 거리가 멀지 않아 서울의 주택수요를 쉽게 분산하기를 기대한 것도 있다. 즉, 서울의 위성도시이면서 단순한 베드타운이 아닌 자족성을 갖춘 거점형 도시를 콘셉트로 한 것이다.

평촌의 개발 목적은 안양의 새로운 도심과 주거지역을 조성하는 것으로 수도권 주택난을 해소하고, 안양의 기본 도시구조와 연계되는 쾌적한 신시가지를 조성하고자 하였다. 수용인구는 17만 명이었으며, 인구밀도는 329인/ha이다. 처음에는 중·고소득층이 비교적 많이 살 수 있도록 중대형 아파트 위주로 계획하였으나 저소득층도 같이 살 수 있도록 임대주택 공급을 증가시켰다. 지역의 농수산물 유통 기능과 공공업무 기능도 담당하기로 하였다. 이와 같은 종합적인 신도시 사업의 성격에 따라 한국토지개발공사 사업을 맡았다.

산본은 평촌과 달리 주거기능을 중심으로 하고 서울의 주거 수요를 적극 수용하였다. 이를 위해 서울에서 개발되었던 주택단지를 참고하여 콘셉트를 작성하였다. 기개발 대규모 주택단지의 인구밀도가 대체로 528인/ha로 형성되어 있음을 감안하여 416인/ha로 설정하였다.

주택의 공급은 인구계층이 정상 분포를 이루도록 하였다. 소형 임대주택에서 민간대형 분양주택에 이르기까지 다양하게 공급하였다.

(4) 토지이용계획과 주택공급

평촌의 토지이용계획은 6차에 걸쳐 수정되었다. 평촌과 산본의 토지이용계획과 인프라 용량은 자체 완결적이지 않으며 기존의 안양 시가지와 연계하여 구상하였다. 평촌의 상업지역은 전철노선을 축으로 두 개의 전철역 사이에 보행자 전용도로를 설치하고 이 도로 주변에 상업시설을 입지하여 쇼핑몰을 형성하도록 하였다.

주택공급으로선 중심 상업 및 대중교통수단과 인접한 중앙부는 고밀, 외곽부는 중밀주거지로 배치하였으며 남단의 공원녹지변은 이주민의 단독주택지로 계획하였다. 주택유형별로 택지를 혼합하여 공동주택지에서 단일한 주택유형으로 대규모 단지가 형성되지 않도록 하고 가능한 한 혼재하였다.

산본은 3개 노선의 주 진입로를 신규 개설하고, 중심지에 전철역과 시청을 배치하였다. 중심지에는 시청, 도서관, 종합병원, 경찰서 등이 들어서며 주택지역이 이를 둘러싸는 형상을 하였다. 중심지에 가까울수록 소형의 공동주택을 고밀로 배치하였고, 외곽일수록 대형 공동주택을 저밀로 배치하였다. 이주자단지를 조성하여 165m^2 필지 1,200개를 안양시에 인접한 입구 쪽에 배치했다.

평촌 신도시
토지이용계획도
출처 : 한국토지공사(1997b)

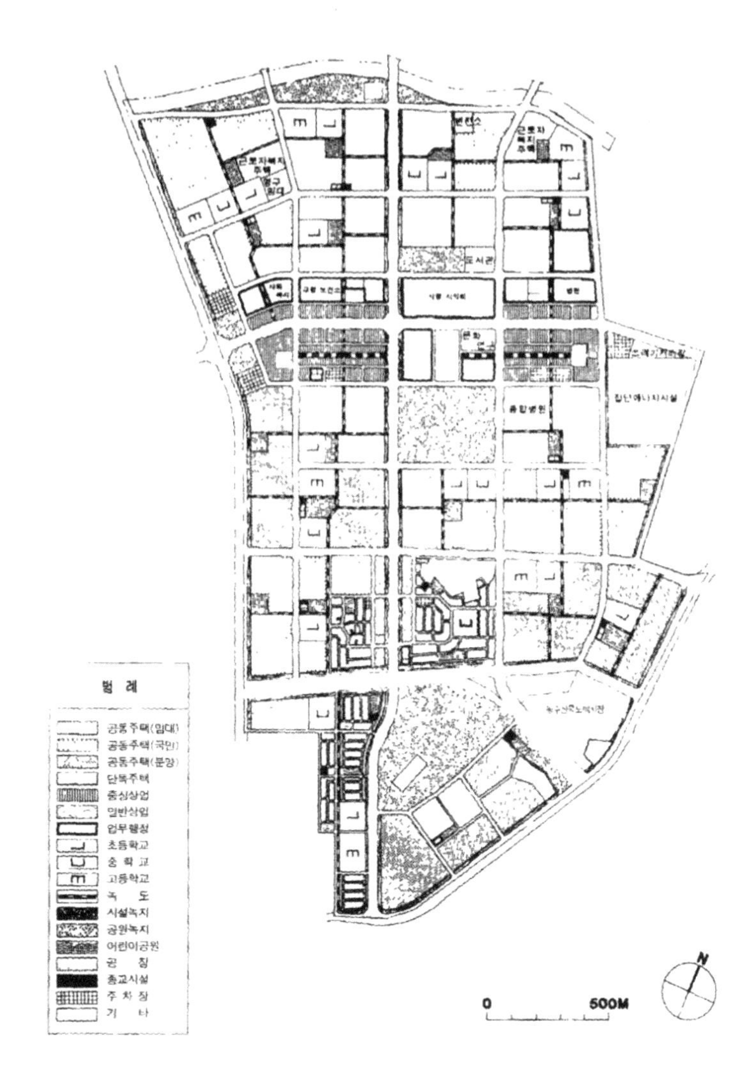

용도별 배분 면적 비교

구분	평촌(%)	산본(%)
단독주택용지	2.9	6.0
공동주택용지	34.8	41.5
중심상업	3.1	2.3
일반상업	0.5	2.5
학교	6.7	7.6
공원녹지(하천 포함)	15.6	14.1
도로	23.3	14.2
기타	13.1	11.8

(5) 교통망

신도시 사업 이전에 안양과 서울을 잇는 간선도로는 3개 노선뿐이었으며, 교통체증도 극심했다. 특히 기존 안양시의 여건이 경부선 철도와 안양천, 산업도로 등으로 동서로 양분되었음에 반해 이를 연결하는 노선은 3개밖에 없었는데, 평촌과 산본 역시 각각 동편과 서편에 입지하여 동서 교통수요가 폭증하는 문제가 있었다. 이에 따라 6개 노선 26차선을 신설하고, 기존 도로를 차선 확장하여 동서 연결이 되도록 하였다.

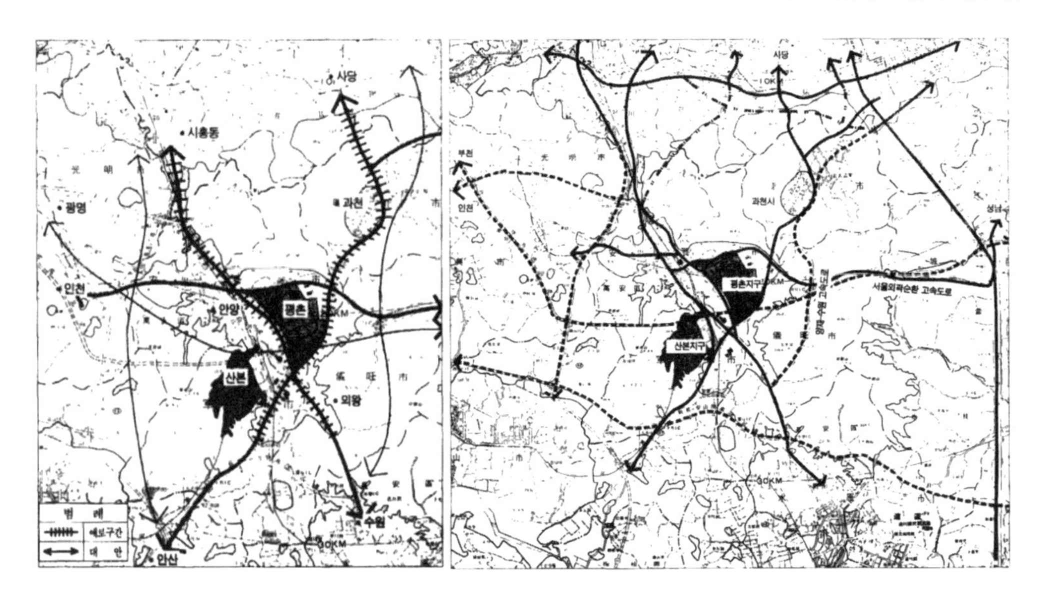

평촌, 산본의 교통 애로 구간(좌)과 광역교통망 개선안(우, 점선)
출처 : 한국토지공사(1997b)

평촌과 산본 성공의 핵심은 중 하나는 서울로의 지하철 연결이었다. 본 사업 이전부터 서울 사당역과 경부선 및 안산선 금정역을 연결하는 신설 철도에 대한 계획이 있었으나 본 사업의 개발이익을 투자하는 것으로 사업을 추진하게 된 것이다. 총 연장은 15.7km이며, 사업비는 3,991억 원이다. 서울시 구간은 서울시에서 부담하여 소유하고, 나머지 구간은 철도청(현 한국철도공사)이 부담하여 국유로 하되, 평촌 시행사인 한국토지공사, 산본 시행사인 대한주택공사가 상당액을 부담하였다. 또 경마장을 신설하여 경유하도록 함으로써 한국마사회도 부담하였다.

평촌의 내부교통망은 폭 40m 이상의 남북 1개 노선과 동서 2개 노선을 기본골격으로 가로망 체계를 짰다. 폭 25~30m의 보조간선도로는 지구 내 중심 도로로서 생활권 간의 통합과 분리를 유도하고 대중교통 노선과 일치시켜 배치 간격을 300~350m로 하였다.

평촌 도로망 계획도
출처 : 한국토지공사(1997b)

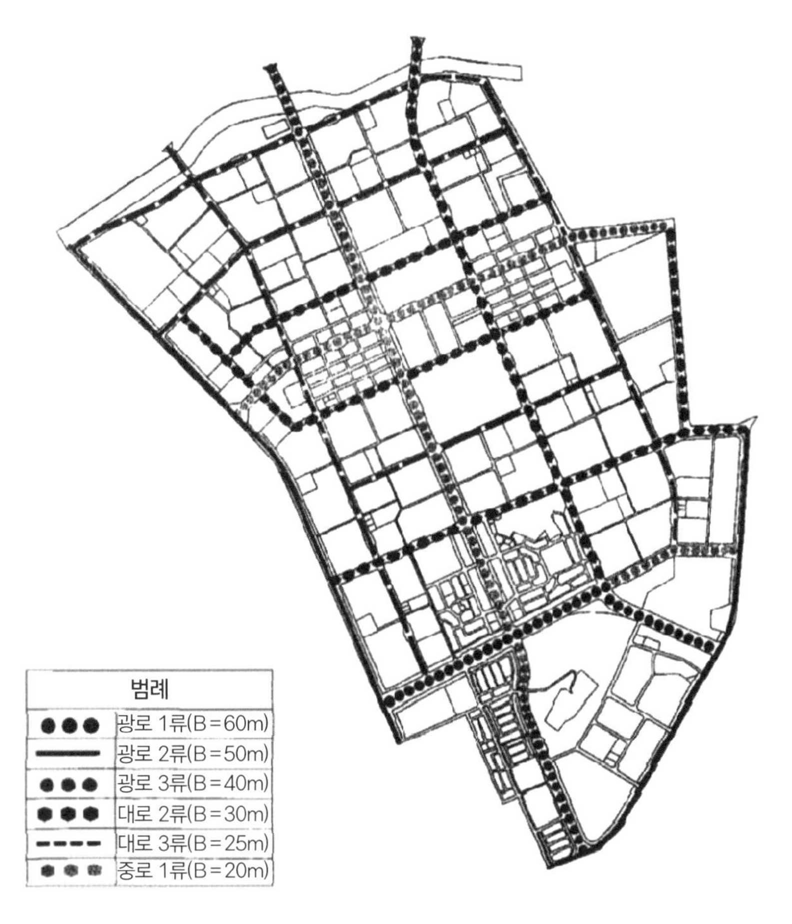

산본은 폭 35m 1개 노선, 폭 30m 2개 노선을 전철선과 평행하게 배치하고, 폭 25m의 집분산 도로를 300~500m 간격으로 설치하였다.

산본 신도시의 도로망 계획도
출처 : 대한주택공사(1997)

2.4 성과와 과제

분당은 한국의 주택 위기 상황을 해결하는 첫 주자였다. 산본과 평촌 신도시 개발 발표로도 주택가격은 안정화되지 않았으며, 강남의 주택수요와 기능을 분담하는 분당이 발표되고서야 시장은 변화를 보이기 시작했다. 특히 최우선적으로 시범단지를 추진·건설하고 입주까지도 2년 만에 끝냄으로써 신도시에 대한 의구심을 잠재우고, 시장에 신뢰를 주었던 것이 주효했다. 그러나 대중교통망도 갖춰지기 전에 입주하게 되어 초기 입주자들은 서울 통근을 위해 수 킬로미터에 이르는 거리를 걸어 다니는 수고를 해야 했다.

평촌과 산본은 또 다른 형태의 한국 도시개발 모형이 되었는데, 서울의 위성도시에 신가지를 일거에 건설하여 서울에서 독립할 수 있는 자족도시로 탈바꿈함으로써 인구 분산은 물론 통근과 쇼핑 통행을 분리하는 전략을 실행한 것이다. 또 이 지역은 이전부터 광역교통망을 개선할 필요가 높았음에도 재원이 부족해 연기되어왔고, 택지개발을 하기는 더욱 어려웠던 것을 발상의 전환을 통해 해결했다. 택지와 광역교통망을 동시 개발하여 개발이익을 높여 이것을 광역교통 재원으로 활용하는 방식을 채택한 것이다. 그러나 신도심의 형성에 따라 구도심이 크게 침체하는 문제에 심도 있게 대비하지 못했으며, 서울 내 신시가지 수준으로 인구밀도를 설정해 전원도시로서는 지나치게 고밀도로 개발한 점은 반성 요소가 되어 2기 신도시에서 반영하게 되었다.

산본 신도시 입주민의 입주 전 거주지 분포
출처 : 대한주택공사(1997)

구분	내부 이주민	외부 유입			
		서울	인천	기타 수도권	기타
비율	10.9%	43.6%	5.5%	38.8%	1.2%

수도권 1기 신도시는 광역교통망의 중요성을 깨닫게 해주었다. 서울 인근의 토지를 개발하기보다는 원거리 미개발 토지를 수용, 개발하여 보상비 부담을 덜고 지주의 반발도 최소화할 수 있었다. 이를 위해서는 고속도로 등 자동차 전용도로와 수도권 전철의 신설이 중요한 역할을 하였다. 분당은 전체 건설비용 4조 2천억 원 중 1조 6천억 원을 광역교통망에 투자했다.

LH가 1기 신도시를 건설하면서 수립한 가장 큰 성과는 지속 가능한 신도시개발모형을 수립했다는 데 있다. 중상류층만을 위한 신도시는 어느 나라도 재정만 확보하면 만들 수 있다. 다만 분양이 잘 된다는 보장이 없을 뿐이며, 중·상류층만의 도시가 되는 것뿐이다. 이런 도시는 한 나라에 한두 개는 지을 수 있을지 모르지만 주류적인 생활양식이 되기는 어렵다. 그러나 1기 신도시는 중산층을 위한 쾌적한 도시를 만들어 판매하면서도 그 개발이익을 서민 주택공급에 투여했다. 중산층과 서민층이 공존할 수 있는 도시이기에 균형 있는 주택공급이 가능하다. 이는 공공 개발자에 의한 공영개발 모형이 아니고서는 불가능한 사업 모델일 것이다.

이 같은 대규모의 신도시를 지으면서 시행착오가 없을 수는 없었다. 특히 사업추진 제도들이 사업 실현에 최우선 순위를 부여하면서 부동산 투기에 취약한 약점을 드러냈고, 때로는 오히려 이를 조장했던 것으로 보이는 점도 있었다. 이런 문제는 당시 주택을 구매할 수 있는 계층과 그렇지 못한 계층 간의 자산 격차를 더욱 크게 벌려놓았다. 다만, 신도시가 개발되지 않았다면 주택을 구매할 수 없었을 이들이 너무나 많았을 것이라는 점을 감안할 필요가 있다.

또 입주 초기에는 자족성을 확보하지 못하고 서울로의 통근이 많이 발생했던 문제도 있었으나 시간이 지나면서 서울 통근 비율이 줄어들고 자족성이 확보되었다. 그러나 수도권 2기 신도시와 지방 혁신도시 등이 추진되면서 다음 세대 도시의 자족성 확보를 위해 수도권 1기 신도시의 업무기능을 다시 빼내게 되어 우려의 목소리가 높았다.

3. 수도권 2기 신도시

3.1 2기 신도시 추진 배경

1980년대 말과 1990년대 초에 수도권 1기 신도시 건설 정책은 1970년대부터 추진된 수도권 집중 억제라는 전반적인 정책 기조와는 관련이 없다고 볼 수 있다. 서울 또는 수도권의 비대화를 막기 위한 것이 국토개발 정책방향이었지만, 그럼에도 불구하고 서울과 수도권으로 집중하는 인구에 대한 정주환경을 조성하고, 당시 폭등하는 강남 지역의 집값을 잡는 것 또한 현실적으로 해결해야 할 문제였다. 국토개발에 대한 정책적 기조가 그럴진대, 1기 신도시 정책은 현실 타개를 위한 급작스러운 정책이 될 수밖에 없었을 것이다. 따라서 신도시 내부뿐만 아니라, 그 주변, 지역 전체의 공간구조적 측면에서 시행착오를 겪는 것은 어쩌면 당연한 것일지도 모른다.

앞에서 서술한 것과 같이 1기 신도시의 건설로 단시일에 대량의 주택을 무주택가구에 공급하였고, 폭등하던 주택가격을 잡아 부동산 시장을 안정시킬 수 있었다. 또한 양호한 주거환경을 제공하였고, 산업과 고용에도 큰 경제적 효과를 주었던 점 등 분명히 긍정적인 효과가 있었음을 부인할 수 없다. 그러나 단기간에 추진된 정책으로 말미

암아 부작용에 대한 비판도 제기되었다.

우선 1기 신도시 건설 과정에서의 기반시설 문제를 들 수 있다. 서울과 20~30km 떨어진 곳에 단기간에 대량의 주택공급을 하였지만 이를 뒷받침할 만한 기반시설이 충족되지 못했다. 인구의 주거지는 양호한 생활환경이 함께 조성되는 외곽으로 분산시킬 수 있었지만, 기업은 그렇지 않았다. 1기 신도시에 산업, 업무를 위한 용지들을 계획적으로 준비하였음에도 불구하고, 기업의 입지논리는 주거의 입지논리와 다른 것이었다. 따라서 주변 신도시에 입주한 사람들의 대부분이 서울로 통근할 수밖에 없었고, 자연스레 서울로 연결되는 교통시설의 미비에 대한 문제가 불거진 것이다. 분당, 일산 등 수도권의 1기 신도시는 입주시기를 고려하여 서울과의 교통 연계가 이루어질 필요가 있었으나, 대중교통, 도로 및 전철공사 완공 시기의 차이가 발생하는 등 기반시설에 대한 적시 대응이 미흡했다.

둘째, 주거기능 위주의 침상도시였다는 지적이다. 1기 신도시는 대도시 인근에 대량의 주택공급이라는 명확한 목적을 갖고 있었고, 워낙 급작스럽게 추진된 정책이던 만큼 주거기능 이외의 도시기능들의 입지를 위한 치밀한 전략은 부차적일 수밖에 없었을 것이다. 당시 신도시를 추진하던 주무부서가 건설부의 주택정책과, 주택건설과가 담당했던 점만 봐도 단적으로 알 수 있다. 원거리 통근을 해야 했고, 이는 기반시설 부족과 함께 맞물려 신도시 입주민들의 불편을 초래했다. 물론 1기 신도시에 일자리를 유치할 수 있는 업무용지 등이 없었던 것은 아니다. 도시 토지이용상 균형을 맞추도록 계획이 수립되었으나, 그것을 채울 만한 전략은 없었던 것이다. 1기 신도시 입지가 모도시의 근처인 것도 이러한 요인 중 하나라 볼 수 있다. 자족기능을 가진 용지가 분양이 되지 않자, 그 용도를 전환하여 불미스러운 사건이 발생한 경우도 있었다. 「수도권정비계획법」의 제약으로 인해 고용창출효과가 큰 산업시설이나 대학 등을 유치하기가 어려웠던 것도 요인으로 작용했다.

셋째, 단기간에 조성된 신도시로 인해 부실시공, 건설노임 증가, 건설인력난의 문제가 대두되기도 하였다. 1989～1992년 동안 건설노임의 전년 대비 증가율이 12～36%에 달하는 상승률을 기록하였고, 이는 다른 산업에도 연쇄적으로 영향을 미쳐 물가의 전반적 상승을 야기했다는 지적이 있다(한국토지주택공사, 2010).

넷째, 신도시 개발은 단기적으로 투기를 조장하는 측면이 있다. 신도시의 개발방식은 전면 매수방식에 전적으로 의존하였다. 일단 신도시가 발표되고 보상이 시작되면 수조 원대의 자금이 기존 토지 소유자들에게 흘러가게 되고, 이들은 이 돈으로 인근 농지를 매수하거나 주택을 구입하여 인근 지역의 토지시장이 교란되거나 주택가격을 상승시키는 부작용을 낳았다.

다섯째, 수도권 신도시 개발로 인해 수도권 집중 억제 기조와는 반대로 인구의 수도권 집중을 더욱 부추겼다는 주장이 존재한다.

이러한 1기 신도시에 대한 비판적 여론에 더하여 1990년대 중반 이후 국가 경제의 총체적 부실이 건설 경기의 침체와 주택가격의 급락으로 이어지면서 한동안 신도시 건설에 대한 논의가 이루어지지 않았다. 신도시 건설이 중단되었지만 수도권 지역의 주택건설 수요는 계속되었다. 1기 신도시 개발이 임기응변적이었던 것처럼, 인구의 증가 특히 수도권으로의 인구의 집중이 지속되는 상황에서 신도시 개발을 갑작스레 중단하는 것 또한 임기응변적이었다고 볼 수 있다. 주택의 대량 공급으로 강남 주택가격의 안정과 주택부족 수를 일시적으로 해소했지만, 대량의 주택공급을 할 수 있는 신도시를 중단하는 것은 1기 신도시 발표 이전과 비슷한 문제를 야기할 수 있다는 점을 간과하였다.

부족해진 주택의 공급을 위해 준농림지 규제를 완화하거나[1] 소규모 미니 신도시 건설을 추진하면서 신도시에 버금가는 많은 물량의 주택을 공급하기도 하였다. 그러나 미니 신도시나 소규모 공동주택의 난립은 난개발이라는 상처를 남겼다. 용인시·화성시 등의 준농림지역에서 민간 주도로 추진 중이던 아파트 사업 난개발이 사회적으로 큰 이슈가 되었다(한국토지공사, 2009). 준농림지 난개발은 개발이익의 사유화, 기반시설의 부족, 경관 훼손과 환경·교통문제의 유발, 우량농지의 잠식 등의 문제를 노정하였다. 준농림지역의 난개발이 심해지는 등의 부작용에 대한 반성으로 건설교통부와 경기도는 2000년 4월 '수도권 난개발 방지 대책'을 발표하였으며, 더 나아가 「국토의 계획 및 이용에 관한 법률」이라는 국토와 도시의 계획 관련 법의 통합법 제정으로 이어졌다(한국토지주택공사, 2011).[2]

1998년 말 서울 및 수도권의 주택보급률은 각각 71%, 82% 수준이었다. 수도권 내에서 2002년까지 주택보급률 100%를 달성하기 위해서는 약 50만 호의 신규주택이 건설되어야 했으며, 미사용 택지공급분을 제외하면 약 1억 5천만~2억m^{2}의 택지가 필요했다. 또한 준농림지에서의 무분별한 개발이라는 문제를 극복하기 위해 광역간선시설과 자족적 경제 기반이 갖추어진 개발이 필요했다. 이에 더하여 당시 국제통화기금 관리 체제하에 극심한 침체기를 겪던 건설 경기를 활

1 준농림지역은 농림 지역 중에서 개발이 가능하도록 규제가 완화된 지역을 말한다. 당시 국토이용관리법을 개정하면서 농경지 중 농사 짓기가 어렵고 농업 기반 조성이 불충분한 농지를 준농림지역으로 지정하였고, 이곳에서는 30,000m^2 이내에서 주택단지 건설을 허용하였다.

2 「국토계획법」은 그간 국토를 직접적으로 관리해오던 「국토이용관리법」과 「도시계획법」을 통폐합된 것이며 2003년 초부터 시행되었다. 이 법은 비도시지역에서도 「도시계획수법」을 적용하여 교외 지역의 난개발을 방지하고 이원화되어 있던 국토관리체계를 일원화하고 선계호기 후개발의 개념을 구체화하자는 의도에서 출발했다.

성화하자는 주장이 대두되었다. 주택산업은 고용 및 생산 유발 효과가 크고 주택수요가 있는 곳에 택지를 공급하면 재정투자 없이도 경기활성화가 가능하였다. 이러한 사회적 배경하에 1기 신도시의 문제점을 보완하면서 대량의 주택을 공급할 수 있는 신도시 정책이 재추진되었다(한국토지주택공사, 2011).

3.2 2기 신도시 사업추진 과정

1) 2기 신도시 추진의 간략사

2기 신도시는 1기 신도시에 대한 부정적 이미지를 전환하고 소규모 분산적 개발의 문제를 해소할 대안으로 계획도시의 개념을 적극 반영하여 추진되었다. 물론 2기 신도시도 가장 중요한 조성 목적은 양질의 주택을 대량으로 공급하는 데에 있었다. 다만, 1기 신도시와는 달리 지정 시기가 조금씩 다르고 지리적 위치도 보다 다양하여 신도시 조성 목표는 세부적으로 다른 면이 있었다.

각종 수도권 규제와 서울 및 그 주변의 개발에도 불구하고 서울의 주택부족 문제는 지속되어 서울과 가까운 위치에 남아 있는 개발가능지를 활용하여 그것을 해결하려는 목적의 신도시가 추진되었다. 서울 강남 지역과 수도권 경부축의 주택수요 대체와 기능을 분담하려는 목적의 화성동탄1·2 신도시, 성남 판교 신도시, 위례 신도시, 오산세교 신도시, 서울 강서, 강북 지역의 주택수요 대체와 성장거점 및 지역중심 기능을 담당하려는 목적의 파주운정 신도시, 김포한강 신도시, 인천검단 신도시, 양주(옥정·회천) 신도시, 수도권 남부의 첨단, 행정기능 분담을 목적으로 추진한 광교 신도시, 미군기지 이전에 따른 개발 수요 충족과 지역 발전을 위한 고덕국제화 계획지구가 지정되었다. 또한 비수도권에 위치하여 지방의 발전을 선도하기 위해 추진된 신도시로서 아산 신도시, 대전도안 신도시가 지정되었다.

2기 신도시의 신호탄은 화성 동탄신도시이다. 당시 이 지역은 무질서한 난개발이 심화되고 있어 이를 방지하기 위한 체계적·계획적 개발이 절실한 상황이었다. 한국토지공사가 수도권 내 안정적인 택지공급을 위해 화성동탄지구에 처음으로 택지개발예정지구 지정을 건의한 것은 1999년 3월이었다. 서울로부터 약 40km에 위치한 동탄신도시는 북쪽으로 수원과 접하며, 동쪽으로는 용인시, 서쪽으로는 화성시, 남쪽으로는 오산시와 접하고 있어 수도권 서남부권의 거점도시로서의 성장 잠재력을 가진 곳이다.[3]

판교 신도시는 1976년 남단녹지로 지정되어 개발행위가 제한되어온 성남시 판교동 일대로, 성남시의 합리적인 도시발전을 도모하며 계획적 공공 개발을 통한 수도권 지역의 지속적인 택지공급에 기여하고자 개발을 추진하게 되었다.[4] 위치상 서울 도심과 20km, 강남과 10km 거리에 있으며 수도권 동남부 중심 지역으로서 성장 가능한 지리적 장점을 가지고 있다.[5]

파주운정 일대는 일산·교하·금촌 택지개발지구와 인접하여 개발 압력이 가중되고 있는 지역으로서 개별적으로 진행되고 있는 각종 개발행위를 보다 체계적으로 정비·관리해야 할 필요성이 대두되었다. 신도시계획을 통하여 기반시설을 광역적으로 정비하고 자족기능을 확보하여 낙후된 수도권 서북부 지역의 생활거점을 형성, 대북

3 토지주택연구원 내부 자료.
4 국토교통부 홈페이지.
5 토지주택연구원 내부 자료.

교류의 교두보로서 역할을 담당하기 위해 신도시 개발을 추진하게 되었다.[6]

김포한강 신도시가 속한 김포시는 수도권정비계획상 인구 및 산업의 계획적 유치, 관리가 필요한 성장관리권역에 위치해 있었다. 서울, 인천, 일산 등과 인접한 김포시는 1998년 도·농통합시로 승격됨에 따라 균형적이고 체계적인 발전이 요구되고 있어, 대규모 계획적 개발을 통해 수도권 서북부 지역의 균형발전을 위한 개발거점을 확보하는 동시에 기반시설 확충 및 주택공급에 기여코자 신도시 개발을 추진하게 되었다.[7]

광교 신도시는 수원 구시가지의 도시기능 재배치와 광역행정 및 첨단산업입지를 통한 행정복합도시 및 자족형 신도시를 목표로 추진되어, 개발 압력 고조에 따른 난개발 사전 차단과 주변 지역 일원의 교통체계개선을 도모하고자 하였다. 수도권의 택지난 해소를 위한 신주거단지 계획을 통한 국민주거생활의 안정과 복지 향상에 기여하고, 도시 중심성을 확보할 수 있는 도시공간구조 형성 및 친환경적 도시환경 조성으로 수원시와 용인시 서북부 지역의 발전을 꾀하였다.[8]

옥정 지구와 회천 지구로 구성되는 양주 신도시는 민간 아파트와 각종 공장들이 활발하게 증가하고 있는 지역에 위치하여 개발 압력을 수용하고 8.31 부동산 대책과 관련하여 수도권 북부 지역의 주거 수요에 효율적으로 대처하여 주택가격의 안정을 도모하고, 계획적 개발을 통해 난개발을 사전에 방지하고자 지정되었다.[9] 위례 신도시는 서울시 강남 지역과 근거리에 위치해 개발 잠재력이 높은 지역

6 국토교통부 홈페이지.
7 국토교통부 홈페이지.
8 국토교통부 홈페이지.
9 국토교통부 홈페이지.

에 서민주거 안정과 부동산 투기 억제를 위해 발표된 정부의 8.31 부동산 대책 중 공급확대방안의 핵심 사업으로 강남 지역의 안정적 주택 수급을 위해 추진된 신도시이다.[10]

고덕국제화 계획지구는 행정중심복합도시 추진에 따른 수도권 남부 공간구조의 발전적 개편과 평택항을 중심으로 한 서해안 시대 대중국 전진기지의 교두보 확보를 위해 수도권 남부 지역의 거점을 지향하였다. 또한 미군기지 재배치 및 이전계획에 따라 평택 지역의 발전을 촉진하고 외국인과 공존·발전할 수 있는 새로운 도시 모델로서 신도시 개발이 검토되었으며, 8.31 부동산 대책과 관련하여 수도권 남부 지역의 안정적인 택지공급에 기여하고, 아산만권 대규모 산업단지 조성과 장래 평택항 활성화에 따른 개발 압력의 효율적 수용으로 양호한 생활기반을 조성하기 위해 개발이 추진되었다.[11]

인천검단 신도시는 수도권의 균형개발을 도모하고 인천－김포－고양－서울을 연결하는 서북부 지역의 거점 역할을 목표로 지정되었다. 이 일대는 청라지구, 김포 신도시 등 주변 개발 압력에 따른 난개발 방지를 위해 계획적 개발이 요구되는 지역으로 8.31 부동산 대책에 따른 수도의 주택난 해소 및 환경친화적 주택 수급이 필요한 상황이었다.[12] 이들 신도시 이외에도 경부축을 따라 동탄1 신도시와 인접한 지역에 동탄2 신도시가 지정되었으며, 오산세교3 지구가 추가 지정됨으로써 수도권에는 2009년까지 총 11개의 2기 신도시들이 지정되었다.

10 국토교통부 홈페이지.
11 국토교통부 홈페이지.
12 국토교통부 홈페이지.

2기 신도시 개요
출처 : 국토해양부(2010)

구분	합계 (수도권)	성남 판교	위례	화성 동탄1	화성 동탄2	광교	김포 한강	파주 운정	양주 옥정	평택 고덕	인천 검단	오산 세교3	아산	대전 도안
부지 면적 (km^2)	164.0 (136.6)	9.2	6.8	9.0	24.0	11.3	11.7	16.5	11.4	13.5	18.1	5.1	21.3	6.1
주택 건설 (천 호)	712 (623)	29	46	41	111	31	59	78	58	54	92	23	61	23
수용 인구 (천 인)	1,911 (1,647)	88	115	124	278	78	165	205	164	136	230	63	156	65
인구 밀도 (인/ha)	120 (123)	95	169	137	116	69	140	124	144	100	127	125	73	106
녹지율 (%)	31.2	36.8	24.9	25.6	32.2	41.8	31.2	30.3	29.9	29.0	31.8	32.2	29.8	27.7
용적률 (%)	182	159	200	173	169	173	197	174	183	180	185	193	180	190
개발 기간	'01~ '16	'03~ '10	'08~ '15	'01~ '10	'08~ '15	'05~ '11	'02~ '12	'03~ '14	'07~ '13	'08~ '13	'09~ '16	'09~ '16	'04~ '16	'03~ '11
개발 주체	-	성남시 LH	LH	LH	LH 경기 공사	수원시 용인시 경기 공사	LH	파주시 LH	LH	경기도 LH 경기 공사 평택 공사	인천시 인천 공사 LH	LH	LH	LH 대전 공사
사업비 (조 원)	119.9 (107.5)	8.7	9.0	4.2	16.8	9.4	9.2	15.1	8.3	8.3	14.0	4.8	9.9	2.9

2기 신도시 추진 일정
출처 : 국토해양부(2010)

구분	성남 판교	위례	화성 동탄1	화성 동탄2	광교	김포 한강 (장기)	파주 운정 (1지구) (2지구) (3지구)	양주 옥정	평택 고덕	인천 검단 (1지구) (2지구)	오산 세교3	아산 (1지구) (2지구)	대전 도안
지구 지정	'01.12.26	'06.7.21	'01.4.30	'07.12.20	'04.6.30	'04.08.31 ('99.07.27)	'01.1.4 '03.12.13 '07.6.28	'04.12.30 '06.5.30	'06.9.21	'07.6.28 '10.3	'09.9	'02.9.27 '05.12.30	'01.1.5
개발 계획	'03.12.30	'08.8.5	'01.12.14	'08.7.11	'05.12.30	'06.12.13 ('02.06.24)	'03.5.20 '04.12.30 '08.12.30	'07.3.30 '07.9.21	'08.5.	'09.2.6 '10.3	'09.9	'04.1.5 '07.12.4	'03.12.16
보상 착수	'03.12.22	'09.1.7	'01.12.18	'09.1.12	'06.5.22	'06.5.15 (03.04.07)	'04.5.18 '05.12.15 '11.이후	'07.11.23 '08.7.18	'09.12	'10.상 '11.상	'11.이후	'04.6.28 '09.3.19	'05.9.15
실시 계획	'04.12.30	'10.1.6	'02.12.26	'10.2	'07.6.28	'07.10.29 ('03.12.30)	'04.12.30 '06.12.28 '11상반기	'07.12.31 '08.12.1	'10. 상	'10.1.6 '10.하	'11.이후	'05.1.6 '09.12.2	'06.1.6
공사 착공	'05. 6.15	'10.9	'03.3.31	'10.10	'07.10.30	'08.3.28 ('04.01.05)	'05.6.30 '07.9.12 '12하반기	'08.7.25 '10.10	'10. 하	'11 상 '11 하	'13.12	'05.6.30 '11.1	'06.12.8
주택 건설	'06~'10	'10~'18	'04~'08	'10~'15	'08~'11	'08~'12 ('06~'08)	'04~'12 '11~'15	'08~'13 '08~'13	'10~'14	'12~'16	'13~'16	'05~'08 '10~'19	'07~'11
주택 분양	'06.3.24	'10. 하반기	'04.6.25	'11. 하반기	'08.9	'08.08 ('06.03)	'06.9.15 '13 ~	'10.6 '12.12	'10. 하	'12.하	'14이후	'06.10.25 '12.12	'07.11.27
주택 입주	'08. 12	'13.12	'07.1.31	'14. 하반기	'11.9	'11.06 ('08.03)	'09. 6 '15~	'12.12 '13.12	'13.6	'15.하	'16이후	'08.12 '14.12	'10.8
사업 준공	1단계 ('09. 12) 2단계 ('10.12)	'15.12	1단계 ('08.3) 2단계 ('10.12)	'15.12	'11.12	'12.12 ('10.06)	'11.12 '14.12	'13.12 '13.12	'13.12	'16.12	'16.12	'10.12 '16.12	'11.6

2) 1기 신도시와 2기 신도시 비교[13]

1기 신도시와 2기 신도시가 건설된 시기는 1989～1995년과 2001년 이후로 약 10～15년의 격차가 있다. 급속히 변화하는 우리 사회에서 이 두 시기 사이에는 소득, 가치관, 선호도, 기술 수준, 토지·주택가격, 주택보급률 등에서 상당한 변화가 있었다. 1기 신도시 착수 연도인 1989년

13 김현수(2007)의 자료와 오동훈 외(2008)의 자료를 요약.

의 주택보급률이 63%(수도권 57%), 인당 국민소득이 4,994달러, 수도권 인구는 1,860만 명, 가구당 가구원 수는 4명 수준이었다. 2기 신도시의 착수 연도인 2000년에는 주택보급률이 91%(수도권 82%), 인당 국민소득이 10,250달러, 수도권 인구는 2,134만 명, 2.5~3.0명/가구 수준으로 변화하였다. 이러한 사회적 여건 변화는 주택계획을 위한 가구당 가구원 수, 밀도, 공공시설의 원단위 등에도 변화를 요구하게 된다.

1980년대 서울시 외곽에 건설된 대단위 아파트단지들은 도심 12km권이었고 1기 신도시는 서울로부터 20km권이었으나, 2기 신도시는 약 40km 전후에 위치하고 있어 통근에 장시간이 소요된다. 시간이 흐를수록 거리가 멀어지는 것은 대규모 가용지를 찾기가 어려워지기 때문이다. 서울로부터 거리가 40km가 넘어서면 통근율이 급격히 감소하기 때문에 이 거리 외곽의 신도시에는 고용 기반을 갖추기 위한 노력이 더욱 필요하다.

1기에 비하여 2기 신도시의 건설기간이 장기화하였다. 특히 1기 신도시의 경우, 건설 발표(1989.4.)에서 주택분양(1989.11.)에 소요되는 시간이 7개월 정도 소요되는 반면, 2기 신도시 건설에서는 약 30여 개월이 소요되고 있다. 1기 신도시 건설 이후에 새로 도입된 사전 환경성 검토와 광역교통 대책협의에 장기간이 소요되고, 주택보급률의 상승으로 주택분양단계에서 더 장기간이 소요되므로 입주시기까지의 기간이 늘어날 것으로 보인다. 2기 신도시는 지방자치단체의 참여 하에서 진행 중이므로 계획 수립 과정에서 관계 기관 및 지자체 협의, 주민 보상 협의 등 협의 절차가 복잡해지는 등 건설기간이 증가하는 요인이 많다. 건설 규모에서 1기 신도시 이후, 미니신도시 건설 정책으로 규모가 축소되다가 2000년대 들어 1,000ha급 신도시 건설 단계로 접어들었다. 그러나 이후로 평택, 동탄2 지구 등 다시 규모를 대형화하여 신도시의 경쟁력과 자족 수준을 높이고자 하는 경향을 보였다.

1, 2기 신도시 비교(신도시 개요 및 성격)

구분		1기 신도시	2기 신도시
신도시 개요 및 성격	건설기간	1989~1996년	2001~2016년
	신도시	5개 : 분당, 일산, 평촌, 산본, 중동	13개 : 판교, 화성, 김포, 파주 등
	지구면적	5,014ha	13,161ha
	수용인구	117만 명(292천 호)	159만 명(600천 호)
	평균 밀도	233인/ha	120인/ha
	선호 기준	주거의 질	주거+오픈스페이스 질
	도시 성격	• 주택도시로서 완결성 추구 • 주택 공급 • 집값 안정 추구	신도시별 테마 강조 - 벤처(판교), 첨단·도농복합(화성),첨단·친환경·대중교통(김포),친환경·생태(파주) 등
	자족성	일부 bed-town 성격	자족성 확보 노력
	사회 통합	임대주택 공급	사회적 혼합을 위한 연계성 강화

신도시의 환경 수준을 한눈에 비교할 수 있는 밀도지표는 2기 신도시에 들어서면서 현저하게 낮아지고 있다. 총 밀도는 1기 신도시에 비하여 60% 수준으로 대폭 낮아지고 있으나 순 밀도는 그리 급격하게 낮아지지는 않는다. 그 이유는 2기 신도시 들어서 주택용지의 비중이 낮아지고, 공공시설면적 비중이 증가하기 때문이다. 특히 도시별로 다양한 주제를 부여함에 따라 행정타운, 유원지, 산업단지, 도시 지원 시설 용지 등 다양한 토지이용이 도입됨에 따라 주택용지비가 각기 달라져서 총 밀도보다는 주택용지의 인구밀도를 반영하는 순 밀도의 의미가 중요해졌다. 밀도는 쾌적성과 사업성 간 교량지표의 역할을 한다. 1기 신도시에 비하여 밀도가 대폭 낮아졌으나 높은 지가로 인한 부담 때문에 적정 밀도에 대한 고민이 필요하다. 즉, 쾌적하면서도 어느 정도의 경제성을 확보할 수 있어 적정 수준의 주택분양 가격을 유지할 수 있어야 하기 때문이다. 인구밀도가 하락하고 있으나 1기에 비

하여 가구당 가구원 수가 급감함에 따라 호수 밀도의 변화는 상대적으로 크지 않다. 2기 신도시 들어서 밀도의 하향을 통하여 쾌적한 환경 조성에 기여한 바가 크다. 그러나 이와 함께 압축도시(compact city), TOD(Transit Oriented Development) 등 공간구조의 효율화를 통한 에너지 절약형 계획수법이 도입됨에 따라 신도시 전체의 밀도지표보다는 주택용지의 순 밀도 그리고 신도시의 공간구조를 고려한 밀도 등 다양한 밀도의 개념이 등장하고 있다.

2기 신도시의 밀도 수준은 일본의 다마, 코호쿠와 비슷한 수준이나 서구의 신도시와 비교할 때에는 여전히 높은 수준이다. 그러나 지가 수준, 건설 시기, 토지소유 관계 등을 고려할 때, 서구와의 직접적인 비교 평가는 어렵다.

공원녹지율은 1기 신도시 12.5~25%에서 2기 신도시 25~35% 수준으로 증가하였고, 녹지 면적도 9.2m^2/인에서 26.7m^2/인으로 향상되었다. 그러나 공원 이용자 만족도는 반드시 지표에 의존하는 것이 아니라 공원에 대한 접근도, 연계성, 공원의 질적 수준 등에 의하여 영향을 받는다. 2기 신도시는 공원녹지의 양적 지표 이외에도 그린네트워크, 생태공원, 수로의 도입, 입체적 처리 등 그 계획수법에서 많은 진전을 보여주고 있으며, 생태 면적률을 도입하여 보다 체감할 수 있는 공원조성이 가능해졌다.

2기 신도시는 도시별 주제 부여에 많은 노력을 기울이고 있다. 도시 내부에서도 도시를 수개의 존으로 구분하여 빛의 도시, 향기의 도시, 물의 도시라 명명하고 각기 다른 주제, 색채 등을 부여하고 있다. 거리에도 꽃의 거리, 열주의 거리, 물의 거리, 전통의 거리 등 주제명을 부여하여 주변 시설물과 가로장치물, 바닥재, 간판 등에 대한 차별화를 시도하고 있다.

1기 신도시가 서울과의 간선교통 연결에 주력한 반면, 2기 신도시에서는 주변 지역과의 연결에 많은 투자를 하고 있으며, 전철 등 대중교통 이외에도 BRT, 녹색교통, 자전거도로, 노면전차 등 새로운 교통수단을 도입하고 있다. 특히 보행자 우선의 가로망 체계 건설에 주력하여 교통정온화기법(Traffic Calming)을 적극적으로 도입하고 있다. 문화시설, 복지시설, 체육시설을 복합화하여 복합 커뮤니티센터를 도입하고, 사회적 혼합(social mix)을 위한 임대-분양단지 간 연계 배치를 시도하였다.

1, 2기 신도시 비교(계획수법)

구분		1기 신도시	2기 신도시
계획 수법의 변화	토지이용	고밀도 유지 - 총 밀도175~399인/ha	저밀 지향적 - 총밀도 69~169인/ha
	교통	자가용 교통 전제 - 도로·전철 위주 - 서울과 연결성 강조	대중교통 지향적 - 신교통·환승 체계 보완 - 주변 지역 연결성 보완
	공원녹지	• 녹지 비율 지향 (녹지율 12.5~25%) • 평면적 공원	• 그린네트워크 지향 (녹지율 25~35% 수준) • 생태적·입체적 공원 조성
	교육시설	40명/학급 - 일반 고교 위주	35~30명/학급 - 특목고, 자립형 등 추가
	공공시설	필수편익시설 위주	주민자치, 문화시설 지향
	공급처리	기초환경시설 위주	쓰레기 관로 수송 도입
	경관	기능성, 효율성 추구 - 획일적 구조 형태 - 자재의 단순화	• 경관계획 도입 • 구조물 경관 설계의 도입 - 형식, 색상, 패턴 다양화 - 자재의 고품질화

원지형을 유지하는 구릉지형 부지조성, 도시기반시설의 효율적 운영을 위한 U-City 방식의 도입, 도시재해의 근원적 방지를 위한 예방시설의 도입, 자연형 하천 조성, 녹지의 우선 보전 등 개발방식과 도시관리 시스템의 도입에도 주력하였다.

사업 주체에서도 중앙정부 주도에서 지방정부의 참여가 늘어나고 있으며, 복합단지의 PF 사업화를 통하여 민간의 참여를 확대해가고 있다.

1, 2기 신도시 비교(개발방식)

구분		1기 신도시	2기 신도시
개발 방식의 변화	부지조성	개발 편의 위주 - 평면형 조성	원지형 유지 - 구릉지형, 입체적 조성
	기반시설	hardware적 기반시설 중심	도시운영시스템 도입 - GIS, ITS, U-City 등
	도시 방재	취약부의 직접적 보완 - 재해 발생에 대처 - 하류 정비, 보강 등	근원적인 예방시설 도입 - 재해 영향 사전 저감 - 상류 저류지 설치 등
	생태보전	개발 우선 - 하천 직선화, 복개 등 가용 토지 극대화	자연생태 및 복원 우선 - 자연형 하천, 녹지보전 등 생태공간 조성
	도로 이용자 공간	차량 소통 우선	보행 및 자전거 통행편의 고려
	생활 폐기물	매립 위주	소각시설 설치 및, 음식물 분리 재활용
	초기 입주 환경	편익시설 미비 - 조성공사 준공 전 입주 - 초기 주거환경 불량	편익시설 등 선입주 - 조성공사 완료 후 입주 - 입주 불편 해소
	마케팅	공급자 위주	수요자 중심

3) 지속 가능한 신도시계획기준

초기 신도시의 건설 과정에서 나타난 문제점(침상도시, 택지 조성과 건축계획 간의 부조화 등) 보완 필요성이 제기되고, 사회경제적 발전으로 인해 국민의 기대 수준 및 요구가 증가하였다. 이에 따라 건설교통부는 2004년 주거, 산업, 교육, 연구 기능 등 자족성을 갖춘 신도시를 조성하고 사회·경제·환경적으로 건전하고 지속 가능한 도시를 구현하기 위해 '지속 가능한 신도시계획기준'을 수립하였다. 이 기준은 330만m^2 이상의 택지개발사업에 적용하고, 개발사업시행자는 개발계획, 지구단위계획 및 실시계획 수립 시 이 지침이 정한 기준에 따라 계획을 수립해야 한다.

지속 가능한 신도시계획기준 요소

기준 요소	기준 세부 요소
사회문화적 지속성	커뮤니티 시설, 도시기반시설, 오픈스페이스, 사회적 혼합을 위한 주택건설 기준, 역사·문화적 지속성 확보
경제적 지속성	자족성 확보, 개발 유보지 확보, 홍수 예방 등을 위한 유수지 조성
환경적 지속성	자연순응형 개발, 대중교통체계 확립 및 보행친화적 구조, 지속 가능한 도시구조·형태 측면의 밀도 계획, 에너지 이용 및 자원 순환, 첨단 정보통신환경 조성, 친환경 계획 수립
경관 형성 및 관리	신도시의 경관 보전·형성·관리를 종합적이며 계획적으로 추진할 수 있도록 경관계획을 수립(경관기본계획, 경관 상세계획)
기타	재해 및 범죄예방, 공간환경디자인 체계 등

3.3 사례 : 화성 동탄신도시[14]

1) 사업 개요

동탄신도시는 경기도 화성군 동탄면 석우리, 반송리, 금곡리 태안읍, 반월리, 능리, 병점리, 기산리 일원 9,035,333m^{2}에 걸쳐 지정되었으며 2001년 12월부터 2012년 12월까지 약 11년간 조성되었다. 서울시에서 약 40km, 북쪽으로 수원과 접하며 동쪽으로는 용인시, 서쪽으로는 화성시, 남쪽으로는 오산시와 접하고 있어 수도권 남부 거점도시 역할을 할 것으로 기대되었다. 수용인구는 124,326인으로 ha당 137인의 인구밀도로 계획되었고, 수용 주택 수는 40,921호였다. 사업비는 용지비 1조 690억 원, 개발비 3조 1,663억 원 등 총 4조 2,353억 원에 달하였고 사업시행은 한국토지공사가 맡았다.[15]

14 한국토지공사(2011)의 자료를 바탕으로 작성.
15 사업비에는 간접비용 제외.

2) 추진 과정

한국토지공사가 화성 동탄지역에 처음으로 택지개발예정지구를 지정 건의한 것은 1999년 3월이었다. 그러나 정부부처의 협의 과정에서 농림부는 집단우량농지의 보전을 이유로, 화성시(당시 화성군)도 자체의 종합발전계획에 포함된 연구 및 첨단산업단지와 상충되고 대상지 내 밀집공장이 분포하여 이를 대거 철거할 경우 집단민원이 야기된다는 이유로 동의할 수 없다는 의견을 제시하였다. 결국 한국토지공사는 그 해 8월 지구지정 건의를 철회하게 되었다.

이후 지구계 조정 등을 통해 화성 종합발전계획에 반영된 연구 및 첨단산업단지를 66만m^2 규모로 반영하고, 밀집공장은 발안산업단지 개발과 연계하여 이주대책을 수립하기로 하고 2000년 6월 건설교통부장관에게 택지개발예정지구 지정을 다시 제안하였다. 이때 사업 후보지는 화성·반석 지구와[16] 화성 맑은내 지구가[17] 함께 포함되었다.

1990년대 중반 이후 난개발에 대한 반성, 주택수요가 지속되는 상황 속에서 대한국토도시계획학회의 '수도권 신도시 건설 토론회(2000.9.)', 국토연구원의 신도시 재추진 관련 정책토론회(2000.10.), 언론에서의 신도시 논의 등을 통해 신도시 조성에 대한 긍정적 여론이 조성되기 시작했다. 당시 집권당이었던 민주당은 최고위원회의에서 신도시 건설 반대를 당론으로 정했으나 건설교통부는 수도권의 난개발 문제 해결을 위해서는 신도시 건설 이외의 뚜렷한 대안이 없음을 밝혔다. 이후 수차례의 당정 간 협의, 국무회의, 한국토지공사와 화성군의 주민설명회 등을 통해 화성 동탄 지역 신도시 추진의 공감대를

16 동탄1 신도시의 옛 이름.
17 동탄2 신도시의 일부 지역.

형성해나갔다. 2001년 4월 건설교통부의 주택정책심의위원회, 6월 건설교통부, 경기도, 화성시 등 관련 기관 개발구상 회의, 10월 개발계획안에 대한 주민공청회를 거쳐 12월 14일 화성동탄지구 개발계획이 승인고시(건설교통부 제2001-326호)되었다.

택지개발사업의 시행 주체는 한국토지공사가 맡았으며, 건설교통부는 1999년 경기도는 2000년 태스크포스팀을 구성하여 운영하였다. 건설교통부 TF팀은 추진계획의 수립, 각종 대안 검토, 기반시설과 택지의 연계 개발 방안, 홍보대책 등의 임무를 수행하였고, 경기도 TF팀은 선계획 – 후개발 체계 확립을 위한 세부 추진계획 수립, 각종 개별법에 의한 도시개발 시 문제점 및 개선방안 강구, 종합대책 마련 등의 업무를 수행하였다.

동탄1 신도시 위성사진(개발 전)
출처 : 한국토지주택공사(2011)

동탄1 신도시 현황 분석도(개발 전)
출처 : 한국토지주택공사(2011)

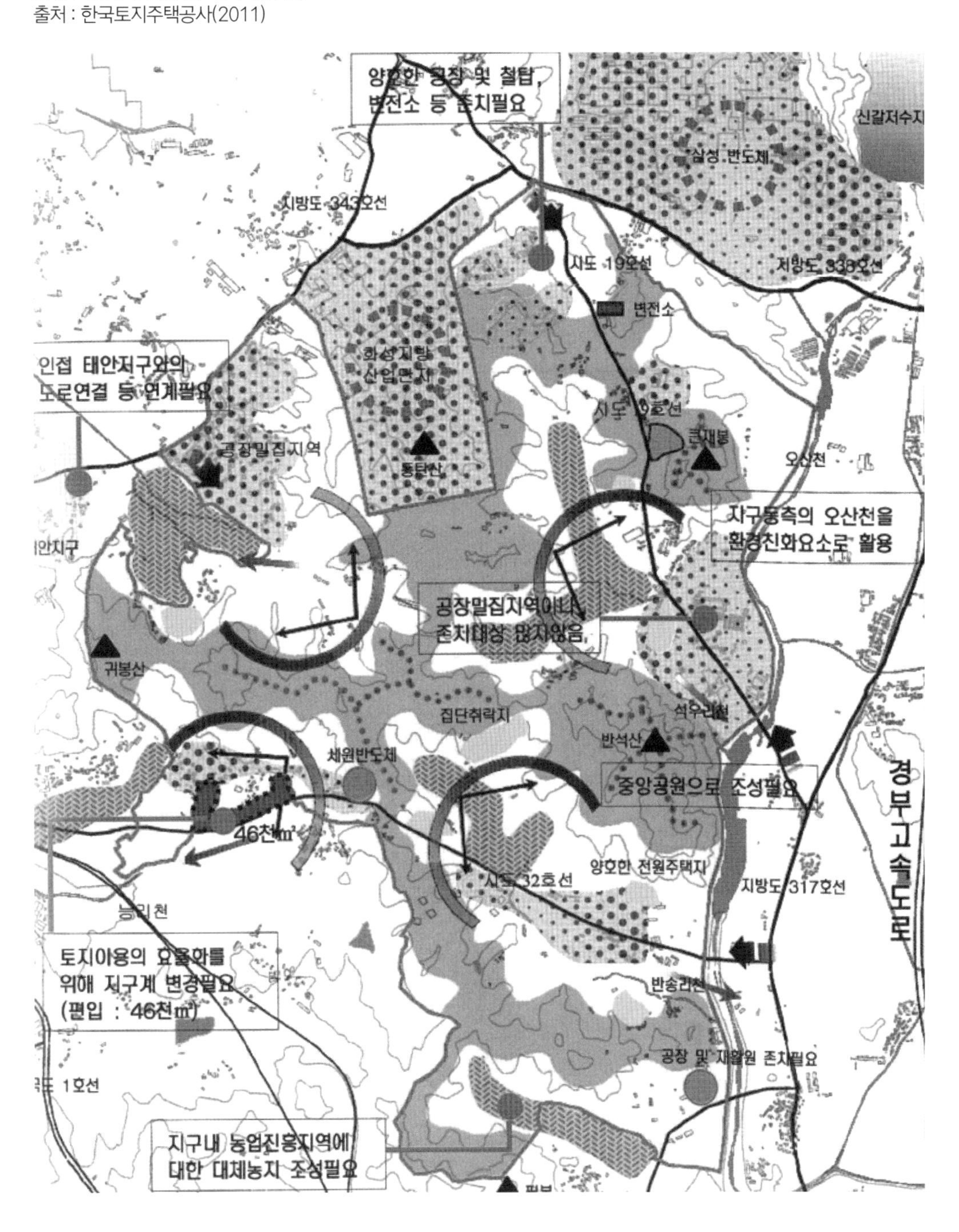

동탄1 신도시 위치도
출처 : 한국토지주택공사(2011)

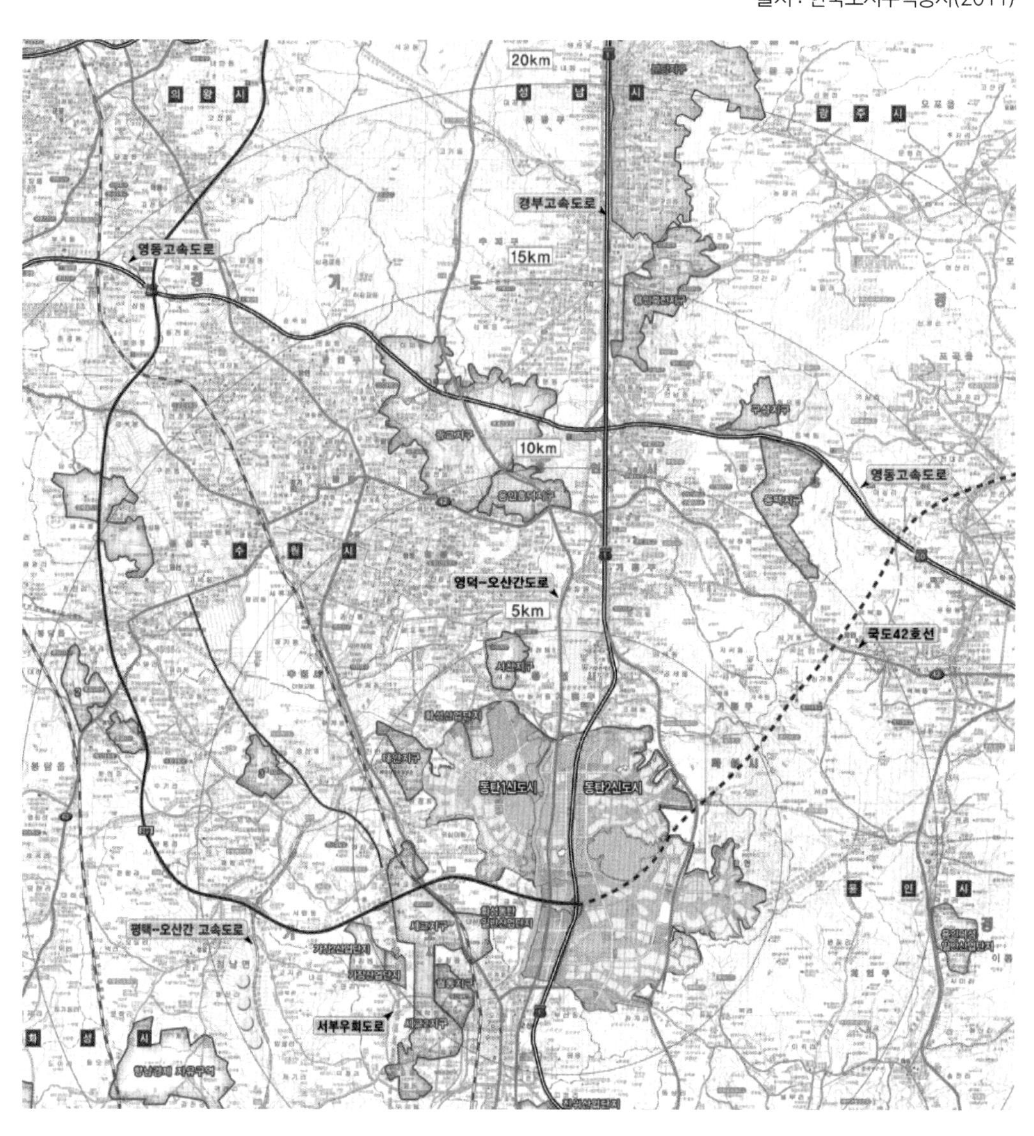

동탄1 신도시 추진 과정
출처 : 한국토지주택공사(2011)

일자	내용
1999.03.31	택지개발예정지구 지정건의
1999.04~07	지구지정을 위한 관계기관 협의
1999.08.19	지구지정건의 철회
2000.06.27	택지개발예정지구 지정제안
2000.12.28	화성계획도시 발표(당정협의)
2000.12.29	주민공람
2001.04.25	화성동탄지구 택지개발예정지구 지정고시 (건설교통부 제2001-104호)
2001.12.12	화성동탄지구 예정지구변경 및 개발계획 승인
2001.12.14	화성동탄지구 예정지구 및 개발계획 승인고시 (건설교통부 제2001-326호)
2001.12.18	용지보상 공고 및 착수
2002.05.16	재해영향평가 협의완료
2002.06.10	에너지 사용계획 협의완료
2002.07.31	지구지정변경 및 개발계획변경(안) 및 실시계획 사전협의(화성시 등)
2002.10.02	인구영향평가 협의완료(수도권정비위원회)
2002.10.12	시범단지 현상설계 공모 공고
2002.10.24	환경영향평가 협의완료
2002.11.07	지구지정변경 및 개발계획(안) 및 실시계획 승인신청
2002.12.16	교통영향평가 심의 완료
2002.12.18	광역교통 개선대책 확정
2002.12.18	토지공급승인 신청
2002.12.19	시범단지 현상설계 공모 입상작 발표
2002.12.26	화성동탄지구 예정지구변경(1차) 및 개발계획변경(1차) 및 실시계획 승인고시(건설교통부 제2002-298호)
2003.01.21	토지공급 개시
2003.03.31	택지조성공사 착공
2004.01.10	개발계획변경(2차) 및 실시계획변경(1차) 승인고시 (건설교통부 제2003-342호)
2004.06.25	시범단지 공동주택 분양
2005.01.07	개발계획변경(3차) 및 실시계획변경(2차)승인고시 (건설교통부 고시 제2004-509호)
2006.05.11	지구지정변경(2차), 개발계획(4차) 및 실시계획변경(3차) 승인고시(건설교통부 고시 제2006-146호)
2006.10.27	영덕-오산간 광역도로건설사업 공사착공(L=13.8km)
2006.12.31	택지조성공사 준공
2007.01.04	개발계획변경(5차) 및 실시계획변경(4차) 승인고시 (건설교통부 고시 제2006-662호)
2007.01.30	주민 최초 입주(시범단지 공동주택)
2007.12.26	개발계획변경(6차) 및 실시계획변경(5차) 승인고시 (건설교통부 고시 제2007-616호)
2008.03.28	지구지정변경(3차), 개발계획변경(7차) 및 실시계획변경(6차) 승인고시 (국토해양부 고시 제2008-15호)
2008.03.31	1단계 사업준공
2008.08.22	1단계 공공시설물 인계인수 완료
2008.12.19	개발계획변경(8차) 및 실시계획변경(7차) 승인고시 (국토해양부 고시 제2008-761호)
2008.12.29	화성동탄U-City 시설물 인계인수 완료
2010.12.14	개발계획변경(9차) 및 실시계획변경(8차) 승인고시 (국토해양부 고시 제2010-921호)
2012.12.	2단계 사업준공 예정

3) 개발방향

(1) 개발목표 및 전략

동탄1 신도시의 개발목표는 첫째, 주변 난개발에 대비한 계획적 개발로 수도권 남부 지역의 거점도시로 육성하는 것, 둘째, 삶의 질 향상을 위한 환경친화적이며 쾌적한 전원형 주거환경을 제공하는 것, 셋째, 주변 산업기능의 연계 및 자족기능 확보를 위한 첨단산업의 활성화 기반을 조성하는 것이다.

개발목표를 달성하기 위한 추진전략은 복합도시 개념으로 크게 주(住)·산(産)·연(硏)·문화(文化) 복합, 도(都)·농(農) 복합으로 구성된다. 전자를 위한 세부 전략은 우선 첫째, 첨단산업 활성화를 위한 서비스 기반구축이다. 이를 위해 첨단산업을 위한 고도의 지원 기능을 유지하고, 양질의 정보서비스 제공을 위한 회의장, 교류센터를 유치하며, 환경에 부정적 부하를 주지 않는 기업을 선별적으로 유치한다는 전략을 내세웠다. 둘째, 첨단벤처산업과 연구 기능의 연계다. 이는 첨단산업, 벤처산업, 연구 기능의 적극적 유치로 지역 특성에 적합한 고유 '벤처 생태계'를 조성하는 전략이다. 셋째, 주거의 다양성과 쾌적성을 확보하는 것이다. 업무, 벤처 지역의 24시간 기능 유지를 위해 중심지 주변에 '직주근접형' 주거를 제공하고(주거＋산업), 자연과 조화를 이루는 저밀의 쾌적한 주거환경을 제공하며(자연＋주거), 양질의 교육, 의료 및 생활편익시설을 제공하는 것이다. 넷째, 다양한 문화, 여가 생활공간을 제공하는 것이다. 연구인력의 문화에 대한 욕구 충족을 위해 문화공간을 제공하고, 공원과 자연과 도시가 어우러진 여가공간을 조성하려는 전략이다.

도농 복합을 위한 첫째 세부 전략은 농촌 지역의 중심 기능을 제공하는 것이다. 이를 위해 수도권 남부 농촌 지역에 부족한 교육·의료·문화 등 도시서비스 기능을 제공한다. 둘째, 도시와 농촌의 공존이다. 도시민에게 농촌 지역의 양호한 자연환경을 제공하고, 농산물의 처리 및 도시 공급으로 지역 자족성을 제고하며, 오폐수의 철저한 관리로 농업생산 기반을 보존하는 전략이 포함되었다.

(2) 도시공간구조

지구 동측에 있는 반석산을 중심으로 십자형의 녹지축과 방사형의 평탄지 및 구릉이 분포한 점을 고려할 필요가 있었다. 또한 지구 외곽 동측으로 신갈저수지와 오산천이 흐르고 있어 계획지구 내 녹지가 수변공간으로 연결될 수 있도록 하는 것이 중요하였다.

주변 지역 및 자연환경을 감안한 도시축의 형성과 효율적 서비스 제공을 위한 도심 배치 등을 고려하여 신도시 내부 공간을 4개 생활권으로 구분하였다. 반석산은 녹지망과 교통망을 구성하는 중요 포인트가 되었다. 이 산을 중심으로 방사형 녹지망을 구성하여 각 생활권 간의 독립성을 확보하고 생활권 내에서의 녹지공간을 효율적으로 배분하였다. 또한 2개의 환상형 간선도로를 배치함으로써 도시골격의 상징성과 생활권 간 연결성을 극대화하였다. 방사형 간선도로를 중심으로 주변의 주요 기능을 직접 연결하는 가로망 골격을 구축함으로써 신도시 중심지와 각 생활권 간의 접근성을 높였다.

동탄1 신도시 도시공간구조 설정
출처 : 한국토지주택공사 (2011)

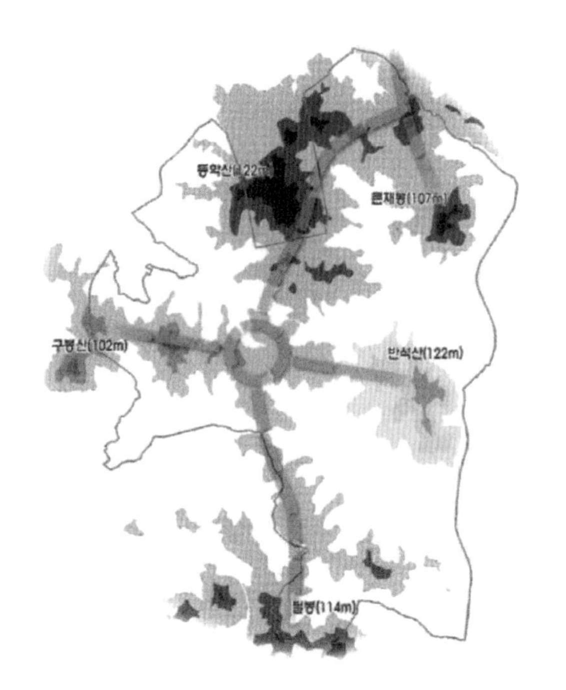

동탄1 신도시 녹지축 설정
출처 : 한국토지주택공사 (2011)

동탄1 신도시 골격 구상안
출처 : 한국토지주택공사 (2011)

(3) 계획지표

동탄1 신도시의 가구당 인구는 화성도시기본계획상 2021년 계획지

동탄1 신도시 주요 계획지표
출처 : 한국토지주택공사(2011)

구분		단위	지표	비고
면적		m^2	9,035,332.9	
인구·가구	인구	인	124,326	
	가구	세대	40,921	
	가구당 인구	인	3	
주택유형별 배분		%	22.7 : 1.2 : 76.1	「지속 가능한 신도시계획기준, 건교부」 (면적 기준, 10% 내외 조정) 단독 : 연립 : 공동=20~30 : 5~15 : 60~75
주택규모	단독	m^2	231~397	
	공동			
	평형별 배분	%	20.2 : 49.7 : 30.1	세대수 기준, 10% 내외 조성 - 60m^2 이하 : 60~85m^2 : 85m^2 초과 =25~35 : 35~45 : 25~35
	임대주택 배분	%		분양 : 임대=69.0 : 31.0 세대기준, 10% 내외 조정 - 분양주택 : 임대주택=70 : 30 - 임대주택 중 국민임대주택 : 40 이상
상업업무 시설용지		%	4.25	
도시지원 시설용지		%	9.69	첨단 R&D 기능 수행
공공청사		m^2	7,505.1	
학교		개교	유 : 5개원 초 : 12개교 중 : 5개교 고 : 6개교	※ 해당 관할 교육청 협의(경기도, 화성시) - 초등학교 : 11,000~12,500m^2, 4000~5000세대 - 중학교 : 11,000~13,500m^2, 5000~6000세대 - 고등학교 : 14,000~15,500m^2, 6000~7000세대 ※ 특목고 1개교(2011. 3.), 중학교 1개교 추가 개교 예정
공원·녹지	1인당 면적	m^2/인	17.7	「도시공원 및 녹지 등에 관한 법률, 2005. 3.」 : 12m^2 이상/인, 근린공원 대비 : 13.6m^2/인
	근린공원	개소	14개소	
	어린이공원	개소	6개소	
	완충녹지	m	10~30	
주차장		m^2	65,098.7(0.7%)	부지면적의 0.6% 이상 확보
주거 편익시설		개소	사회복지시설	5개소(근린공원 내 포함)
			의료시설	1개소
			문화회관, 공공도서관	1개소(근린공원 내 포함)
			야외음악당	
			시립경로당, 어린이도서관	2개소(근린공원 내 포함)
기타		m^2	130,247.2	집단에너지, 전기공급설비, 하수종말처리장, 저류지, 수도시설 등

표인 가구당 3.0인을 적용하되, 공동주택용지는 인구영향평가 결과에 따라 평형별로 2.8~3.3인/가구로 조정하였다. 쾌적한 주거환경과 미래지향적 주거 형태를 감안하여 총밀도 134인/ha의 저밀도 개발을 지향하였다. 주택용지율은 토지이용 구분, 주택 형태별 배분, 주택규모 등을 고려하여 환경친화적이고 쾌적한 중저밀도 도시환경 조성을 위해 전체 사업면적의 29.7%로 설정하였다. 또한 도시계획 시설 기준에 관한 규칙 등 관련 법규에 부합되는 입지 및 규모를 기준으로 관계기관 의견 및 계획인구의 규모를 고려하여 시설의 종류 및 규모를 배치하였는데, 이에 따른 주요 계획지표는 앞의 표와 같다.

4) 계획 내용

2001년 택지 지구 개발계획이 최초 승인된 이후, 9차례에 걸친 개발계획의 변경, 8차례에 걸친 실시계획의 변경이 있었다. 개발계획 최초 승인 당시 지구면적 9,042,488m^2, 수용인구 120,042명, 수용세대 40,014호이던 것이, 변경 과정을 통해 1, 2단계 사업으로 분리되고, 면적은 9,035,323m^2, 인구 124,326명, 세대수 40,921호로 소폭 조정되었다. 위에서 제시된 개발의 목표와 전략, 설정된 공간구조와 주요 계획지표를 반영하여 토지이용계획을 수립하였다.

동탄1 신도시는 서울과 연결성을 개선하되 지역 중심도시로서 인근 도시들과 원활한 교류가 중요하였다. 따라서 주변 지역인 병점, 오산, 수원과의 지역 간 연결 개선을 우선으로 한 간선가로망 체계를 형성하면서 불필요한 통과교통을 배제하였다.

4개의 생활권 구분을 바탕으로 생활권 간을 연결하고 분리하는 녹지축을 구상하였다. 전체 면적의 상당 부분을 공원, 녹지, 공공공지, 광장, 하천, 대체농지로 조화롭게 배치하여 도시 전역을 종횡으로 연결하는 녹지 네트워크를 구축하였다.

동탄1 신도시 토지이용계획
출처 : 한국토지주택공사(2011)

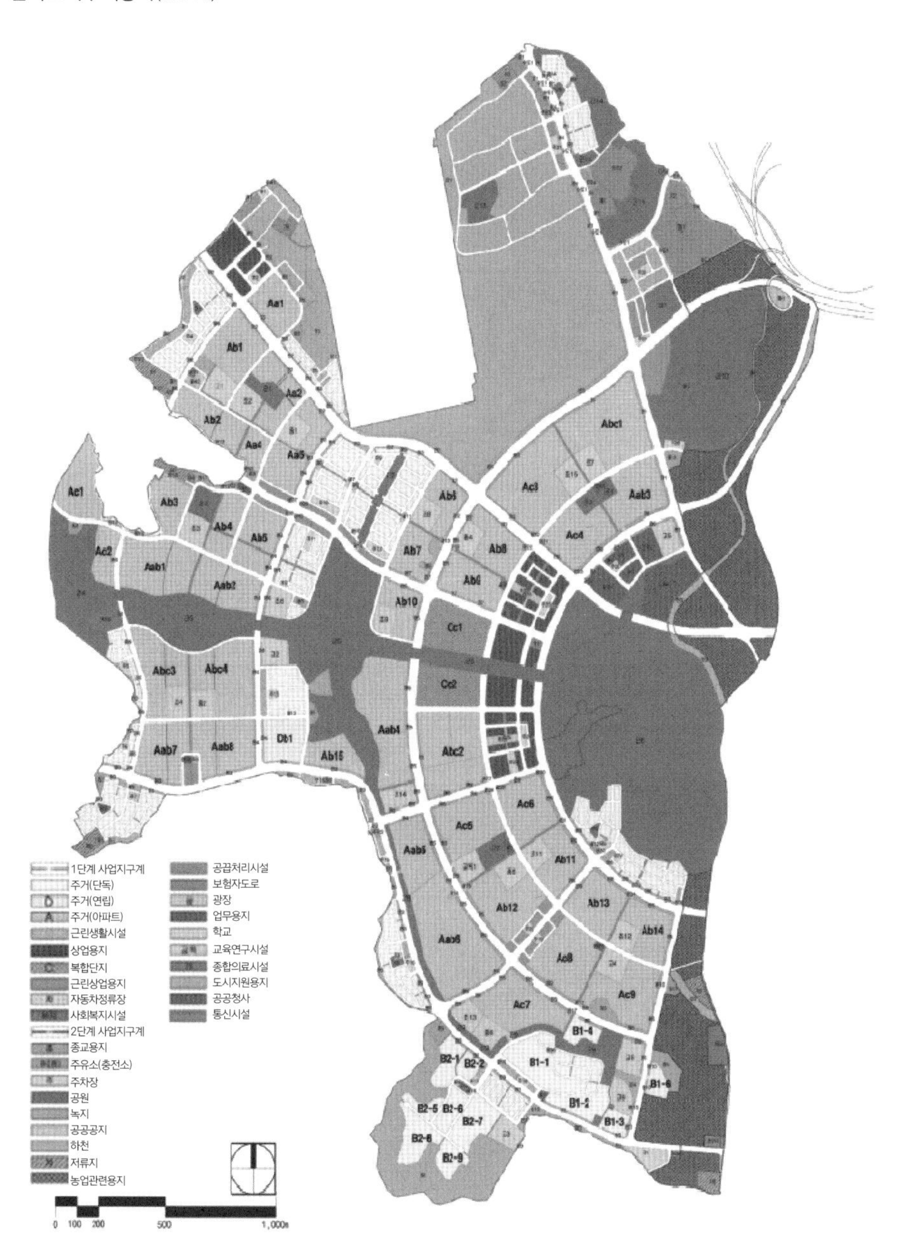

동탄1 신도시 가로망 계획
출처 : 한국토지주택공사 (2011)

간선도로
보조간선
집산도로
국지도로

동탄1 신도시 공원녹지계획
출처 : 한국토지주택공사 (2011)

5) 동탄1 신도시의 특징

(1) 도시 자족성 확보

동탄1 신도시는 모도시라 할 수 있는 서울로부터 40km가량 떨어져 있기 때문에, 신도시 내 일자리의 확보가 중요하다. 이 신도시는 전원 속의 첨단복합도시 조성을 위한 주·산·연·문화의 복합도시 건설과 도·농 복합의 토지이용을 통해 1차, 2차, 3차 산업이 어우러지는 자기환결형 도시를 건설하고자 하였다.

이미 지구 주변에는 삼성반도체, 화성산업단지 등의 산업기능이 입지해 있었는데, 이들과의 기능적 연계, 교통 연계를 도모하고자 하였다. 이를 위해 첨단산업, 벤처산업, 연구 기능을 적극적으로 유치함으로써 '벤처 생태계' 조성을 계획하였다. 첨단산업을 위한 고도의 지원 기능을 유치하는 한편, 양질의 정보서비스 제공을 위한 회의장, 교류센터 등과 환경에 부정적 영향을 주지 않은 기업을 선별·유치하는 전략을 수립하였다. 약 876천m^2의 도시지원시설 용지를 계획하였는데, 이는 산업기능의 직접적인 유치하기 위한 첨단벤처 관련 시설 용지(576천m^2)와 이를 지원하는 기타 지원 시설 용지(300m^2)로 구분된다.

(2) 광역교통개선대책 마련

대도시권 교통문제를 효율적으로 해결하기 위해 1997년 「대도시권 광역교통관리에 관한 특별법」이 제정되었으며, 동탄1 신도시는 이 법이 적용된 첫 신도시이다. 동탄1 신도시 개발에 따른 교통문제를 광역적인 차원에서 효율적으로 해결하기 위해 인근 사업지구와의 연계성을 감안하여 관련 계획 검토 및 조사, 장래 교통수요 예측, 사업시행으로 인한 문제점, 개선대책 수립 및 타당성 검토 등의 심도 깊은 분석을 실시하여 광역교통개선대책을 수립하였다. 동탄1 신도시를 조성하면서 16개 노선 72.8km에 대한 광역교통개선대책 수립하였으며, 한국토지공사는 이 중 7개 노선 23.8km를 직접 시행하였다.

「대도시권 광역교통관리에 관한 특별법」

수도권 지역의 5대 신도시 건설 등에 의해 수도권이 광역화됨에 따라 발생하게 된 대도시권의 교통문제를 광역적인 차원에서 효율적으로 해결하기 위해 1997년 4월 제정된 법률이다. 2001년 4월에는 대규모 개발사업(100만m^2 이상, 인구 2만 이상)이 수행되는 지역의 시·도지사가 광역교통개선대책을 수립하도록 개정되었다. 대책의 주요 내용은 사업지구 경계에서 20km 이내에 대해 교통 개선대책을 수립하는 것이다. 이와 같은 내용을 법제화한 것은 택지·산업단지 개발 등 대규모 개발사업이 시행되면서 유발되는 교통량 처리를 원활하게 하기 위한 것으로 개발 당사자가 교통문제를 해결해야 한다는 취지였다.

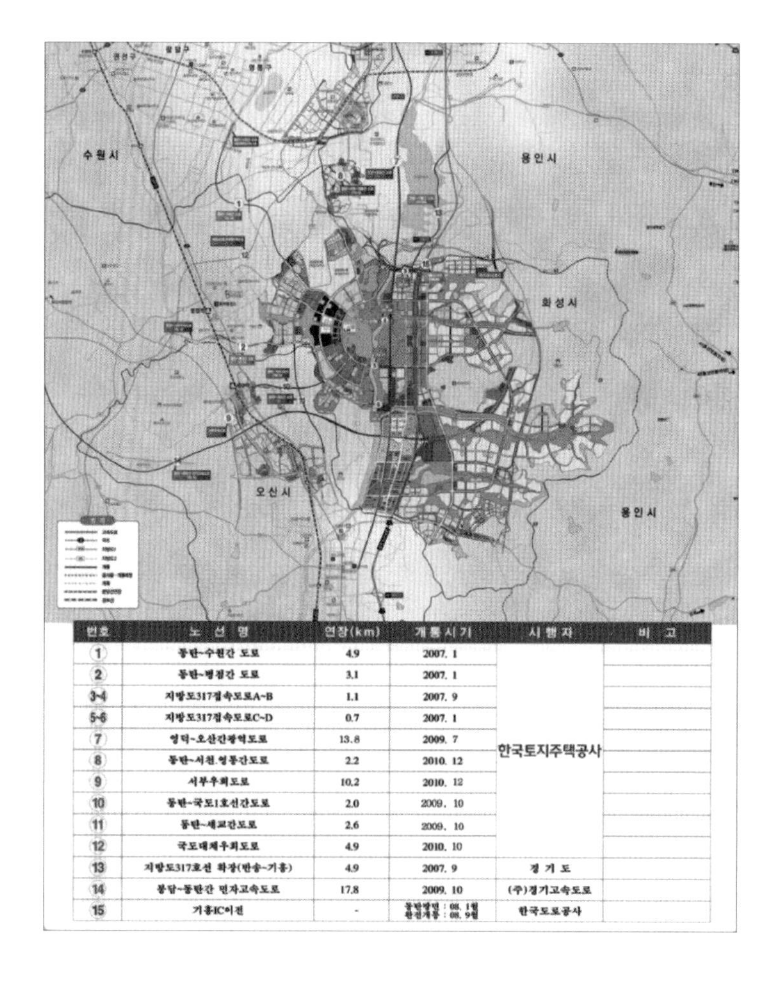

번호	노 선 명	연장(km)	개통시기	시 행 자	비 고
1	동탄~수원간 도로	4.9	2007. 1	한국토지주택공사	
2	동탄~병점간 도로	3.1	2007. 1		
3-4	지방도317접속도로A~B	1.1	2007. 9		
5-6	지방도317접속도로C~D	0.7	2007. 1		
7	영덕~오산간광역도로	13.8	2009. 7		
8	동탄~서천.영통간도로	2.2	2010. 12		
9	서부우회도로	10.2	2010. 12		
10	동탄~국도1호선간도로	2.0	2009. 10		
11	동탄~세교간도로	2.6	2009. 10		
12	국도대체우회도로	4.9	2010. 10		
13	지방도317호선 확장(반송~기흥)	4.9	2007. 9	경 기 도	
14	분당~동탄간 민자고속도로	17.8	2009. 10	(주)경기고속도로	
15	기흥IC이전	-	동탄방면 : 08. 1월 완전개통 : 08. 9월	한국도로공사	

동탄1 신도시 광역교통개선대책
출처 : 한국토지주택공사(2011)

(3) 저밀·친환경 개발

동탄1 신도시에서는 1기 신도시보다 주거밀도를 낮추고(인구밀도 137인/ha) 공원과 녹지를 보다 많이 확보함으로써(공원·녹지율 26.6%) 주거환경을 획기적으로 개선하고자 하였다. 기존의 자연지형을 최대한 보전하고 구릉지 절토로 인한 절개면의 발생을 최소화하였다. 계획지구 외곽 동측으로는 신갈저수지와 오산천이 흐르고 있어 계획지구 내의 녹지가 수변공간으로까지 연결될 수 있도록 네트워크 개념의 녹지체계를 계획하였다.

도시 내 밀도 배분은 방사형 도로망 골격에 맞춤으로써 다양한 스카이라인이 연출되도록 하였다. 고밀도 주거지가 밀집한 환상형 중심축과 중앙녹지축에는 블록별로 밀도를 차등화하여 가로에서의 조망과 반석산에서의 조망이 다이내믹하게 이루어질 수 있도록 계획하였다.

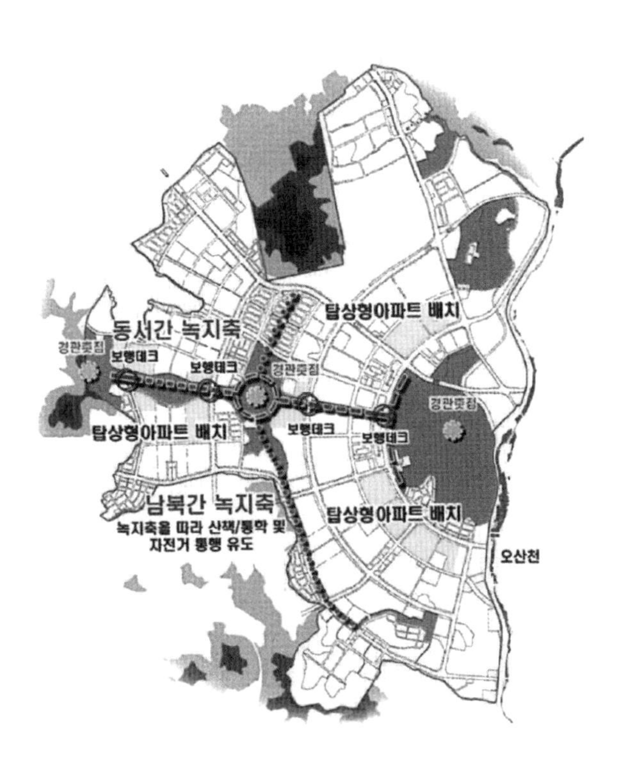

동탄1 신도시 경관계획
출처 : 한국토지주택공사 (2011)

동탄1 신도시 스카이라인 개념도
출처 : 한국토지주택공사(2011)

(4) u-city 도입

신도시의 문제점 및 현대도시가 내포하고 있는 도시화에 따른 문제점을 해결하기 위해 당시 세계 최고 수준의 국내 정보통신기술과 건설이 융합된 한국경 u-city를 동탄1 신도시에 적용하였다. 이 사업은 미래형 유비쿼터스 기술환경을 선도할 도시 모델 구현, 첨단산업과 연계한 복합도시개발을 위한 IT 인프라 구축, 주민의 안전과 편의를 위한 다양한 공공정보 서비스 제공을 위해 추진되었다. 제공 서비스는 공공 지역 방범 서비스, 교통정보 및 신호 제어 서비스, 상수도 누수관리 서비스, 동탄 포털 서비스, u-미디어 서비스, u-교통정보 서비스, u-안전 서비스, u-환경 등으로 나눌 수 있다.

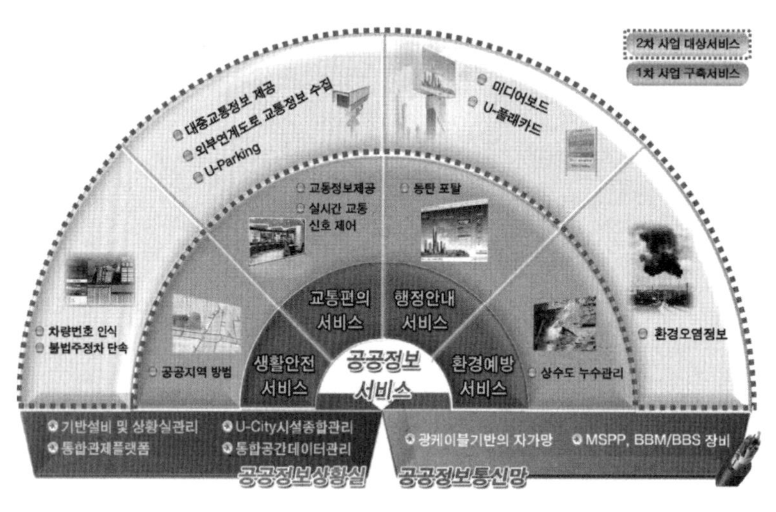

동탄1 신도시 u-city 사업 범위
출처 : 한국토지주택공사(2011)

(5) 특화 계획

가) MP 제도 운영

동탄1 신도시는 국내 최초로 MP 제도를 도입하고 운영하였다. 사업시행 과정에서 발주되는 각종 계획과 교통·환경·경관 등 각종 용역에 대해 도시의 기본 콘셉트에 부합하는 일관성 있는 방향 제시와 개발사업시행에서 체계적인 지도와 감독을 수행하도록 하였다. 이를 통해 우수한 계획의 질을 확보할 수 있었으며, 사업계획승인 기간도 단축하는 효과도 달성하였다.

MP(Master Planner) 제도

신도시 개발사업은 계획 수립부터 주요 건축물 완공까지 10년 이상의 장시간이 소요된다. 사업시행 과정에서 담당 조직이나 담당자가 여러 번 바뀌고, 이때마다 개인적 성향과 시각에 따라 주요 계획이 수정되는 경우가 빈번하여 일관성 유지의 문제를 노정한다. 결국 사업시행자, 건축주들은 환경·경관에 대한 조화롭고 종합적인 고려가 이루어지기 어렵고 개별적 경제성·효율성만을 추구하기 십상이다. MP(Master Planner) 제도란 신도시 개발 시 도시계획·환경·교통·건축 등의 전문가 집단이 구성되어 신도시의 기본구상부터 개발계획, 실시계획, 건축계획 수립, 사업 승인, 도시 디자인 등을 종합적으로 조정하는 제도를 말한다.

나) 복합단지 PF 사업

한국토지공사는 도시의 중심지 역할을 하게 될 상업·업무, 주거단지를 조성하기 위해 계획지구에 별도의 복합단지 개발계획을 수립하였다. 건설 및 금융시장 환경변화에 따라 택지 지구 내 상업용지 개발의 문제점을 개선하기 위해 부동산개발 사업과 PF(Project Financing) 방식을 결합한 PF 사업을 이 복합단지에 도입하였다. 이를 위해 민간사업자를 공모·선정하였으며, 복합단지를 특별계획구역으로 결정하였다. 사업자 선정 이후 특수목적 회사(SPC)인 메타폴리스(주)를 설립하였다(사업 참여 출자사 : (주)포스코건설, (주)팬퍼시픽, 한국토지공사, 신동아건설(주), 신한은행). 복합단지의 사업면적은 95,494m^2, 사업비는 1조 7,276억 원에 달하였으며, 주상복합 APT, 쇼핑몰, 백화점, 호텔, 미디어센터 등의 유치를 계획하였다.

특별계획구역 제도

이 구역은 지구단위계획구역 중 창의적 개발안을 받아들일 필요가 있거나 계획안을 작성하는 데 상당한 기간이 걸릴 것으로 예상되는 경우 별도의 개발안을 만들어 지구단위계획으로 수용 결정하는 구역이다. 주로 다양한 용도를 수용하는 복합적 개발을 요하는 지역으로서 우수한 설계안을 반영하기 위해 현상설계 등을 추진하기도 한다.

동탄1 신도시 복합단지 배치도

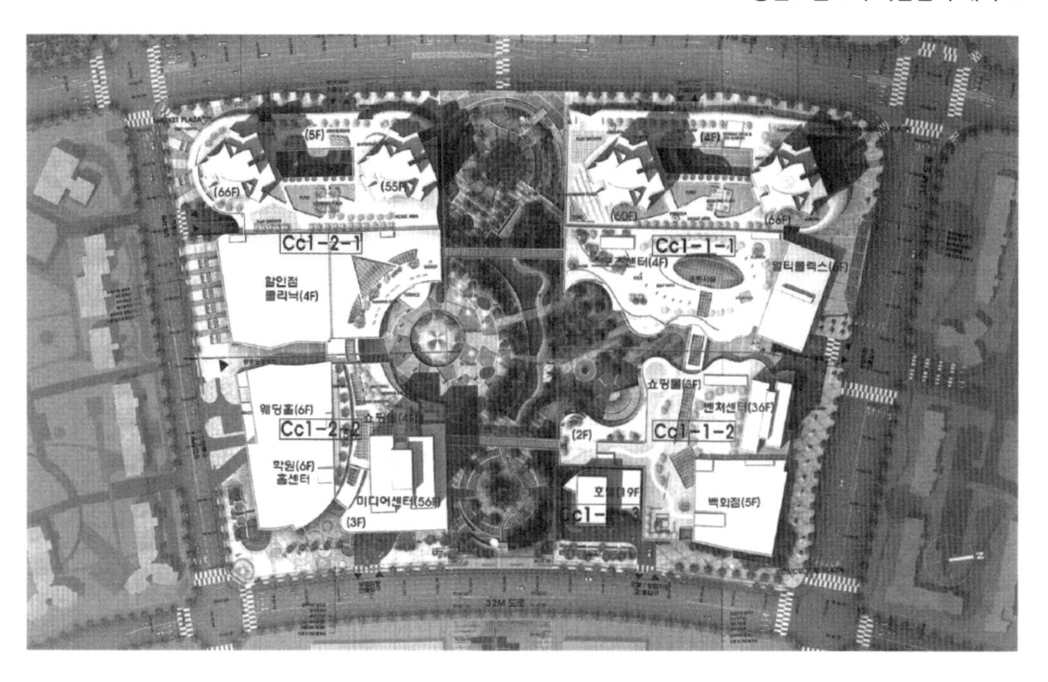

동탄1 신도시 복합단지 PF 사업지구

3.4 성과와 과제

수도권 2기 신도시는 수도권 11개, 지방 2개 등 총 13개가 추진되었다. 1기 신도시에 비해 규모와 개수 모두 2배 이상 증가한 것이다. 대단위 개발을 동시에 추진하는 것이 가능했던 것은 LH를 비롯한 개발 공기업이 있었기 때문이다. 2기 신도시 13개의 개발을 추진한 주체는 모두 공공이었으며, LH는 이 중 12개에 참여하였고, 6개는 단독으로 사업을 시행하였다. LH는 1기 신도시 추진 경험을 바탕으로, 정부정책 사업을 집행하는 기관으로서 1기 신도시보다 수준 높은 정주환경 조성에 기여하였다.

2기 신도시는 1기 신도시처럼 주택이 대량으로 공급되어 수도권 주택난 해소에 기여하였다. 그뿐 아니라 국민들의 소득수준 및 인식

수준이 높아짐에 따라 이를 충족하기 위한 계획 내용들이 많이 포함되었으며, 그 결과 주거공간, 도시공간에 대한 질적 개선도 함께 이루어졌다. 또한 신도시 조성사업의 진행 과정에서 필요한 사회적인 정당성 확보의 요구도 많이 반영하였다.

우선 도시 자족성 확보를 하기 위한 여러 가지 해법이 제시되었다. 베드타운의 이미지를 벗지 못했던 1기 신도시에 비해, 2기 신도시는 도시지원시설 용지를 의무적으로 확보하고, 주변의 산업단지 등 고용 기반과 연계하려 하였다. 동탄의 첨단벤처 단지, 판교의 벤처밸리, 광교의 첨단산업단지 등 고부가가치 산업을 신도시 내에 유치하려는 시도가 있었다. 물론 자족시설 용지는 주변 지역에 개별입지할 때 지불해야 하는 토지의 비용에 비해 비싼 편이었으며, 동시다발적으로 추진된 신도시에서 대동소이한 산업을 입지시키려 함으로써 일부 용지의 분양이 저조한 문제를 발생시키기도 하였다.[18] 그러나 일자리를 확보하여 자족성을 높임으로써 불필요한 교통 유발을 억제하고 효율적인 도시공간구조를 달성한다는 측면에서 1기 신도시에 비해 한 단계 진보하였다고 볼 수 있다.

개발 밀도는 1기 신도시에 비해 1/3 수준으로 낮아져 더욱 쾌적한 도시환경을 확보할 수 있는 양적 기반이 되었다.[19] 토목 공사 시 원지형을 살리고, 기존의 녹지를 가급적 보전하며, 신도시의 녹지체계를 네트워크화한 것이다. 한 연구에 의하면 2기 신도시는 공원녹지 체계를 보다 중요한 계획 요소로 사용하여, 도시 내부 곳곳을 공원과 녹지로 순환시키고 연결시키고 있으며, 신도시 도시공간 전체의 중심

18 사실 자족시설용지에 고용이 입지하는 것은 주택의 입지보다 더 많은 시간이 걸리는 일이기는 해서, 장기적인 안목으로 접근할 필요가 있다.

19 개발 밀도가 경제사회적 변화의 의한 시대적 요인에 따라 감소되기보다는 모도시와의 거리, 신도시의 인구규모, 토지가격 등에 의한 영향이 더 크다는 주장도 있다(황기현, 2013).

성과 공원, 녹지의 배치가 체계적으로 연관되어 공원녹지로의 접근성을 향상시키는 동시에 도시생활의 이동통로로의 활용성을 증진하였다.[20] 저밀 개발, 공원·녹지의 증대 및 네트워크 강화, 불투수공간의 지양, 물길 및 바람길 고려 등 친환경 요소에 대한 중시는 실제 도시의 열섬효과도 상당 폭 줄여주는 것으로 나타났다.[21]

20세기에 비해 21세기에 경제성장 속도가 둔화되어 부동산경기에도 영향을 미치고, 신도시의 입지도 1기 신도시에 비해 서울과 먼 거리에 위치하면서, 신도시 토지 및 주택의 분양이 1기 신도시만큼 보장된 것은 아니었다. 신도시계획 당시 신도시 조성으로 인한 유입인구는 70～80% 수준으로 예측하나 실제로는 절반 이하 정도여서 지역경제 파급효과가 과추정될 우려가 있음이 지적되기도 하였다.[22] 이에 따라 2기 신도시에서는 수요자의 요구에 대응하려는 전략과 신도시 용지에 대한 마케팅 노력이 함께 제시되었다. 또한 광역교통시설의 개선을 통해 주변 도시지역으로의 접근성을 높여 유입 인구를 늘리려는 시도도 함께 병행되었다.

환경이나 교통 측면의 영향을 미리 예상하여 대책을 제시하는 계획적 대응 절차가 강화되었으며, 지역주민의 의견을 수렴하여 사회적으로 공감대를 확보하려 하였고, 신도시를 조성하면서 지자체의 숙원 사업의 해법도 모색하려는 노력이 함께 기울여졌다. 물론 이러한 대응으로 인해 사업기간이 장기화하여 사업시행자 입장에서 재무적 타당성을 감소시키는 부정적 영향도 초래하였지만, 이는 사회가 성숙되면서 적극 수용하고 감당해야 할 사안으로서, 신도시 조성의

20 김주일 외(2013).
21 오규식 외(2013).
22 최대식 외(2009).

물리적·경제적 완성도뿐만 아니라 사회적 완성도를 높이기 위해 필요한 절차로 볼 수 있다.

국토교통부는 2018년 12월 수도권의 주택가격 안정을 위해 서울 주변 4곳에 3기신도시를 조성하겠다고 발표하였다. 수년 전까지 부동산시장의 침체가 지속되자, 당시 정부는 부동산시장 활성화를 위해 부동산 관련 규제를 완화하고 주택 마련을 위한 대출을 확대하는 정책을 적극적으로 실시하였다. 주택 마련을 위한 실수요의 지속적 발생에 더불어 양적 완화 정책으로 말미암은 투자 수요의 증가로 인해 주택가격은 꾸준히 상승하였다가, 최근(2017~2018)에는 그 상승 추세가 상당히 가팔랐다. 수도권 3기 신도시는 주택시장의 안정을 위한 공급 측면의 대책이다.

발표된 3기신도시의 위치는 남양주 왕숙(1,134만m^2, 66천 호), 하남 교산(649만m^2, 32천 호), 인천계양 테크노밸리(335만m^2, 17천 호), 과천 과천(155만m^2, 7천 호)이다. 정부는 교통이 편리한 자족도시 조성을 천명하였다. 특히 2019년 3월 대도시권 광역교통위원회가 출범되어, 이를 중심으로 신도시와 연계된 수도권 광역교통개선방안을 이행한다는 방침이다. 실제로 3기 신도시는 광역교통 접근을 중시하여 입지가 선정되었다. 향후 신도시의 세부적 콘셉트와 실행 방안 수립 시 1기와 2기 신도시의 한계를 넘어서는 정주공간이 조성되도록 정부, 사업시행자, 관련 전문가, 지역주민의 혜안을 모을 필요가 있다.

수도권 3기 신도시 위치도
출처 : 국토교통부 보도자료, 2018.12.19

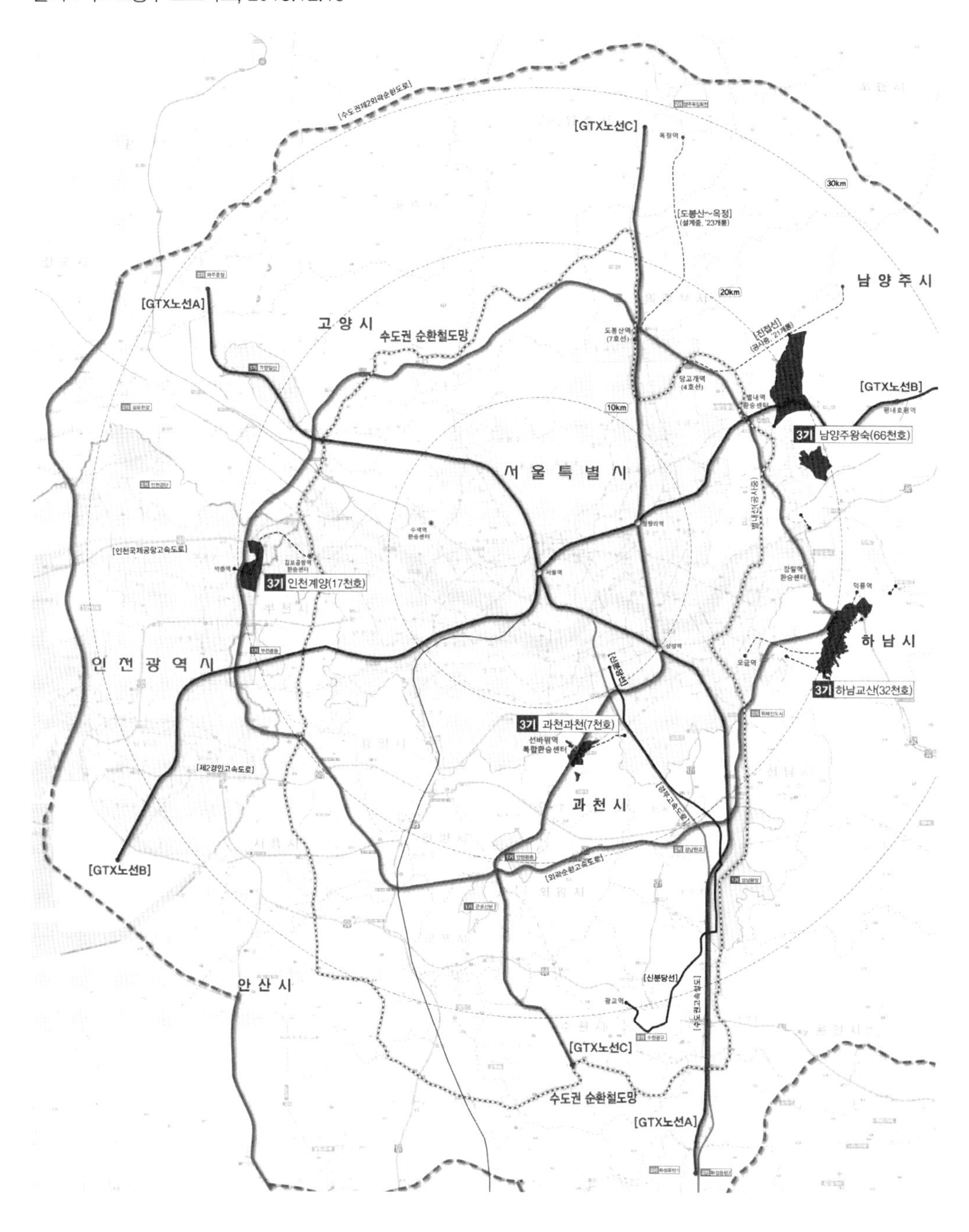

참고문헌

건설부(1993), 「우리 국토 이렇게 달라졌다 : 건설행정백서」.

국토교통부 보도자료, “2차 수도권 주택공급 계획 및 수도권 광역교통망 개선방안”, 2018년 12월 19일 자.

국토교통부(2006), ‘2005년 인구총조사 결과를 통해 본 우리나라의 도시화 트렌드와 특성’, 「국토정책 Brief」, 제106호.

국토교통부(2010), 「신도시 재추진 정책토론회」 발표자료.

국토연구원(1992), 「주택200만 호 건설계획의 성과와 향후 주택정책의 방향에 관한 정책토론회 결과보고서」.

국토해양부(2010), 「신도시개발 편람 · 매뉴얼」.

권성실(2005), 「압축형 신도시 개발관점의 수도권 1기 신도시계획특성」, 충남대학교, 박사학위논문.

김용철(1995), 「신도시주택투자정책의 사회정책적 효과분석 : 신도시 주택개발정책의 투자재원체계를 중심으로」, 고려대학교 대학원, 박사학위논문.

김주일 · 최성지(2013), ‘공간 구성 차원에서 살펴 본 우리나라 신도시 공원녹지체계의 변화’, 「도시설계」, 14(3), pp. 145-159.

김현수(2007), ‘2기 신도시의 평가에 관한 연구－1기 신도시와의 비교를 중심으로’, 「한국지역개발회지」, 19(4), pp. 249-270.

남상호(1996), 「신도시 건설의 사회경제적 파급효과 분석」.

대한주택공사(1992), 「주택핸드북」.

대한주택공사(1997), 「산본신도시개발사」.

오규식 · 이민복 · 이동우(2013), ‘수도권 신도시의 열쾌적성 평가’, 「한국공간정보학회지」, 21(2), pp. 55-71.

오동훈 · 허재완 · 이재순(2008), ‘신도시건설의 과제와 바람직한 개발방향에 관한 소고’, 「국토계획」, 43(3), pp. 31-48.

윤혜정(1992), '200만 호 주택정책의 파급효과분석과 향후 정책방향', 「삼성그룹주최 제1회 건설논문상 입상작」.
주택은행(1992), 「주택경제통계편람」.
최대식 · 김태균(2009), '택지개발사업지구 입주인구의 내부유입률 추정 연구', 「서울도시연구」, 10(1), pp. 105-119.
한국토지공사(1997a), 「분당신도시개발사」.
한국토지공사(1997b), 「평촌신도시개발사」.
한국토지공사(1999), 「수도권신도시 종합평가분석 연구」.
한국토지공사(2009), 「토지 그 이상의 역사 : 한국토지공사 35년사」.
한국토지주택공사(2010), 「녹색의 나라, 보금자리의 꿈」.
한국토지주택공사(2011), 「동탄신도시 개발사」.
황기현(2013), 「지속가능한 개발 측면에서 본 수도권 신도시계획의 변천」, 서울대학교 대학원, 박사학위논문.

국가통계포털 http://kosis.kr
국토교통부 홈페이지 http://www.molit.go.kr

PART 02

균형발전

3장

산업단지 개발

1. 서론

한국은 1960, 1970년대 이후 경제성장을 위한 전략으로 소비재보다는 기초 생산재 등 기간산업의 육성을 추진하였다. 산업단지는 이러한 산업전략을 공간 및 입지 측면에서 뒷받침하는 핵심 수단 중 하나로 기능하였다. 기간산업의 효율적 육성을 위해서는 집적의 효과를 도모하기 위해 집단화된 공장 설립이 필요하며, 정부는 시대별 산업단지 제도정비를 통해 저렴한 대규모 토지 확보와 기업활동을 촉진하는 인프라 설치를 효과적으로 지원하였다.

한국의 산업단지 개발은 국민경제의 성장 및 산업발전과 궤를 같이한다. 정부는 산업단지 조성을 통해 특정 산업을 육성한 후, 해당 산업의 성장이 일정 궤도에 도달하면 산업구조를 고도화할 수 있는 산업단지를 신규로 개발하였다. 1960년대 1인당 국민소득 200(명목소득 기준)달러 미만에서는 저렴한 노동력을 바탕으로 수출형 경공업단지를 조성하였다면, 1970년대 1인당 국민소득 300달러를 넘어서면서 산업구조 고도화를 위한 중화학공업단지를 추진하는 것으로 방향을 전환하였다. 1980년대 1인당 국민소득 2,000달러 시대에서는 중화학공업 과잉 투자 해소와 지역균형발전을 위한 산업단지를 조성하였으며, 1990년대 1인당 국민소득 7,000달러를 넘어서면서 첨단산업 육성을 위한 복합형 산업단지를 조성하였다. 이후 1인당 국민소득 10,000달러를 넘어선 2000년대 이후에는 지식기반산업 육성을 위한 도시첨단산업단지 등을 중점적으로 추진하였다.

시대별 국민 소득 성장과 산업입지정책의 변화

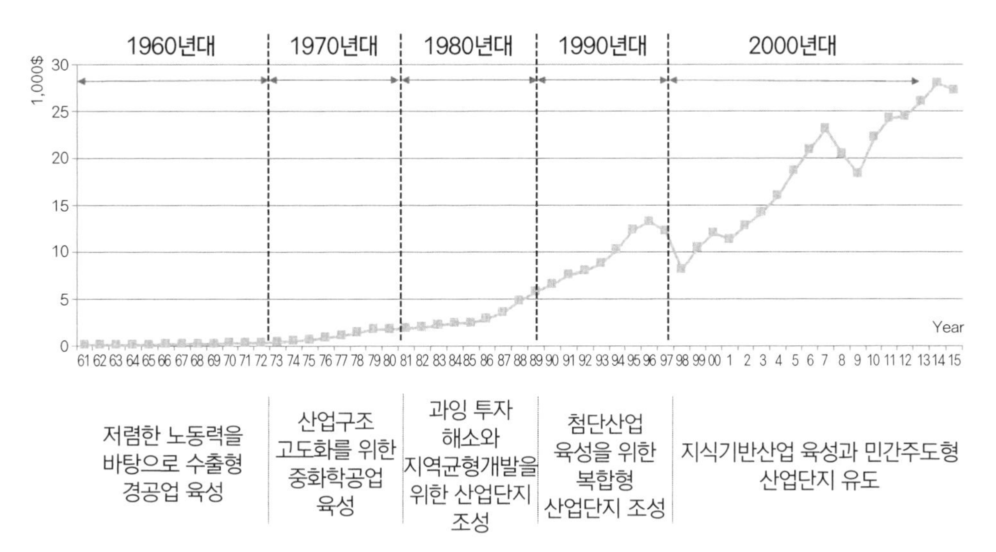

시대별 산업육성정책의 변화는 산업입지정책의 변화를 촉발하고 변화된 산업입지정책을 뒷받침하는 산업단지 관련 법·제도의 개편을 가져온다. 대표적인 예시로서 산업단지 내 허용시설의 범위변화를 들 수 있다. 1970년대 산업기지개발 당시에는 산업단지가 제조업 위주의 공장용지로 구성된 반면, 1995년 이후 산업단지는 공장용지와 더불어 첨단·지식산업 등을 포괄하는 산업단지로 개편되었다. 또한 산업 간 융·복합 추세에 발맞추어 2014년에는 2개 이상의 용도가 복합되는 복합시설용지를 도입하는 등 산업 패러다임 변화에 맞추어 산업단지 제도가 개편되었다.

이에 본 장은 크게 6개의 절로 구분하여 각 절별로 시대적 상황변화에 따른 산업입지정책의 개편을 중심으로 산업단지 법·제도의 변화와 개발사례를 기술한다. 첫 번째 절에서는 1960년대 수출산업공단의 조성과 「도시계획법」을 활용한 공단의 조성을, 두 번째 절에서는 1970년대 산업기지의 개발과 지방공단의 조성을 기술한다. 세 번째 절에서는 1980년대 중소기업 진흥을 위한 공단과 국토균형발전을 위한 공단 조성을, 네 번째 절에서는 1990년대 복합형 산업단지의 조성과 더불어 산업단지 제도의 통합 및 정비를 기술한다. 다섯 번째 절에서는 2000년대 이후 지식기반산업 육성을 위한 도시형 첨단산업

산업입지정책의 시대별 변화

	1960년대	1970년대	1980년대	1990년대	2000년대 이후
정책대상	수출산업의 육성과 산업화 기반의 구축	중화학공업 육성 기반의 구축	국토균형발전과 산업의 지방분산	첨단산업 육성을 위한 기반구축	지식기반산업 입지 기반 확충
정책기조	• 수출 위주의 경공업입지 • 1도 1 산업단지 개발	• 대규모 임해 산업단지 조성 • 대도시 산업입지 억제	• 산업단지 내실화 • 농공산업단지 개발 • 산업입지의 분산	• 입지 유형 다양화 • 입지규제 완화	• 전문화된 집적지구 • 지식기반 경제 구축 지원
관련법규	• 공업지구 조성을 위한 토지수용 특례법 • 도시계획법 • 수출산업공업단지 개발 조성법 • 국토건설종합계획법	• 지방공업개발법 • 산업기지개발 촉진법 • 공업배치법	• 수도권정비계획법 • 중소기업진흥법 • 농어촌소득원 개발촉진법 • 공업발전법	• 산업입지법 • 공업배치법 • 기업활동규제 완화법 • 산업기술단지 지원법	• 국토 계획 및 이용법 • 산업단지 개발 인허가 절차 간소화법
주요특징	• 울산공업지구 조성 • 수출산업단지 조성	• 지방공업개발 장려지구 제도 도입 • 동남권 대규모 산업단지 조성 • 수출자유지역 개발	• 서남권 대규모 산업단지조성 • 농공단지 개발	• 산업단지의 명칭 변경 • 지방 권역별 첨단과학산업단지 • 아파트형 공장 본격화	• 도시첨단산업단지 • 경제자유구역 개발 • 노후산업단지 재생사업

단지 및 영세중소기업 지원을 위한 임대형 산업단지에 대해 기술한다. 다만 외국인투자유치를 위한 산업단지는 1960년부터 지속적으로 유지되어온 제도로서 시대별 절에서 기술하기보다는 별도의 절을 구성하여 기술한다.

2. 수출산업공단 및 「도시계획법」을 활용한 산업단지 조성

2.1 시대적 배경과 산업입지정책

1960년대 이전에는 기업의 자유로운 입지선정에 따라 공장을 설립하는 개별입지 위주로 공장용지가 개발되었다. 계획입지인 산업단지 개발은 1962년 제1차 5개년 경제개발계획의 공업화 정책이 그 단초를 제공하였으며, 동 계획의 성공적 추진을 위해서는 국토개발의 청사진이 필요하게 되었다. 이에 따라 1963년 「국토건설종합계획법」을 제정하게 되었으며, 국토건설종합계획의 주요 내용 중에는 산업입지의 선정과 그 조성에 관한 사항 그리고 산업발전의 기반이 되는 중요 공공시설의 배치 및 규모에 관한 사항이 포함됨으로써 계획입지의 근거가 마련되었다.

1960년대 산업집적지는 크게 대도시를 중심으로 내륙에 조성된 수출 중심의 경공업 산업단지 개발과 1960년 후반부터 시작된 영남 임해 지역의 국가기간산업 육성을 위한 대규모 공업 지역의 조성으로 구분할 수 있다. 1960년대 초에는 노동력이 풍부한 반면, 공업입지

여건이 매우 취약하고 사회기반시설이 부족했기 때문에 수출 주도형 경공업 육성정책을 실시하였다. 경공업 육성과 관련되어 시초격인 산업입지정책으로는 수출산업공업단지를 들 수 있다. 수출산업공업단지는 노동력 확보를 위해 서울 등 인구가 많은 대도시에 입지하고 항만, 공항에 인접하여 입지하였다. 당시에는 공업단지 조성을 위한 공공의 재원 및 추진력이 부족하였기 때문에 민간 기업의 주도적 참여로 추진될 수밖에 없었고 추후 공공 주도로 전환하게 된다.

1960년대 중반 수출산업공업단지(1단지)가 선을 보인 이후 다른 한편에서는 상공부 및 각 시·도가 주도하여 지방도시에 공업단지를 개발하기 시작하였다. 1967~1969년에 개발 붐을 타고 광주·대전·전주·청주·대구·춘천 등 도청소재지급 도시에 공업단지가 조성되었다. 이 시기에 지방도시에서 개발 붐을 이룬 것은 수출산업의 유치를 위한 지방자치단체(도지사)의 주도적 역할과 지방 중소토착기업의 적극적인 참여가 있었기 때문이다[1]. 또한 1960년대 후반부터는 민간 공장들의 개별입지에 따른 난개발을 억제하기 위해 집단화를 유도하면서도 자유입지를 보장하기 위한 민간조성 공단들이 경인 지역을 중심으로 등장하였다.

1960년대 말부터는 제1차 경제개발5개년계획의 주요 시책 중 하나인 정유·비료·종합제철 등의 국가기간산업을 육성하기 위해 관련 공업시설이 입지할 수 있는 종합공업지대의 건설을 준비하였다. 울산, 포항 등이 이 시대의 대표적인 공업단지 시초 지역으로서 1970년대에 본격화된 중화학공업 중심의 산업단지 개발의 전초기지가 되었다.

1 국토개발연구원(1988), 「한국의 공업단지」.

2.2 법·제도

1960년대의 공업단지는 크게 두 가지의 법체계에 근거하여 조성되었다. 첫 번째는 1964년 제정된 「수출산업공업단지개발 조성법」에 의한 수출산업공업단지이며, 두 번째는 1962년 제정된 「도시계획법」에 의한 '일단의 공업용지 조성사업'을 통해 건설된 공업단지이다. 「도시계획법」이 시기상으로는 약간 빠르지만 산업단지에 관한 개발, 관리 및 지원 등을 포함한 종합적인 의미에서 산업단지 제도의 시초는 「수출산업공업단지개발 조성법」으로 볼 수 있다. 이 법은 수출산업의 재산반입을 간소화함으로써 해외 교포의 국내 투자를 효율화하고 수출산업을 발전시킬 수단으로서 공업단지의 조성·운영에 관한 사항을 규정하고 있다. 이는 수출산업에 대해 대규모 공업단지를 조성하여 기업을 일정 장소에 집중시키려는 계획입지 방식의 일환으로 볼 수 있으며, 동법에 의거 서울 구로 지역 일대에 한국산업수출공단이 조성되었다.

수출산업공단은 특수한 목적을 위해 개발된 경우이고 1960년대 후반부터 각 도청소재지 도시에서 각 시·도 자치단체 주도하에 일제히 개발된 공업단지와 경인 지역에서 유사 업종의 기업들이 집단적으로 조성한 민간공단은 「도시계획법」, 「구획정리사업법」을 준용한 일단의 공업용지 형태로 추진할 수밖에 없었다. 다만, 일단의 공업용지 조성사업은 오늘날의 공업단지 개념과 견주어볼 때, 공업의 집단화 이상의 의미를 가지지 못한다.[2] 개발에 대한 행·재정적 지원, 후생복지시설, 관리시설, 기업에 대한 인센티브 등이 종합적으로 제공되지 못하였기 때문이다.

한편 대규모의 공업지구를 빠르고 저렴하게 건설을 위해서는 토

2 국토개발연구원(1988), 「한국의 공업단지」.

지의 취득에 대한 법·제도의 정비가 필요하였다. 이를 위해 울산 특정공업지구 조성에 대한 공표에 앞서 공업지구 조성에 필요한 토지의 수용 또는 사용에 관한 토지수용의 특례를 정한 「공업지구 조성을 위한 토지수용 특례법」(1962)을 제정하였다. 기존의 「토지수용법」만으로는 대단위 공업지구에 필요한 토지수용이 어렵고 수용비용이 높아지기 때문에 특례 규정을 신설하였다. 주요 내용으로는 사업인정 절차 없이 토지수용을 가능하게 하고 투기적 토지 매매와 지가 폭등을 방지하기 위해 손실 보상의 산정을 공업지구 특정 당시의 기준으로 정하였다. 동법은 울산공업지구 조성을 위한 특수한 법이지만, 당시 정부가 공업지구를 신속하고 낮은 비용으로 조성하기 위한 다각도 노력의 일환으로 볼 수 있다.

2.3 주요 산업단지

1) 보세가공 무역단지 조성 : 한국수출산업공업단지

한국수출산업공업단지는 완공 관점에서 최초의 계획된 산업단지(1966년 1차 완공)로 볼 수 있다. 한국수출산업공업단지의 태동은 정부보다는 민간에 의해서 이루어졌다. 1963년에 한국경제인연합회 주도로 수출산업촉진위원회가 발족되었는데, 동 위원회에서 재일교포 기업인들의 한국 투자 희망의견을 수렴하였고 정부의 수출산업 육성정책과 맞물려 수출기업을 위한 집적지 조성에 대한 공감대가 확산되었다. 이에 동 위원회는 서울 근교에 경공업을 중심으로 한 수출산업지역 설치를 정부에 건의하였으며, 그 결과물로 「수출산업공업단지 개발조성법」이 제정된 후 '한국수출산업공단'이 설립되었다. 이 공단은 처음에는 민간의 사단법인 성격이었으나 추후에 공공기관으로 그 성격이 바뀌게 된다.

수출산업공업단지의 입지는 지역 여건 및 경제성을 고려하여 선정하였다. 경공업을 위해서는 교통이 좋고 항만시설이 갖춰진 곳이 필요해서, 서울과 경인 지역을 물색하던 중 서울에서는 구로동과 인천, 부평 지역을 한국수출공업단지로 개발하였다. 이 단지는 안양천에서 취수가 용이하고 영등포에서 수원으로 통하는 1번국도가 가깝고 경부선 영등포역과 인접한 장점이 있었다. 초기 분양결과는 성공적이었는데, 동남전기공업을 비롯한 10개 국내기업, 싸니전자를 비롯한 재일교포기업 20개, 미국기업 1개 등 31개 업체가 입주하였다. 한편, 한국수출산업공업단지 인근에서 1968년 한국 최초 무역박람회가 개최되었으며, 추후 이 장소가 제2공업단지를 조성하는 터전이 되었다.

한국수출공업단지 입구 전경
출처 : 국가기록원(http://archives.go.kr)

한국수출공업단지 조감도
출처 : 국가기록원(http://archives.go.kr)

2) 수출산업 전진기지 : 울산공업센터

1962년 1월 26일 국가재건최고회의에서는 경남 울산지대를 종합공업지구로 지정하는 '특정공업지구 결정의 건'을 공포하기로 결정하였다. 이에 따른 후속 조치로 동년 2월 3일 울산 현지에서 기공식을 갖게 되는데, 박정희 의장은 '울산공업지구 설정 선언문'을 통해 "제1차 경제개발5개년계획을 실천하는 데 종합제철공장, 비료공장, 정유공장 및 관련 산업을 육성하기 위한 울산공업지구 설정"을 선포하였다. 울산개발계획 본부의 '울산개발계획 개요'에 따르면, 정유공장, 비료공장, 종합제철공장이 3대 핵심공장이 되며, 정유공장[3]은 정부가, 비료공장과 종합제철공장은 민간이 건설하는 방안을 마련하였다. 다만 종합제철공장은 추후 포항으로 계획이 변경되었다.

울산공업센터 기공식 발표문(1962년 2월 3일)

"… 울산 지구는 공업입지로서의 여러 가지 좋은 조건을 보유하여 항만이 좋고, 공업용수가 풍부하여 철도시설이 양호하며 ,인근 대도시와 연결이 되며 기후와 지형이 좋은 것입니다. 정부가 울산을 공업지구로 선정하게 된 것은 울산 앞바다는 조수 간만의 차가 0.85m에 불과하여 우리나라의 어느 항만보다, 자연적으로 잘 보호되고 수심이 깊은 항만 조건과 교통상 서울~부산 간의 남북 간선에서 별로 떨어져 있지 않은 철도의 한 지선상에 위치하며, 또한 전국적인 도로망과 연결되어 있는 조건에 있기 때문이었다. 울산 지역은 아직 개발되지 않은 광범위한 지역을 용이하게 개발할 수 있기 때문에 비교적 염가로 공장 부지를 취득할 수 있고, 태화강과 회야강 등의 수원을 과다한 비용을 들이지 않고 충분한 용수 공급을 위해 개발할 수 있는 이점이 있으며 …."

울산공업지구의 총 면적은 176.04km^{2}로 통상의 공업단지와는 다르게 지역 전체를 공업지구로 지정하고 그 안에서 공업단지가 조성되는 종합개발계획 특성을 가지고 있다. 울산공업지구는 대단위 3대 공장 및 연관된 공장을 주축으로 새로운 공업 신도시를 건설하는 것을 목적으로 하였기 때문에, 이를 실행에 옮길 수 있는 도시계획을 현상공모를 통해 1962년 5월에 수립하였다. 당시 울산도시계획에 따르

3 정유공장은 정부가 국영기업체인 대한석유공사를 설립하여 1962년 9월에 착공하였다.

면, 총 인구 50만 명 중 40만 명은 계획구역 내, 10만 명은 위성도시 내에 배치하고자 하였다. 이를 수용하기 위한 토지이용계획으로 주거(36.0%), 상업(2.6%), 공업(9.3%) 등의 용도 지역을 구분하였다. 또한 사업시행방식으로서 일단의 공업용지 조성사업과 토지구획정리사업을 제시하였다.

울상 공업지구는 기존 3대 공장 외에도 1966년 석유화학공업단지가 추진되었고 1970년대에 들어서는 「산업기지개발촉진법」에 의한 울산·미포 공업기지가 건설되어 공업기능이 정유·비료 외에 자동차, 조선 등을 포괄하는 복합 기능을 갖게 되었다.

울산 특정 공업지구 계획도(좌)와 기반시설 건설 전경(우)
출처 : 국가기록원(http://archives.go.kr)

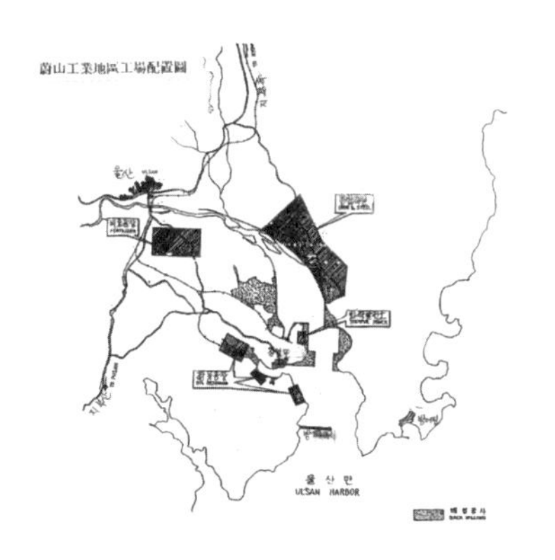

3. 산업기지 및 지방공단 조성

3.1 시대적 배경과 산업입지정책

1973년 신년 회견에서 박정희 대통령은 수출 100억 달러 달성을 위해서는 중화학공업 비율이 50% 이상 필요함을 강조하였다. 1960년대에 집중 육성한 경공업은 인건비가 중요한데, 1970년대에 들어서는 임금이 지속 상승하여 더 이상 저임금으로서의 장점을 상실해가고 있었으며, 이에 자본집약적 기술로의 대체가 필요하였다. 이와 같은 시대적 흐름 속에서 1970년대에는 제3차 경제개발5개년계획의 중화학 육성시책과 제1차 국토건설종합개발계획의 대규모 공업기지 구축방향에 따라 중화학공업 산업단지 개발을 추진하였다. 수출 중심의 경공업단지가 기존 대도시에 조성되었다면 철강, 기계, 조선, 전자, 비철금속, 석유화학 등 특정 중화학공업을 대상으로 한 공업단지는 농어촌 지역을 신규 산업도시로 개발하는 방식이었다.

제1차 국토종합개발계획의 기개발 지역(좌)와 공업입지도(우)
출처 : 대한민국정부(1971), 「국토종합개발계획(1972~1981)」

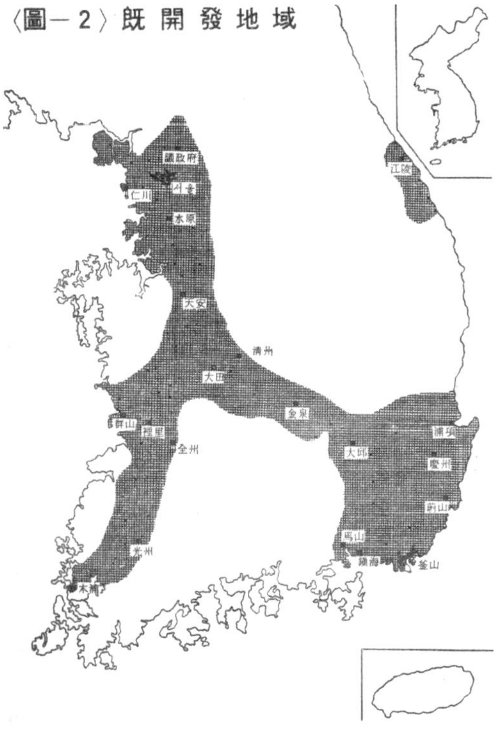

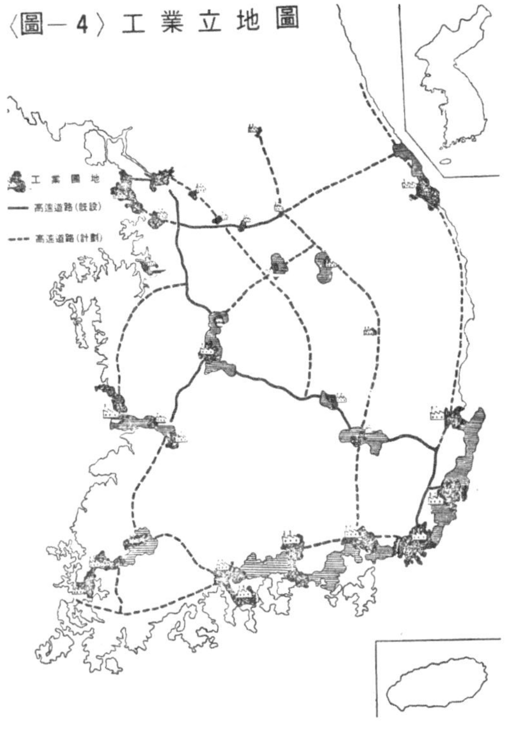

〈圖－2〉 旣開發地域

〈圖－4〉 工業立地圖

1970년대는 과거 대도시 위주의 개발추진에 따라 도농 불균형이 심화되는 시기였기에, 중화학공업 산업단지는 지방의 산업단지를 육성하기 위해 영남해안권 위주로 지정되었다. 더불어 중화학공업 산업단지의 영남해안권 입지 배경에는 원재료 수입의 효율성 및 유사시 방위산업으로의 활용성이 동시에 작용하였다. 남쪽 해안권은 전방과 거리가 있는 후방이며 유사시 군수물자를 생산해서 운송이 용이하였다. 진해에서는 해군기지가 있어서 조선소가 그 인근인 거제로 결정되었으며, 여천에는 석유 및 비료 화학과 관련한 공장을 두어 평소에는 비료 생산에 사용되지만 전시에는 화학제품을 생산할 수 있도록 하였다. 또한 온산에는 제련소를 두어 동, 납, 아연을 생산하나 전시에는 탄피 제조를 가능하게 하였으며, 창원의 기계공단에는 포, 장갑차, 탱크를 유사시 생산하고 구미의 전자공단에는 전자병기를 유사시 생산하도록 하였다.

1970년대의 산업입지정책이 임해 지역의 중화학공업단지 조성으로 특징지어지지만, 1970년대에도 공업의 지방분산 정책은 1960년대에 이어 지속적으로 추진되었다. 제1차 국토종합개발계획에서도 공업입지계획의 기본방향으로 서울, 부산 등 대도시의 공업 분산을 촉진하는 한편 중소도시의 공업을 개발하는 정책을 제시하였다. 이에 1960년대 후반부터 시작한 도청소재지급 지방대도시의 경공업 공단 개발은 1970년부터는 이리, 원주, 목포 등 지방 중소도시로까지 확대되었다. 이들 지방공단은 1970년대 초까지 지방의 열악한 재정 상황으로 개발 후 분양되기까지 많은 난관이 있었지만, 인프라, 재정 등에 대한 정부지원 체계가 정립되면서 1970년대 말까지 지속적으로 개발되었다.

3.2 법·제도

중화학공업 산업단지를 조성할 수 있었던 제도적 기반은 1973년 「산업기지개발촉진법」의 제정을 통해 구축되었다. 산업기지는 공장용지뿐 아니라 항만·용수·도로·철도·전기·통신·가스 등의 시설을 조성하는 것으로, 공장이 필요로 하는 기반시설을 복합적으로 제공하고자 하였다. 이 법안의 주요 골자는 온산, 창원, 여수, 광양 등 중화학공업 건설에 필요한 지역을 산업기지개발구역으로 지정하여 산업기지개발에 관한 기본계획을 수립하고 현 수자원개발공사를 산업기지개발 공사로 개편하여 기지건설사업을 추진하도록 한 것이다. 이 법은 산업기지개발사업의 시행에 필요한 재원을 조달하기 위해 기업체로부터 선금을 받을 수 있도록 하고 수익자 부담금 등 다수의 부담금을 징수할 수 있도록 하는 규정을 담았다. 또한 산업기지 건설에 따른 이주민 대책을 명문화하여 이주민 주택건설 지원, 취업 지원, 융자 지원 내용을 담고 있다.

1960년대 지방공업단지 개발의 근거법인 「도시계획법」은 공업단지 개발을 위한 최소한의 토지개발절차 규정만 있을 뿐 행·재정적 지원체계가 부재하였다. 당시 이와 같은 공업단지는 중앙정부 지원 없이 민간재원, 입주기업체 선분양금, 지방재정 부담을 통해서 조성되었기 때문에 재정적 한계 속에서 미분양이 속출하며 개발이 지연되었다. 이에 지방산업단지를 위한 행정, 조세 및 재정지원을 강화하는 「지방공업개발법」을 1970년에 제정하였다. 이 법은 공업의 적정한 지방분산을 촉진하여 지방 간 격차를 완화시키기 위해 제정된 것으로, 공업개발이 낙후된 지역으로서 도시와의 적정 거리를 유지하면서 노동력 공급과 시장 조건이 가능한 지역을 공업개발장려지구로 지정하도록 규정하였다. 그리고 개발장려지구를 지정할 경우 국가

지원을 의무화하도록 명시하였다. 이 법에 따라 춘천, 원주, 대전, 이리, 전주, 광주 등에 지방공단이 개발되었다.[4]

한편, 「지방공업개발법」 및 「산업기지개발촉진법」을 통해 지방의 산업단지 개발이 촉진되었으나, 여전히 공업기능의 대도시 집중과 무계획적 공장 확산이 지속되었다. 이에 전 국토 차원에서 공업입지정책을 보다 체계적으로 추진할 수 있는 근거를 마련하기 위해 1977년 「공업배치법」을 제정하였다. 이 법은 국토를 이전촉진지역, 제한정비지역 및 유치지역으로 구분하고 지역별로 차등화된 공장 신·증설 규제 및 정부지원을 규정하였다. 또한 전 국토에 걸친 공업 배치 기본계획을 수립·실시하였고 공장입지조사를 통해 공업입지의 기준을 설정·공고하였다.

3.3 주요 산업단지

1973년 제정된 「산업기지개발촉진법」에 의거하여 개발된 대표적 산업기지로는 창원, 온산, 반월 산업기지 등이 있다. 이 중 가장 규모가 큰 창원산업기지는 기계산업을 육성하기 위해 조성된 것으로서 1974년 산업기지개발구역으로 지정·고시되었다. 지정 당시의 구역 면적은 총 13,114천 평(육지부 12,504천 평, 해면 610천 평)이었으며, 기본개발방향은 창원 분지 남부 평탄부에 공업생산 규모 약 20억 달러의 종합기계공업기지를 조성하고 동북부 평탄부 및 경사지에 계획인구 약 20만 평의 신산업도시를 건설하는 것이었다. 이를 위해 공업용지 5,279천 평, 주거지역 2,630천 평(계획인구 20만 명)을 조성하며, 관련

4 오희산(1995), '우리나라 공업입지정책 및 공단개발 관련 법제도', 「토지연구」, 6호.

기반시설로서 항만(1,560톤/년), 철도, 도로, 공업용수시설(200천m^2/일) 건설을 계획하였다.

창원 산업기지는 광대한 면적으로서 제1단지, 하구단지, 적현단지, 삼동단지, 성주단지, 제2단지, 차룡단지 등으로 분할·조성되었다. 이 중에서 적현단지는 준설토 투기장이었으므로 지반이 매우 연약하여 특수공법으로 연약 처리를 하지 않으면 공장 건설이 불가능하였다. 이에 연약지반처리공법으로 경비와 공기 면에서 유리한 Mat 공법을 겸한 PBD 공법이 채택되었다. 적현단지는 이 공법을 국내에서 처음 시도하여 성공한 사례라는 점에서 중요한 의의를 지닌다.[5]

창원 산업개발기지 1차 계획도(좌)와 전경(우)
출처 : 국가기록원(http://archives.go.kr)

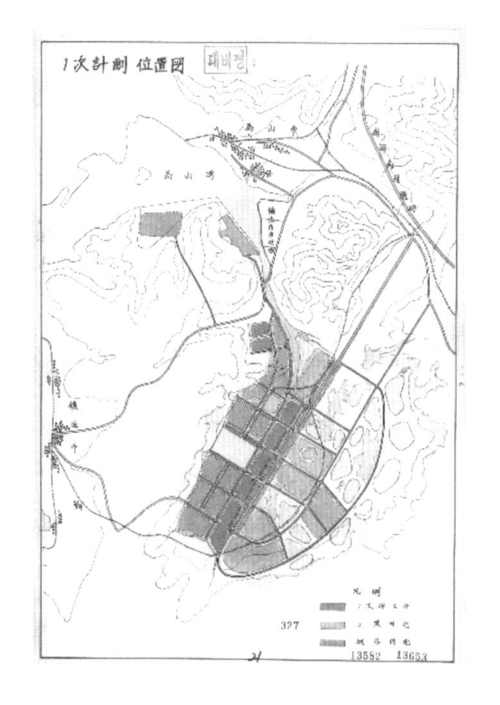

5 국토개발연구원(1988),「한국의 공업단지」.

4. 중소기업 진흥 및 국토균형발전을 위한 산업단지 조성

4.1 시대적 배경과 산업입지정책

1973년, 1979년 두 번에 걸친 오일쇼크를 무난히 넘겼으나 박정희 대통령 서거 후, 사회적 혼란과 함께 그간 누적되었던 사회적 문제가 표출되면서 1980년에는 마이너스 성장을 나타낸다. 이와 함께 1970년대의 선성장·후분배 정책에 따른 빈부 격차가 심화되었고, 지역 간 불균형 문제가 사회적으로 대두되었다. 지역 불균형이 발생하게 된 가장 큰 원인 중의 하나는 성장과 효율성에 중점을 둔 거점개발 방식이며, 그 대표적 사례가 대규모 중화학공업단지이다. 1970년대 집중적으로 건설되었던 대규모의 중화학공업단지는 1980년대에 들어서 과잉 투자로 인해 유휴면적이 증가하고 거품 우려가 발생하게 되면서 구조조정 위기에 빠지게 된다.

이에 따라 제5차 경제개발5개년계획과 제2차 국토건설종합계획에서는 안정·성장·균형의 경제 기조를 제시하였고 국토균형개발과 인구의 지방정착에 역점을 두었다. 산업단지 개발에서는 그동안 개발에서 소외되었던 지역에 산업단지를 분산하여 배치하는 지방 중심의 입지 정책이 추진되었다. 지역의 고유 자원을 토대로 성장 잠재력을 제고할 수 있는 산업단지를 지방에 분산해서 배치함으로써 국토의 균형개발과 인구의 지방정착을 도모하였다. 이 시기 조성된 산업단지들에는 지방분산 정책뿐만 아니라 대도시 내 부적합한 공장을 이전해서 수용한다는 정책적 요구도 함께 작용했는데, 인천 남동공단이 대표적 사례이다.

1980년대 후반에는 그간 산업단지 개발이 활성화되지 않았던 중부와 서남부 지역에 신산업지대 개발이 시작되었다. 기존 경부축 중심의 불균형 개발을 시정할 뿐만 아니라 중국의 개방 등 대외적인 정세 변화에 대비하기 위한 정책적인 요구를 반영했다. 특히 군산, 대불 등 서남권에 대규모의 산업단지들이 개발되었는데, 1980년대 서남권에 지정된 산업단지 면적이 전체의 57.7%에 달했다.[6]

한편, 도시화 현상의 가속화에 따른 이촌인구 증가로 농촌의 공동화가 사회적 문제로 대두되자, 농어촌의 소득증대와 중소기업의 발전을 동시에 겨냥한 농공단지 개발이 추진되었다. 농공단지의 개발은 과거 1960년 후반부터 부분적인 지원에 의해 개별·분산적인 농촌 공업개발을 추구해온 '새마을 공장 건설사업'의 한계를 극복하기 위해서 시도되었다.[7] 1984년부터 시범 농공단지가 도별로 1개소씩 지정된 이후 1980년대에만 217개가 개발되었고 2017년 현재까지 400여 개가 개발되었다.

4.2 법·제도

제2차 국토종합개발계획(1982~1991)의 국토정책 방향에 따라 산업단지의 지방 간 분산을 유도하기 위한 법적 근거들이 마련되었다. 1982년 제정된 「중소기업진흥법」은 대도시에서 이전하여 지방 산업단지에 입주하는 중소기업, 농어촌 지역에서 창업한 중소기업 그리고 수도권 이외 지역에서 창업한 기술집약형 중소기업 등에 대해 국세 감면 혜택을 부여하면서 중소기업의 지역 입지를 촉진하는 근거

6 한국산업단지공단(2014), 「산업단지 50년의 성과와 발전 과제」.
7 국토개발연구원(1988), 「한국의 공업단지」.

가 되었다.[8]

같은 시기인 1982년, 「수도권정비계획법」이 제정되어 수도권 집중 억제와 인구 재배치를 위한 제도적 기반이 마련되었다. 이 법은 수도권을 이전 촉진, 제한 정비, 개발 유도, 자연 보전 및 개발 유보 등 5개 권역으로 세분화하고 학교, 공장, 업무용 건축물 등 인구 집중 유발 시설과 대형 개발사업의 배치에 대한 차별화된 기준을 적용하였다. 「수도권정비계획법」은 「공업배치법」상의 3개 지역 구분 및 업종 규제와 맞물리면서 수도권의 공업 배치가 억제되고 지방의 산업단지가 활성화되는 계기를 제공하였다.

한편 농공단지 개발은 1983년 「농어촌소득원개발촉진법」의 제정을 통해 추진되었다. 이 법은 군 지역[9]을 대상으로 농어촌지역공업개발촉진지구(농공지구)를 지정하고 국가 및 지자체의 공공시설 우선지원, 생산제품 판매지원, 표준임대(가공)공장 건설 등을 규정하였다. 이를 통해 통상의 산업단지보다 많은 지원을 제공함으로써 농어촌소득원 개발사업을 영위하려는 자에게 저렴한 공장용지를 제공하고 부가적인 소득 창출의 기회를 제공하였다.

4.3 주요 산업단지

1) 수도권 공업 재배치 : 인천 남동공업단지

인천 남동공업단지는 1977년 제정된 「공업배치법」에 따라 수도권의 공해성 공장을 외곽(인천)으로 이전하고 수도권의 외곽지역을 개발

8 한국산업단지공단(2014), 「산업단지 50년의 성과와 발전과제」.
9 속초시, 제천시 등 일부 시 지역에 대해서는 예외 규정을 통해 농공단지 건설이 가능하였다.

하기 위해 추진되었다. 이에 따라 중소기업 전용산업단지로 조성되었으며, 공해성 위주의 업종 배치가 이루어졌다. 1986년 공업 유치 지역으로 지정된 것을 시작으로 내륙 쪽의 1단계는 1989년, 해안 쪽의 2단계는 1992년에 조성되었다. 지정 당시 중심가에서 너무 멀리 떨어져서 공업단지 조성 시 인력 수급과 교통의 문제점이 지적되기도 했지만, 국유지가 많고 광대한 폐염전 지대로 용지 확보가 용이하다는 점 때문에 개발되었다. 인천 남동공업단지는 입지상 해안 매립이 수반되고 조수 간만 차가 커서 호안공사, 연약지반 처리, 배수펌프시설 및 갑문시설 공사에 시행착오가 많았다.

2) 서해안 개발 시대 개막 : 군산 산업개발기지

1970년대 영남권의 임해공업단지가 중화학공업 육성을 위해 조성된 반면, 1980년대 서해안에 지정된 임해공업단지는 낙후지역 개발 및 지역균형개발을 목적으로 조성되었다. 특히 군산국가공업단지가 1987년 산업기지개발구역으로 지정되면서 서해안 지역의 국제교역 전진기지 및 금강유역 관문도시로 개발되었다. 군산국가산업단지는 오식도 일원의 광대한 간석지를 매립하여 총 면적 6,868천m^2의 규모로 조성되었으며, 한국토지공사에서 시행하였다. 군산지구는 군산국가공업단지 외에도 인근의 군산 지방공업 제1·2단지, 군장국가공단이 함께 조성됨으로써 약 27km^2 규모의 대단위 공업지대를 형성하고 있다. 공업용수는 금강·부여 지구를 취수원으로 하여 군산지구 모든 공업단지에 공급할 수 있는 245,000m^2/일의 시설을 설치하였고, 28만m^2/일 처리 규모의 폐수종말처리장을 설치하였다.

인천 남동공업단지 전경(좌)과 군산 산업개발기지 전경(우)

5. 복합형 산업단지 조성 및 산업단지 제도 통합·정비

5.1 시대적 배경과 산업입지정책

1990년대 초에는 IT, 바이오 등 첨단산업의 육성과 산업의 글로벌 경쟁력 확보가 시대적 과제로 대두되었다. 이에 과학기술부는 1989년 '21세기를 지향한 전국토의 기술지대망(Techno-belt)화 추진을 위한 종합구상(안)'을 수립하였다. 이에 따르면 서해안(에너지 등), 남해안(해양 등), 동해안(정밀화학 등), 남북 간(생명공학 등), 동서 간(복합첨단기술 등) 기술벨트 구상안이 제시되었다. 이를 바탕으로 1990년에는 중부권·서남권·동남권·동부권 주요권역 중심의 첨단연구단지 건설방안, 즉 대덕연구단지 및 대전첨단산업단지, 광주첨단과학산업연구단지, 부산·대구·전주·강릉 첨단과학산업연구단지별 조성 계획이 수립되었다.[10]

10 과학기술처(1990), 「주요 권역별 첨단과학산업연구단지 조성을 위한 기본계획」.

1990년대에는 산업입지의 공급확대뿐만 아니라 공급 방식의 전환을 통해 기업의 다양한 입지 수요에 대응하고 부담을 경감하기 위한 조치가 이루어졌다. 이에 따라 아파트형 공장의 개발이 본격화되었고, 중소기업 전용산업단지가 중소기업진흥공단의 주도로 시작되었다.[11] 그뿐 아니라 첨단산업에서 혁신기술을 갖춘 기업의 창업 및 벤처기업의 기술 개발이 중요해짐에 따라 산업단지와는 별도로 벤처기업 육성을 위한 산업입지정책이 제시되었다. 이에 따라 산업단지 내부뿐만 아니라 기존 도시에도 도입할 수 있는 벤처기업 육성 촉진지구, 테크노파크 등 다양한 제도가 제정되어 기술·자금·인력 등의 지원이 제공되었다.

한편, 산업의 글로벌 경쟁력이 강화되는 가운데에서도 1980년대 정책 기조를 이어받아 산업의 지역 간 균형 배치가 지속되었다. 제3차 국토종합개발계획(1992~2001)에서는 지방공업의 활성화와 수도권 공업입지의 적정관리를 강조하였다. 특히 중부와 서남부 지역에는 신산업지대를 개발하고 남해안공업벨트는 산업구조를 고도화하고, 낙후지역의 개발 촉진을 위해 중소공단 개발을 추진하였다.

5.2 법·제도

첨단산업이 신성장동력을 창출할 중요 산업으로 등장하면서 융·복합산업단지 조성 및 연구개발의 필요성이 증대되었다. 이를 뒷받침하기 위해 산업단지 관련 제도도 통합·정비되었다. 1990년 「산업기지개발촉진법」, 「지방공업개발법」, 「농어촌개발소득원촉진법」 등에

11 한국산업단지공단(2014), 「산업단지 50년의 성과와 발전과제」.

분산된 공업단지 지정·개발절차를 통합하고 체계화하기 위하여 「산업입지 및 개발에 관한 법률」을 제정하였다. 동 법은 경제환경변화에 탄력적으로 대처하고 기술집약형 첨단산업을 육성하기 위해 제조업 중심의 공업단지를 생산·연구·물류·복지 등 다양한 업종과 지원시설을 연계하여 복합산업단지로 개발할 수 있는 제도적 기반을 제공하였다. 또한 산업단지를 국가단지, 지방단지, 농공단지로 구분하고 개발부터 완료까지 일체의 절차를 규정하였다. 동법에 의거 산업단지 사업시행자는 국가나 지방자치단체로부터 사업비의 일부를 보조받을 수 있고 이외에 국가나 지방자치단체는 항만, 도로 등 기반시설을 우선 설치해주도록 규정하고 있다. 또한 「도시계획법」 등 관련 법률에 의한 인허가 절차를 의제하고 있으며 입주기업은 지방세 감면의 혜택을 받도록 허용하고 있다.

한편 공업의 합리적인 배치를 유도하고 공장의 원활한 설립을 지원하며, 공업단지의 체계적 관리를 위해 기존 「공업단지관리법」 및 「공업배치법」을 통합한 「공업배치 및 공장설립에 관한 법률」이 1990년에 제정되었다. 동법에서는 10년 단위의 공업 배치 기본계획을 수립하고 공업배치정책심위회를 두도록 하였다. 또한 관리기관으로 하여금 산업단지별로 산업단지관리 기본계획을 수립하도록 하고 관리기관의 기능 및 역할을 규정하였다.

산업단지 개발·관리 제도의 통합·체계화

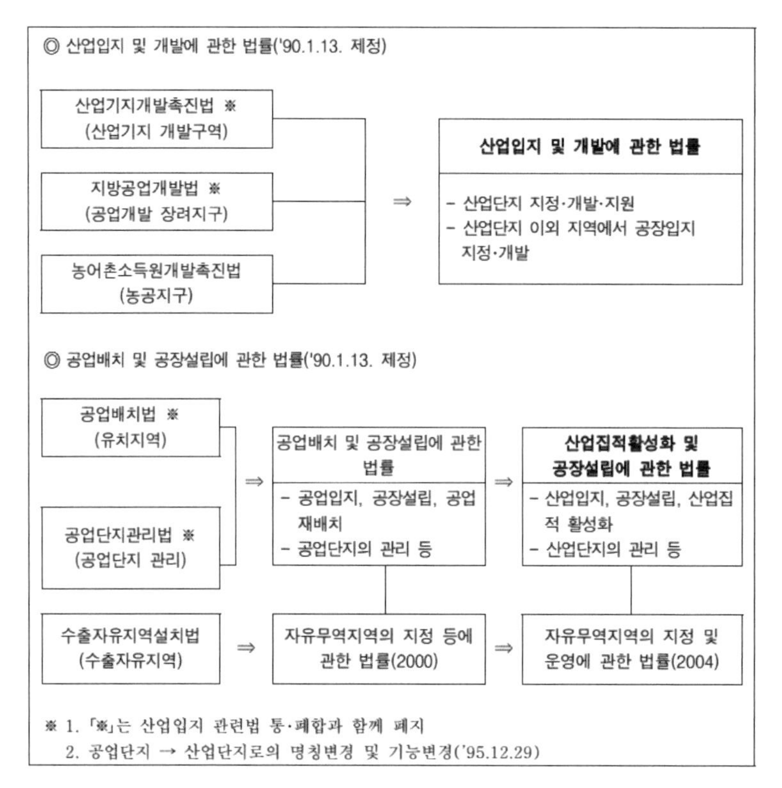

5.3 주요 산업단지

1) 오창과학지방산업단지

오창과학지방산업단지는 첨단산업 육성을 위한 중부권 종합개발계획(1987)에 따라 개발되었으며, 1992년 「산업입지 및 개발에 관한 법률」에 의거 지방산업단지로 지정되었다. 오창과학지방산업단지가 입지한 청주를 포함한 충북 북부 지역은 수도권 공업입지억제정책의 반사 이익을 받아 입지 수요가 큰 지역이며, 향후 첨단산업입지가 활성화할 것으로 예상되어 과학산업단지를 조성하였다.[12] 사업시행자는 지정단계에서 충북도였으나 실행단계에서 한국토지공사로 변경하여 시행하였다.

오창과학산업단지의 총 면적은 9,442천m^2이며, 타 산업단지와는 다르게 공업용지를 전체 면적의 28%(2,659천m^2)밖에 배치하지 않았다. 대신 연구시설용지 11.7%, 주거용지 14.0%를 배치하여 복합 첨단기술형 산업단지의 특성을 지니고 있다. 주요 유치업종은 항공산업, 정밀화학, 생물산업, 신소재, R&D 등이며, 한국생명과학연구원 및 기초과학지원연구소 등 공공 연구기관을 유치하여 산학연 연계체계를 도모하였다. 한편, 기반시설 측면에서는 45,000(m^2/일)을 공급하는 공업용수시설, 63,000(m^2/일)을 처리하는 폐수종말처리장을 건설하였다.

2) 광주 첨단과학산업단지

중부권의 대덕연구단지에 이어 서남권에도 첨단기술 육성 및 고급인력을 공급할 과학산업연구단지의 필요성이 대두됨에 따라 1990년 산업기지개발구역으로 지정되었다. 과학도시 형태의 모델 중 '부도시 형성형'으로 개발되었으며, 첨단산업과 더불어 연구개발, 교육, 문화, 주거 등 5대 기능을 복합하였다. 광주 첨단과학단지에는 광주과학기술원 등 교육시설과 한국광기술원, 한국전자통신연구원, 광통신연구센터 등 광·산업 연구기관, 한국생산기술연구원, 전자부품연구원, 광주테크노파크 등 첨단 분야 생산·연구시설이 입주하여 서남권의 과학기술산업 거점을 형성하고 있다.

12 국토개발연구원(1988), 「한국의 공업단지」.

오창과학산업단지(좌)와 광주 첨단과학산업단지(우) 전경

6. 도시첨단산업단지 및 임대산업단지 조성

6.1 시대적 배경과 산업입지정책

2000년대에 들어서는 과거 고공행진을 보였던 우리 경제의 성장률이 빠르게 세계 평균 수준으로 수렴되었다. 그동안 경제성장의 핵심 원동력이었던 자동차, 조선, 철강, 석유화학, 섬유, 전자기기 등의 주력 산업이 성숙기 단계로 접어들면서 새로운 성장동력 산업의 발굴과 육성이 중요한 과제로 부상하였다. 이에 따라 기존의 요소 투입형 경제체제에서 혁신 창출형 경제체제로 전환하기 위한 산업입지정책이 추진되었다. 특히, 산업의 지식 기반화와 융·복합화, 도시화의 진전으로 생산기능뿐만 아니라 비즈니스서비스, 정주여건 개선 등과 같은 다양한 기능을 포괄하는 복합단지에 대한 요구가 늘어나면서 새로운 산업단지의 유형이 필요해졌다.[13] 이에 따라 산학연 집적 및 도시생활환경 기반이 일정 수준 이상 구비된 도시지역 내에 도시형 첨

단산업 육성을 위해 산업단지를 지정할 수 있는 도시첨단산업단지 제도가 2001년 도입되었다.

한편, 글로벌 경쟁이 가속화됨에 따라 해외의 자본과 기술을 유치하기 위해 특정 지역에 규제가 완화되고 외국인이 필요로 하는 주거·교육·편의시설을 종합적으로 갖춘 경제자유구역제도가 도입되었다. 경제자유구역은 한국의 지정학적 위치를 이용하여 공항·항만 등 물류시설의 확충을 통해 동북아의 물류·비즈니스 중심지를 육성하기 위한 전략으로 추진되었다. 경제자유구역 내에는 비즈니스 기능 외에도 첨단·물류산업을 육성하기 위한 산업단지가 그 일부분에 조성되었다. 또한 2000년대에는 외국인투자유치를 위한 임대산업단지뿐만 아니라 국내 중소기업을 위한 임대산업단지 제도가 도입된 시기이다. 2002년 국민임대산업단지 제도 도입을 시작으로 이후 임대전용산업단지, 장기임대산업단지 등이 도입되어 저렴한 가격으로 장기간 산업용지를 이용할 수 있는 제도적 기반이 정착되었다.

2010년대에 들어서는 도시첨단산업단지의 확대와 더불어 노후산업단지의 재생사업이 주요 이슈로 등장하였다. 1960년대부터 조성된 산업단지들은 준공된 지 30년이 넘어서 기반시설이 노후화되고 도시화된 주변 지역과의 기능 상충 문제가 제기되었다. 이에 노후산업단지 내 경쟁력이 떨어진 산업구조를 고도화하고 기반시설을 확충하는 구조고도화 또는 재생사업이 본격적으로 추진되고 있다.

13 한국산업단지공단(2014),「산업단지 50년의 성과와 발전과제」.

6.2 법·제도

2001년 「산업입지 및 개발에 관한 법률」을 개정하여 기존 국가, 지방, 농공단지 외에 도시첨단산업단지를 추가하였다. 도시지역에 소규모로 입지할 수 있는 도시첨단산업단지를 도입함으로써 도시 의존도가 높은 정보통신산업, 문화산업, 지식산업을 육성할 수 있는 기반을 마련하였다. 이러한 도시첨단산업단지는 2000년대에는 크게 활성화되지 못하였으나 2013년 무역투자진흥회의의 투자 활성화 대책에 따라 입지 및 토지이용 규제완화가 이루어져 개발제한구역 해제를 통한 지정 및 택지 등 개발사업 지구에 중복 지정이 가능해지면서 다시 활발하게 공급되었다.

우리나라의 산업단지는 대부분 사업시행자가 산업단지를 조성하고, 조성된 토지를 기업에게 분양하여 사업비를 회수하는 방식으로 개발되는 관계로 영세한 중소기업이나 창업기업에게는 초기에 용지 매입에 많은 자금이 투입되므로 자가공장을 확보하기 어려운 문제가 있다. 이에 영세 중소기업을 위한 저렴한 비용의 산업용지 공급이 필요해짐에 따라 임대산업단지 제도가 도입되었다. 국내기업을 대상으로 한 임대산업단지는 크게 3가지로서 국민임대산업단지, 임대전용산업단지, 장기임대산업단지로 구분된다. 2002년 도입된 국민임대산업단지는 수도권 외의 지역에서 미개발됐거나 미분양된 산업용지를 대상으로 조성되는 방식으로 지방의 산업용지 미분양을 해소하고 지역경제의 활성화를 동시에 도모하였다. 국민임대산업단지는 임대료를 조성원가에 1년 정기예금이자율을 적용하는 등 저렴한 용지공급을 가능하게 하였으나 단기 임대 후 분양전환이 됨으로써 순수 임대산업단지로서는 한계가 있다. 2006년에는 분양을 가급적 배제[14]하고 장기로 산업시설용지를 임대할 수 있는 임대전용산업단지가 도입되었다. 2007년 4월 「산업입지 및 개발에 관한 법률」 개정을 통해 도입된 임대전용산업단지는 의무임대기간을 5년, 최장임대기간을 50년으로 정하고 임차기업이 원할 경우에는 갱신이 가능하도록 하였다. 임대료는 국민임대산업단지보다 훨씬 낮은 조성원가의 1%[15]로 설정하여 중소기업의 부담을 획기적으로 낮추었으며, 공급대상인 중소기업 중에서는 창업 중소기업, 수도권 이전 중소기업, 지방이전 중소기업 순으로 차별화하여 지역균형개발 효과를 도모하였다. 2008년 도입된 장기임대산업단지는 기존의 임대전용산업단지의 특성을 수용하면서 공급대상 지역 및 기업을 확대하였다. 공급대상을 기존 중소기업 외에도 외국인투자기업 및 해외유턴기업으로 확대하였으며, 지역적으로도 수도권을 포함한 대도시지역에도 공급할 수 있도록 하였다.

한편, 산업단지는 인허가 과정이 길고 복잡하여 시급한 기업 수요에도 불구하고 산업단지가 원활하게 공급되지 못하는 문제점이 있었다. 이에 따른 공장 개별입지의 난개발 문제를 산업단지의 효율적 공급을 통해 해결하고자 2008년 「산업단지 인허가 절차 간소화를 위한 특례법」을 제정하여 개발기간의 단축과 절차의 간소화를 도모하였다. 동 법에 따라 2단계 계획절차(개발 및 실시계획)가 1단계로 통합되었으며, 사전 환경성 검토와 환경영향평가가 통합되었다. 또한 주민의견 수렴, 관계부처 협의 등 행정절차를 통합하여 시행할 수 있도록 하였다. 다만, 대규모 산업단지(공공 1천만m^2, 민간 330만m^2)의 개발은 특례법에서 제외되고 기존 개발절차를 준수하도록 하여 부작용을 최소화하였다.

14 임대산업용지의 분양전환은 국가정책상 필요한 경우로 제한하고 있다.
15 초년도 이후의 임대료는 당해 지역의 공업 지역 지가 변동률에 연동하여 조정된다.

6.3 주요 산업단지

1) 춘천도시첨단문화산업단지

춘천도시첨단문화산업단지는 문화산업(애니메이션)의 집중적 육성과 첨단산업 유치를 통한 산업구조 고도화를 유도하고 지방문화산업의 경쟁력 배양 및 전문인력 양성을 통한 지역 발전을 도모하기 위해 2008년 지정되었다. 사업시행자는 춘천시로 2009년부터 개발에 착수하여 2015년에 전체 준공되었다. 주요 유치업종은 문화·정보통신 산업에 관련된 업종으로 영상·오디오기록물제작 및 배급업, 방송업, 컴퓨터프로그래밍, 시스템 통합 및 관리업, 관련 서비스업이다.

춘천도시첨단문화산업단지는 민간보다는 공공의 선행 투자로 문화·정보산업의 육성을 도모하였다. 이에 따라 개발 초기에 공공의 재정이 투입되어 문화산업지원센터, 애니메이션 박물관, 스톱모션 스튜디오, 창작개발지원센터가 건립되었다. 문화산업지원센터는 지역 IT와 CT 분야의 지원사업을 담당하고 있으며, 애니메이션 창작 및 3D 관련 기업들의 창업보육을 담당하고 있다. 또한 창작개발센터는 IT와 CT 분야의 기업입주 공간을 제공하고 있다. 2016년 말 현재, 문화산업지원센터와 창작개발지원센터에는 관련 중소기업 33개가 입주해 있다. 이와 같은 기업지원 공간 외에도 다양한 체험·전시 공간을 제공하고 있다. 애니메이션박물관에서는 애니메이션의 발전 과정, 종류, 제작 기법 및 기기 발달사를 소개하고 있으며, 인형 애니메이션을 제작해볼 수 있는 등 다양한 프로그램을 체험할 수 있다. 또한 로봇스튜디오에서는 한국 로봇산업의 기술발전 수준과 미래의 성장가능성을 제시하는 체험·전시시설을 갖추고 있다. 춘천도시첨단문화산업단지는 시내와의 접근성 등 입지 및 문화산업의 경쟁력 한계로 민간 기업용지의 분양은 더딘 편이나, 도시첨단산업단지 제도 도입 후 초기에 개발된 산업단지로서 기존 산업단지와 차별화된 특성 및 경쟁력을 보유하고 있다.

2) 오송생명과학단지

오송생명과학단지는 바이오(보건의료)산업을 국가성장 선도산업으로 육성하기 위해 관련 기관의 집중배치와 시설의 공동 활용, 인력 및 정보의 상호 교류 증대 및 산학연관 간 공동연구체계 구축을 목표로 조성되었다. 1997년 국가산업단지로 지정되었으나 경제 상황 변동 및 문화재 발굴 등으로 개발이 지연되면서 2008년 준공되었으며, 바이오·의료 산업 관련 법·제도의 정비로 본격 활성화되었다. 보건복지부의 2001년도 '오송생명과학단지 국책기관 이전 기본계획' 수립과 2008년 「첨단의료복합단지 지정·지원 특별법」 제정은 오송생명과학단지가 활성화될 수 있는 기반을 제공하였다. 이에 따라 보건복지부 산하 5대 국책기관(식품의약품안전청, 한국보건산업진흥원, 질병관리본부, 국립독성과학원, 한국보건복지인력개발원)이 오송생명과학단지로 이전하게 된다.

오송생명과학단지 면적은 지정 당시 9.1km²였으나 추후 4.6km²로 축소되었다. 용지별 비중을 살펴보면 연구시설용지 9.4%, 생산시설용지 36.3%, 주거용지 7.5%, 공공시설용지 31.4%로 나타났다. 유치 대상 업종은 의료/정밀/광학기기업종, 화장품 등 화학제품, 음식료품이다. 2013년 현재 단지 내 생산시설에는 의약품과 바이오제품을 생산하는 LG 생명과학, CJ 제일제당, 한화케미컬 등 총 60개 기업이 입주해 있다. 이 중 51개 기업은 연구소가 동반 입주함으로써 연구부터 생산까지 일원화된 시스템을 갖추고 있다.[16] 한편, 기반시설 측면에서는 단지 내 배수지를 통해 공업용수 25,000(톤/일)의 처리가 가능하며, 폐수처리시설을 통해서 19,000(톤/일)의 처리가 가능하다. 또한 자체 산업폐기물 처리시설을 갖추어 10년간 18만 톤을 처리할 수 있다.

춘천도시첨단문화산업단지 건물사례(좌)와 오송생명과학단지 전경(우)

3) 인천 청라지구

인천 청라지구는 지지부진한 김포매립지의 현안 문제를 해결하기 위해 재정경제부가 한국토지공사에 사업 참여를 요청하면서 시작되었다. 당초 택지개발사업으로 추진했으나 경제자유구역법이 제정됨에 따라 경제자유구역사업으로 전환되었다. 총 면적은 1,777만m^2이며, 사업시행자는 토지공사(94.7%), 농어촌공사(2.3%), 인천광역시(3.0%)로 구성되었다.

인천 청라지구는 업무·주거·문화·레저가 복합된 비즈니스 중심지 건설을 목표로 하였다. 금융 관련 국제업무기능을 수용하고 배후지원을 위한 주거지를 개발하는 것을 기본방향으로 설정하였다.

16 한국산업단지공단(2014), 「산업단지 50년의 성과와 발전과제」.

또한 국제업무도시로서 생활편의 기능 향상을 위해 위락 및 스포츠 시설, 화훼단지 조성을 통한 국내외 관광객의 휴식공간을 조성하였다. 토지이용별로 성격에 따라 7개 경관권역을 구분하여 각각의 테마를 부여하였으며, U-City 구현 및 쓰레기자동집하시설 등 첨단시스템을 도입하였다.

인천 경제자유구역 개발계획(좌)과 인천 청라지구 개발계획도(우)

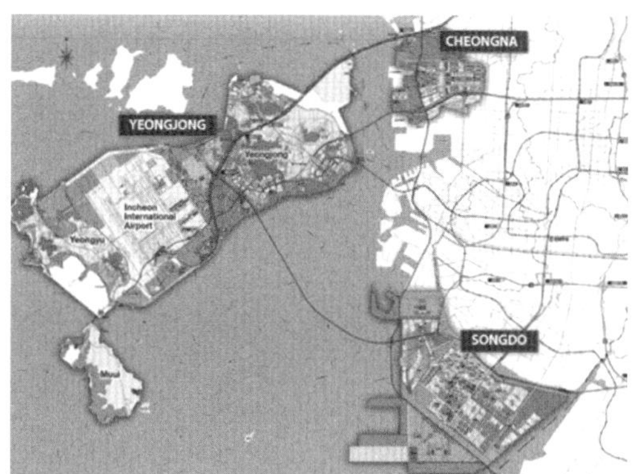

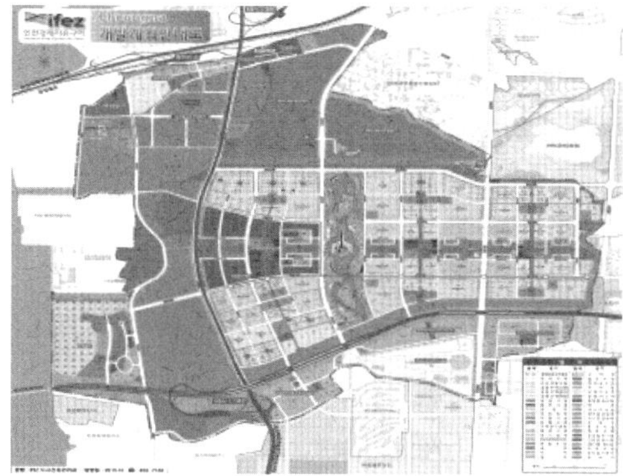

7. 외국인투자유치를 위한 산업단지 조성

7.1 수출자유지역

수출자유지역은 일정한 지역에 대해 수출산업을 위한 외국인의 직접 및 합작 투자를 유치하고 세제상의 면세와 통관 등 출입국의 행정적 절차상의 우대를 부여하는 제도이다. 당시 대만의 고웅(高雄) 지구가 자유무역지역으로서 약 7,500만 달러의 수출실적을 달성하는 등 성공적으로 운영되고 있다는 점에 착안한 모델이다.[17] 1970년 1월 「수출자유지역설치법」 제정을 통해 법적 기반을 마련하고 마산수출자유지역을 1차 대상지로 선정하였다.

수출자유지역은 외국인투자를 목적으로 하고 있는 만큼 국내기업은 배제하였다. 입주기업의 자격은 수출을 목적으로 물품을 제조·가공 또는 조립하는 기업체로서 외국인이 단독으로 투자하거나 대한민국 국민과 일정한 비율로 공동으로 투자한 기업체에 한정하였다. 정부는 노동집약적 수출산업을 주요 유치대상 산업으로 설정하였고 여기서 생산되는 상품은 전량 수출하며, 관세·물품세 등의 세금을 일정 기간 면제하고 통관, 금융, 보험 등의 까다로운 수속 절차를 간소화하기 위해 단일창구를 만들었다.

「토지수용법」에 따른 수용 방식으로 조성되는 수출자유지역은 정부에서 직접 관리한다. 민간 기업에 산업용지가 분양되는 통상의 산업단지와는 달리 수출자유지역은 토지 및 건물을 정부에서 직접 임대하며, 임대 방식은 두 가지로 구분된다. 첫째는 조성한 부지를 저렴하게 임대하여 기업이 자가 공장을 건축해 사용하는 방식이며, 둘째는 정부가 표준형 공장을 건축하여 제공함으로써 생산시설만 갖추면 즉시 가동할 수 있도록 하는 방식이다. 마산수출자유지역에는 1975년 6월 기준, 자가 공장 69개, 표준 공장 41개 등 총 110개 공장이 조성되었다.[18]

1970년대 후반에 들어서는 수출자유지역에 진출한 외국인투자 기업이 철수하는 경우가 잦아졌다. 국내 노동자 임금이 상승하고 수출자유지역의 세제혜택 감면기간이 종료됨에 따라 단순 가공업을 위

17 동아일보, '수출자유지역의 선행조건', 1969년 7월 7일 자.

18 표준공장은 정부에서 지어준 건물(한 채당 3,507평)을 빌어 사용하는 공장을 말하는데, 임대료가 평당 월 75원 75전으로 사실상 공짜로 사용하는 거나 다름없다(동아일보, '마산수출자유지역의 실상', 1975년 6월 9일 자).

주로 한 외국인투자 공장의 경쟁력이 떨어졌기 때문이다. 이와 같은 불황에 대응하여 외국인투자기업과 수출만을 대상으로 하였던 수출자유지역은 내국기업 및 내수를 일부 허용하는 등 규제완화를 시작하게 되었다.

마산수출자유지역의 흥망성쇠

70년대 한국 수출의 전진기지 역할을 했던 마산수출자유지역이 최근 교역환경의 개방화 시대를 맞아 점차 존립 기반이 흔들리고 있다. … 우루과이라운드(UR) 타결로 인해 관세를 면제하는 식의 지원은 수출촉 진보다는 오히려 교역 상대국의 무역 규제를 초래할 우려가 있다. 또한 외국 업체의 국내 진출을 가로막던 각종 규제들이 풀리는 때에 외국 업체들이 굳이 자유무역지대에 입주할 필요성이 감소하였다. … 또한 87년 이후 시작된 노사 분규와 고임금 행진은 외국 기업의 철수를 초래, 내리막길에 들어서게 했다. … 이와 같은 이유 등으로 73년 115개 업체가 입주했으나 업체수가 계속 줄어 94년 현재 70개 업체가 조업 중이다. … 그럼에도 불구하고 주력 기업이 전자, 전기 등 기술집약업종의 입주기업(총 70개 업체 중 23개)으로 교체된 것은 희망을 밝게 하는 요소이다.

7.2 자유무역지역

상기와 같은 시대적 상황 변화에 따라 2000년 1월 기존 「수출자유지역설치법」을 폐지하고, 「자유무역지역의 지정 등에 관한 법률」로 대체하게 된다. 제조업과 물류업이 통합되는 세계적 추세를 감안하여 종전의 제조 중심의 수출자유지역을 제조와 무역, 물류활동 등이 보장되는 자유무역지역으로 개편하고 입주기업체에 대한 규제를 합리적으로 완화 및 지원을 강화하는 것이 주요 목적이었다. 이에 따라 지정 대상도 산업단지 외에 공항·항만 주변 지역으로 확대되었으며, 단서조항을 달아 필요한 때에는 외국인투자기업이 아닌 기업체에 대하여도 입주할 수 있는 기회를 제공하였다. 2004년 3월에는 자유무역지역과 물류업 중심의 '관세자유지역'을 일원화하는 「자유무역지역의 지정 및 운영에 관한 법률」로 개정된다. 자유무역지역은 산업단지형과 공항·항만형 자유무역지역으로 구분되는데, 산업단지형 자유무역지역은 2016년 말 현재까지 마산, 군산, 대불, 동해, 율촌, 울산, 김제 자유무역지역 등 총 7개가 지정되어 있다.[19] 공항·항만형 자유무역지역은 부산항, 포항항, 평택·당진항, 광양항, 인천항, 인천국제공항 등 총 6개가 지정되어 있다.

산업단지형 자유무역지역 지정 현황

구분	마산	익산	군산	대불	동해	율촌	울산	김제
지정시기	1970.1.	1973.10.	2000.10.	2002.11.	2005.12.	2005.12.	2008.12.	2008.12.
면적(천m^2)	953	309	1,256	1,157	248	343	1,297	992

7.3 외국인투자지역

1990년대에는 IT 등 첨단기술산업이 미래성장동력 산업으로 부각되는 시기로 기존의 수출자유지역으로 대응하기에는 한계가 있었다. 자유무역지역은 일정 규모의 산업단지, 항만, 공항 주변 지역을 지정한 것으로서 규모도 크고 조성기간도 장기화되며 유치산업도 수출중심의 제조업, 물류업에 한정되어 첨단 고도기술산업을 수반한 외국인기업의 투자유치에 적합하지 않았다. 이에 1994년 1월 「공업배치 및 공장설립에 관한 법률」을 개정하여 외국인투자기업전용공업단지(외국인기업전용단지) 제도를 도입하였다. 이 제도는 상공부장관이 공업단지 및 그 외의 지역을 외국인기업전용단지로 지정하여 국가공

19 익산 자유무역지역(이리 수출자유지역)은 2011년 산업단지로 전환되면서 자유무역지역에서 제외되었다.

업단지로 관리하며, 입주 업종 및 입주 자격 등을 별도로 고시하도록 하였다.

한편, 외국인기업전용단지와는 별도로 외국인의 희망 지역에 단기간 내 입지 및 지원 등을 제공하기 위한 특화된 맞춤형 공간을 조성할 필요성이 제기되었다. 이에 1998년 9월 「외국인투자촉진법」 제정을 통해 외국인투자지역 제도를 도입하였다. 중앙정부 주도로 계획적으로 조성되는 외국인기업전용단지와는 달리, 외국인투자지역은 지자체장(시 · 도지사)이 승인 권한을 갖고 외국투자자가 희망하는 지역을 지정하는 차이점이 있었다. 하지만 두 제도 모두 수출자유지역과 같은 단순 가공조립 제조업에서 탈피하여 첨단기술 중심의 투자지역을 조성하기 위해 고도의 기술을 수반하는 사업을 영위하는 외국인투자기업에 대해서는 추가적인 세제혜택을 제공한다는 공통적인 목적이 있었다. 따라서 두 제도는 2004년 12월 「외국인투자촉진법」에 의한 외국인투자지역으로 일원화된다. 외국인투자지역은 단지형, 개별형, 서비스형 투자지역으로 분류되는데, 기존 개발된 지역에도 지정할 수 있으며, 신규로 조성하는 경우에는 지방산업단지로 지정하여 개발할 수 있도록 하였다. 2016년 7월 말 현재, 단지형은 24개, 개별형은 79개의 투자지역이 지정되어 있다.

7.4 경제자유구역

2000년대 초반에 들어서는 싱가포르, 중국, 홍콩 등과 경쟁하기 위해서는 외국인투자유치를 통해 동북아 비즈니스 중심 국가로 도약해야 한다는 분위기가 조성되었다. 당시에도 외국인투자유치를 위한 자유무역지역 또는 외국인투자지역 제도가 있었지만 산업 중심의 기업지원에 초점이 맞추어져 있었고, 기업에 종사하는 외국인의 정주 및 생활 여건은 크게 고려되지 못했다. 이에 2002년 「경제자유구역의 지정 및 운영에 관한 법률」을 제정하여 외국인투자기업의 경영 환경뿐만 아니라 외국인의 생활편의시설 및 공간을 함께 제공할 수 있는 경제자유구역제도를 도입하였다. 대표적인 외국인 생활여건 개선사항으로는 공문서의 외국어서비스 제공, 외국 교육기관·의료기관의 설립 등이 있다. 경제자유구역은 2016년 말 현재까지 6개소가 지정되었다. 2003년 8월 인천을 시작으로 2003년에 부산·진해, 광양만권 경제자유구역이 지정되었으며, 2007년 12월에는 경기·충남(황해), 대구·경북, 전북(새만금) 경제자유구역이 추가 지정되었다.

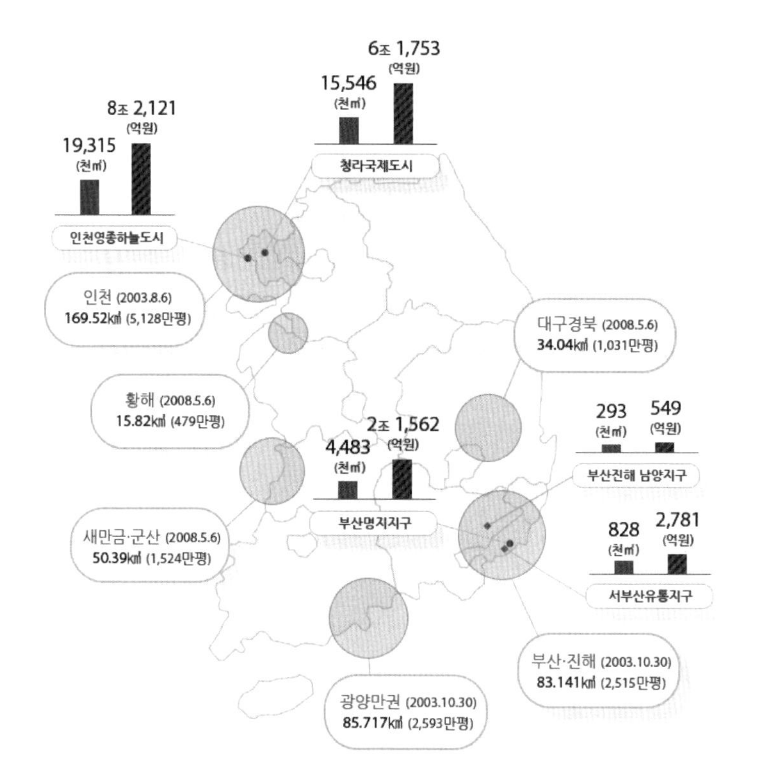

경제자유구역
지정 현황 및 위치도
출처 : LH 홈페이지
(http://lh.or.kr)

8. 성과와 과제

LH가 개발한 최초의 산업단지는 한국토지공사의 전신인 토지금고가 개발한 순창공업단지(1977년 지방공업개발 장려지구로 지정)이다. 그 이후 2015년 12월 말까지 78개 산업단지, 198km²의 산업단지를 개발[20]하였다. 전체 산업단지에 비추어보면, 개수 기준으로 LH 사업 비중은 7.0%에 불과하나 규모가 큰 국가산업단지를 상대적으로 많이 조성한 관계로 면적기준으로는 전체 산업단지 면적(1,396km²)의 약 14%를 담당하였다. LH가 국가 공기업인 만큼 일반산업단지보다는 국가산업단지 위주의 개발이 많았는데, 전체 국가산업단지 41개소 중 33개소로 약 80%, 면적 기준 전체 국가산업단지 789km² 중 135km²로 약 17%를 개발하였다.

LH의 산업단지 개발 현황

구분		단지 수	지정 면적(m²)	분양 대상 면적(m²)	개발 및 분양 현황		
					개발 면적(m²) (A)	분양 면적(m²) (B)	분양률 (B/A)
전국	계	1,110	1,396,710	800,976	629,153	599,411	95%
	국가	41	789,724	372,656	316,767	310,320	98%
	일반	589	527,063	367,075	257,565	237,513	92%
	도시첨단	17	5,077	3,433	693	659	95%
	농공	463	74,846	57,812	54,128	50,919	94%
LH	계	78	198,002	137,281	136,841	107,318	78%
	국가	33	135,732	93,877	93,595	67,181	72%
	일반	44	62,046	43,246	43,246	40,137	93%
	도시첨단	1	224	158	-	-	-

20 지정 시기 기준으로 전체 지정 면적을 산정하였다.

시기별로 살펴보면 1970년대 3.7km^2, 1980년대 53.0km^2, 1990년대 74.1km^2, 2000년대 61.2km^2, 2010년 이후 6.2km^2 면적의 산업단지를 개발하였다. 1970년대 LH 산업단지 개발 비중은 1.8%에 불과하였으나 1980년대 산업기지개발 공사의 역할이 마무리되면서 LH의 비중은 21.0%로 상승하였다. 1990년대에는 국가 주도의 첨단산업 육성 사업이 확대되고 서남부권의 대형 산업단지가 개발되면서 LH의 비중은 37.6%까지 상승하였다. 이후 민간산업단지의 개발이 활성화되면서 2000년대에는 16.9%로 비중이 감소하였으며, 2010년 이후에는 그 비중이 4.6%로 감소하였다.

산업단지 지정 면적과 LH의 비중 추이

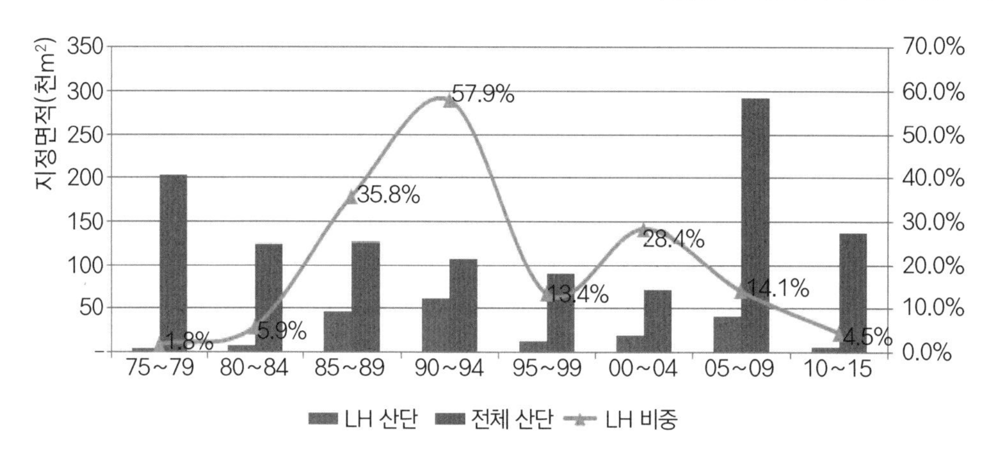

LH가 개발한 시기별 대표적인 국가산업단지는 다음 표와 같다. 1980년대 대표적인 국가산업단지로는 목포대불, 군산국가, 인천남동 국가산업단지가 있으며, 1990년대에는 군장군산, 광주첨단, 오송생명 국가산업단지가 있다. 2000년대에는 석문, 대구테크노, 대구국가, 포항블루밸리, 광주빛그린 산업단지가 있으며, 2010년대 이후에는 익산의 국가식품클러스터, 대전의 국제과학비즈니스벨트가 있다. 또한

2010년 이후에는 국가산업단지에서 탈피하여 판교창조경제밸리 등 국토부장관 지정의 도시첨단산업단지에 본격적으로 참여하고 있다.

시기별 LH 대표 산업단지

구분	1970년대	1980년대	1990년대	2000년대	2010년 이후
국가	포철연관2	울산석유화학 목포대불 군산국가 인천남동	군장군산 광주첨단 오송생명	석문 대구테크노 대구국가 포항블루밸리 광주빛그린	국가식품클러스터 국제과학비즈니스
일반	순천	북평 산업단지 녹산공단	오창 산업단지 파주출판	동탄 정읍첨단	
도시첨단	-	-	-	-	판교창조 경제밸리

산업단지는 과거 50년간 국가 및 지방의 산업육성정책을 입지적으로 뒷받침하고, 국가균형발전 계획을 선도적으로 실행하는 역할을 수행해왔다. 1960년대에는 수출 중심의 경공업단지 조성, 1970년대에는 임해 지역의 중화학공업단지를 조성하였으며, 1980년대에는 수도권 개발억제와 지역균형발전 정책을 성공적으로 뒷받침하였다. 1990년대에는 첨단과학기술산업단지를 조성하여 벤처기업의 터전을 마련하였으며, 2000년대 이후에는 도시형 첨단산업단지의 집적지를 조성하여 융·복합형 도시공간을 창출하고 있다.

하지만 향후에는 경제적 저성장 지속, 제4차 산업혁명의 도래 등으로 산업단지의 입지, 규모 및 내용 측면에서 다음과 같은 변화 및 대응이 필요할 것으로 전망된다. 첫째, 2015년 기준 4%의 경제성장에서 2025년 이후에는 1%대 경제성장이 예상되고 있다. 이와 더불어 우리나라 주력 산업의 대다수가 이미 성장률이 낮은 성숙단계에 진입함에 따라 과거 전통 제조업을 대체하는 융복합산업의 육성이 요구되고 있다. 이에 따라 산업단지에서도 이질적인 산업 간 융복합이 원활이 이루어질 수 있도록 혁신중개기능 강화, 기업성장단계별 지원과 더불어 네거티브 업종규제, 복합용지 등 최근 도입된 신개념의 법·제도를 적절히 활용할 필요가 있다.

주요 국가 경제성장 전망
출처 : OECD Economic Outlook(2016)

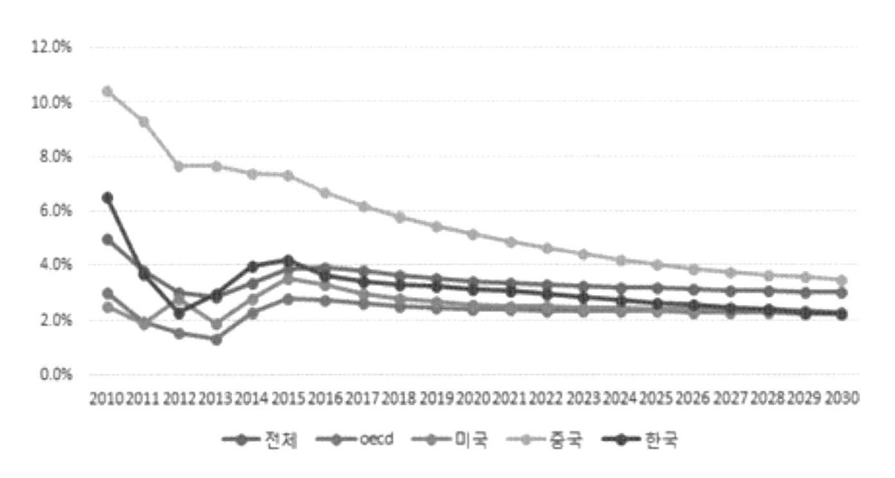

노후산업단지 증가 추이
출처 : 이현주·송영일(2015), 「노후산단재생 활성화를 위한 LH의 역할 및 참여방안」, 토지주택연구원

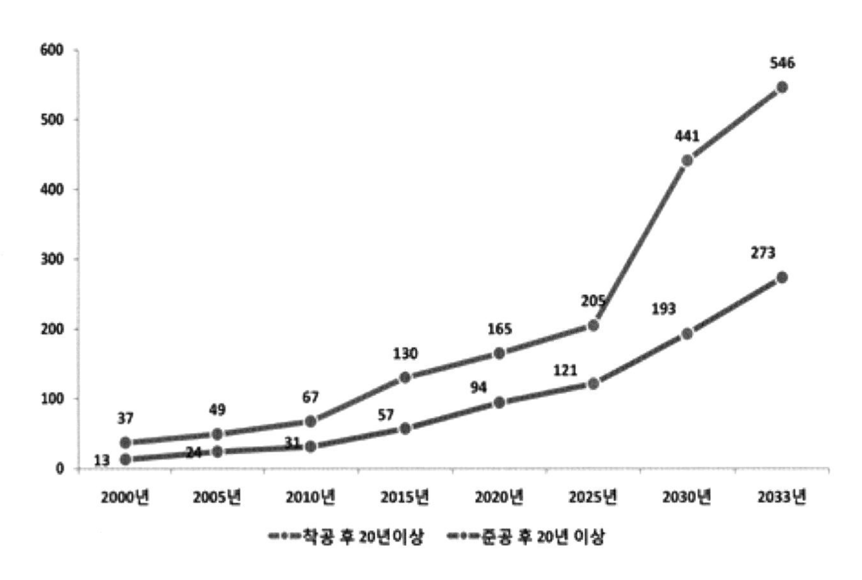

둘째, 지방분권화 및 민간역량 강화 등으로 인해 개발 주체가 국가 주도에서 지자체, 민간 등으로 다양화되고 있다. 이에 과거의 공공주도형 개발방식에서 탈피하여 '공공+민간 결합형' 산업단지의 개발에 대응하고, 리츠 등 새로운 금융기법을 도입하여 재원조달 방식을 다양화할 필요가 있다.

셋째, 노후산업단지가 2014년 기준 117개소에서 2030년 441개소로 증가할 것으로 예상됨에 따라 노후산업단지의 재생 이슈가 대두될 것이다. 현재, 산업단지 구조 고도화 사업, 노후산업단지 재생사업, 산업단지 경쟁력 강화사업 등 법·제도적 기반이 구축되고 있으나 사업성 부족 등으로 실제 재생사업이 실현되기까지에는 장기간이 소요될 것으로 보인다. 이에 노후산업단지 재생을 산업단지 문제로 한정하지 않고 도시 전체의 재생 관점에서 바라보고 실행 수단 및 재원조달을 다변화하는 중장기적 접근이 필요하다.

참고문헌

과학기술처(1990), 「주요 권역별 첨단과학산업연구단지 조성을 위한 기본 계획」.

국토개발연구원(1988), 「한국의 공업단지」.

대한민국정부(1971), 「국토종합개발계획(1972~1981)」.

오희산(1995), '우리나라 공업입지정책 및 공단개발관련 법제도', 「토지연구」, 6호.

한국산업단지공단(2014), 「산업단지 50년의 성과와 발전과제」.

한국산업단지공단(2017), 「2016 전국산업단지 현황통계(16.4분기)」.

동아일보, '수출자유지역의 선행조건', 1969년 7월 7일 자.

동아일보, '마산수출자유지역의 실상', 1975년 6월 9일 자.

국가기록원 http://archives.go.kr/

4장

공공기관의 지방이전

1. 서 론

본 장에서는 공공기관 지방이전을 통한 국가균형발전 정책의 일환으로 추진되고 있는 행정중심복합도시와 혁신도시의 추진 배경과 사업추진 과정에 대해 서술한다. 또한 행정구역 개편으로 인해 기존에 소재하고 있던 광역시에서 새롭게 청사를 이전하는 도청이전 신도시 중 내포 신도시의 사업추진 과정에 대해 서술한다.

대상사업 개요

구분		위치	면적(천m^2)	계획인구(천 명)
행정중심복합도시		연기군 3개면 28개리, 공주시 2개면 5개리	73,000	500
혁신도시	부산	동삼, 문현, 센텀, 대연	935	7
	대구	동구 신서동 일원	4,216	22
	광주·전남	나주 금천·산포면 일원	7,361	49
	울산	중구 우정동 일원	2,991	20
	강원	원주 반곡동 일원	3,597	31
	충북	진천·음성군 일원	6,899	39
	전북	전주·완주군 일원	9,852	29
	경북	김천 남면·농소면 일원	3,812	27
	경남	진주 호탄동, 문산·금산군 일원	4,093	38
	제주	서귀포 서호동 일원	1,135	5
도청이전 신도시	충남도청(내포 신도시)	홍성군 홍북면, 예산군 삽교읍 일원	9,951	100
	전남도청(남악 신도시)	목포시 부주동, 무안군 삼향읍 일원	14,539	150
	경북도청	안동시 풍천면, 예천군 호명면 일원	10,970	100

2. 행정중심복합도시

본 절에서는 국가균형발전을 위한 대표적 시책 중 하나인 행정중심복합도시에 대해 서술한다. 이에 첫째, 신행정수도 건설 추진에서 시작하여 후속대책으로 추진하게 된 행정중심복합도시의 시대적 배경, 둘째, 「신행정수도 주택공급을 위한 연기공주지역 행정중심복합도시 건설을 위한 특별법」 제정을 통한 법적 기반 마련, 셋째, 예정지역 지정·기본계획·개발계획·실시계획 수립 등 건설사업의 추진 과정, 넷째, 미래형 교통체계 구축·첨단 환경기초시설 설치 등 미래 선도형 특화사업의 추진, 마지막으로 국가기관의 이전계획과 실적 등을 중심으로 구성하였다.

2.1 시대적 배경[1]

1) 국가균형발전을 위한 신행정수도 건설의 추진과 중단

우리나라 수도권은 국토의 11.8%에 불과하지만 전체 인구의 48%인 20백만 명이 모여 있어 과밀 정도가 심각하다. 수도권 과밀의 문제점은 이미 1970년대부터 나타나기 시작했다. 참여정부(2003~2008)는 수도권 과밀 해소 및 국토균형발전을 위해 '신행정수도의 건설', '국가균형발전', '지방분권' 등 3대 국가균형발전 시책을 추진했으며, 그 핵심은 현재의 행정중심복합도시 건설사업의 모태가 된 신행정수도 건설사업이었다.

1 한국토지공사(2009), 자료 요약.

정부는 신행정수도 건설을 위해 「신행정수도의 건설을 위한 특별조치법」의 입법을 제안하고, 2003년 12월 29일 국회 본회의를 통과하여 법률이 제정되었다. 2004년 4월에는 '신행정수도건설추진위원회'를 설치하고 본격적인 신행정수도 예정지역 선정 작업에 착수하였다. 국가적 사업인 신행정수도 건설의 성공 여부는 신행정수도가 어디에 위치하느냐가 중요한 요인으로 작용한다. 후보지 선정 기준에 따라 음성·진천, 천안, 연기·공주, 공주·논산의 4개 후보지가 선정되었다. 4개 지역을 대상으로 실시된 평가 결과 2004년 7월 5일 연기·공주지역이 후보 지역으로 선정되어 2004년 8월 11일 신행정수도 최종 예정지를 발표하였다.

신행정수도 후보지 4개 지역

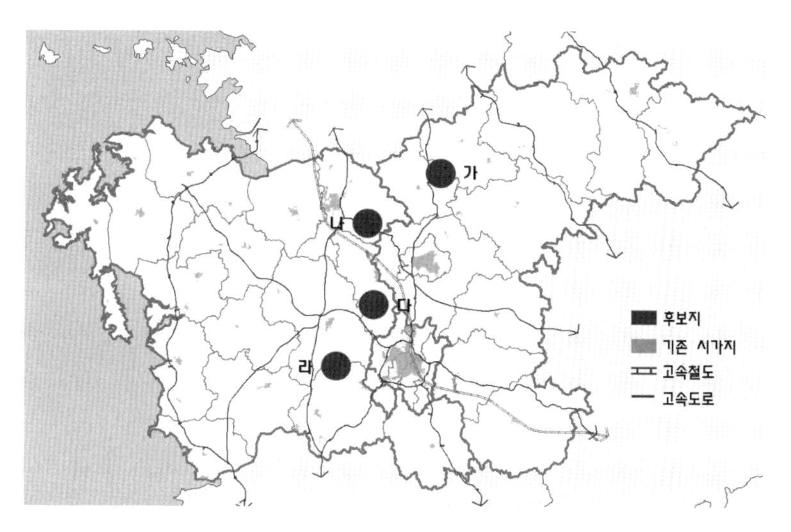

하지만 신행정수도의 건설은 암초에 부딪쳤다. 헌법소원은 수도이전반대국민연합과 서울시가 주축이 되어 신행정수도 건설을 반대하기 위한 방안의 하나로 제기되었다. 2004년 7월 12일 서울시의원 50여 명을 포함하여 169인의 청구인을 모집하여 헌법소원을 제출하였다. 헌법재판소 전원재판부는 10월 21일 재판관 9인 중 8인이 국민투표권 침해를 이유로 헌법소원 인용 결정을 내렸다. 헌법재판소의 위헌 결정에 따라 특별조치법은 효력을 상실하게 되었고, 이 법률에 근거한 신행정수도건설추진위원회와 추진단도 업무가 정지되었다.

2) 후속대책으로서 행정중심복합도시로 추진 방향을 전환

국가균형발전은 우리나라가 선진국으로 도약하기 위하여 꼭 이루어야 할 시대적 역사적 사명으로서, 정부는 신행정수도의 후속대책을 추진하기에 이르렀다.

이에 정부는 2004년 11월 18일 '신행정수도 위헌결정에 따른 주택공급위원회'를 신설하였다. 국회에서도 같은 해 12월 여야 합의로 '신행정수도주택공급 및 지역균형발전 특별위원회'를 구성하여 후속대안을 마련하였다. 이에 따라 수도권에 집중된 중앙행정기관 이전을 골자로 하는 「신행정수도 주택공급을 위한 연기공주지역 행정중심복합도시 건설을 위한 특별법」(이하 「행복도시특별법」)을 2005년 3월 18일 공포하였다.

행정중심복합도시 주요 추진 과정

2004. 1. 16.	「신행정수도 건설을 위한 특별조치법」 제정
2004. 8. 11.	연기·공주 지역 입지 확정
2004. 10. 21.	「신행정수도 특별법」에 대한 위헌 결정으로 사업 중단
2004. 11. 18.	신행정수도 후속대책위원회 설치
2005. 3. 18.	신행정수도 후속대책을 위한 「행복도시특별법」 제정·공포
2005. 3. 24.	예정지역·주변 지역 지정 공람 공고(건교부)
2005. 5. 24.	예정지역·주변 지역 및 사업시행자 지정(건교부)

2.2. 법적 기반 마련[2]

1) 「행복도시특별법」 제정을 통한 제도적 기반 마련

신행정수도 후속대책은 20년 이상 장기간에 걸친 사업으로 행정중심복합도시(이하 '행복도시')를 일관성 있게 계획적으로 건설하기 위해 「행복도시특별법」을 제정하였다.

「행복도시특별법」의 주요 내용은 다음과 같다. 첫째, 행복도시는 국가균형발전을 선도할 수 있는 행정기능 중심의 복합형 자족도시, 쾌적한 친환경도시, 인간중심도시, 문화·정보도시를 건설의 기본 방향으로 하고 있다. 둘째, 건설교통부장관은 대통령의 승인을 얻어 예정지역 및 주변 지역을 지정하는데, 예정지역은 충청남도 연기군 및 공주시의 지역 중에서 지정하도록 하였다. 주변 지역은 예정지역의 개발로 인하여 영향을 받을 수 있는 지역 중에서 계획적인 관리가 필요하다고 인정되는 지역에 지정한다.

셋째, 행정자치부장관은 중앙행정기관 등을 행복도시로 이전하는 계획을 수립하여 대통령의 승인을 얻도록 하였다. 넷째, 건설교통부장관은 정부투자기관 중에서 위원회의 심의를 거쳐 사업시행자를 지정하도록 하였다. 다섯째, 행복도시건설사업의 마스터플랜이며 개발계획의 수립 지침이 되는 기본계획은 건설교통부장관이 직접 수립하도록 하였다. 행복도시건설사업의 구체적인 개발방향을 제시하는 개발계획은 건설청장이 수립하도록 하였다. 사업시행을 위한 세부적인 설계도서 등을 작성하는 실시계획은 사업시행자가 수립하여 위원회의 심의를 거쳐 건설청장의 승인을 얻도록 하였다. 여섯째, 예정지

2 한국토지공사(2005), 자료 요약.

역 등의 지정 및 고시가 있는 때에는 「공익사업을 위한 토지 등의 취득 및 보상에 관한법률」 규정에 의한 사업인정 및 사업인정의 고시가 있는 것으로 하여 토지의 조기보상이 가능하도록 하였다. 일곱째, 행복도시건설에 관한 사업을 재정적으로 지원하기 위해 행정중심 복합도시건설특별회계를 설치하여 건설청장이 관리·운용하도록 하였으며, 중요한 사항에 대하여는 미리 위원회의 심의를 거치도록 하였다.

행복도시특별법 주요 내용

구분	내용
제1장	• 목적, 국가 및 지자체의 책무 • 도시 건설 기본방향, 다른 법률과의 관계
제2장	• 개발행위 허가 및 건축허가 제한의 특례, 토지거래허가구역 지정 • 예정지역 등 지정·행위 제한·해제 • 중앙행정기관 이전계획, 광역도시계획 수립
제3장	• 사업시행자 지정, 기본계획·개발계획·실시계획의 수립·승인 • 토지 등의 수용, 조성 토지공급계획, 준공 검사
제4장	• 추진기구(추진위원회, 건설청) 구성 및 운영 • 여론 수렴, 도시계획위원회 자문
제5장	• 특별회계의 설치 및 운영 • 국가 예산 지출의 상한
제6장	• 사업시행자 등에 대한 지원, 주변 지역지원사업 • 건설 자재 등 관련 대책 수립
제7장	• 도시계획, 건축법 적용 등의 특례 • 공공시설 귀속 및 관리
제8장	벌칙
제9장	시행일, 추진단의 한시적 설치, 각종 경과 조치

2) 행복도시건설의 효율적 추진을 위한 조직 구성

행복도시건설 추진 조직은 행정중심복합도시 관련 각종 계획 및 중요사항에 대한 심의 기능을 담당하는 추진위원회와 기본계획 및 광역도시계획 수립과 인허가를 담당하는 건설교통부 그리고 건설교통부 소속의 행정중심복합도시건설청과 사업시행을 담당하는 한국토지공사로 구성되었다.

2006년 1월 1일 출범한 행정중심복합도시건설청은 특별법에 의거 예정지역 내의 개발계획을 수립하고, 사업시행자의 실시계획 및 토지공급계획을 승인하며, 도시계획을 수립하고 행복도시특별회계를 관리하는 등의 업무를 수행한다. 이 외에도 예정지역 안에서의 행위 허가, 주변 지역지원사업 계획의 수립, 사업시행자의 지도 감독, 기타 행복도시의 원활한 기능 수행을 위하여 필요한 각종 기반시설을 설치하는 등 행복도시건설사업을 총괄한다. 2005년 5월 건설교통부가 사업시행자로 지정한 한국토지공사는 행정중심 복합도시 건설 예정지역 내 토지 등에 대한 보상, 실시계획 및 부지조성공사를 시행하고 조성된 토지의 공급 업무를 맡기로 하였다.

2.3 건설사업의 추진 과정[3]

1) 행복도시의 건설과 계획적 관리를 위한 예정지역 및 주변 지역 지정

예정지역은 전체 토지를 매입하여 행복도시를 건설하는 지역이며, 주변 지역은 예정지역의 개발을 촉진하고 대전·청주 등 기존 도시와의 연담화 및 난개발의 우려가 있어 일정 기간 계획적 관리를 위해 지정하는 인접지역을 말한다.

3 한국토지공사(2005), 자료 요약.

예정지역 및 주변 지역 현황

구분		예정지역	주변 지역
지정면적		73km²(100%)	224km²(100%)
편입 행정 구역		연기군 3개면 28개리, 공주시 2개면 5개리	연기군 4개면 43개리, 공주시 3개면 20개리, 청원군 2개면 11개리
행정 구역별	연기군	68km²(93%)	119km²(53%)
	공주시	5km²(7%)	72km²(32%)
	청원군	-	33km²(15%)
인구(세대)		8.2천 명(3천 세대)	37천 명(14천 세대)
필지		31,874 필지	

행정중심복합도시 예정지역 및 주변 지역

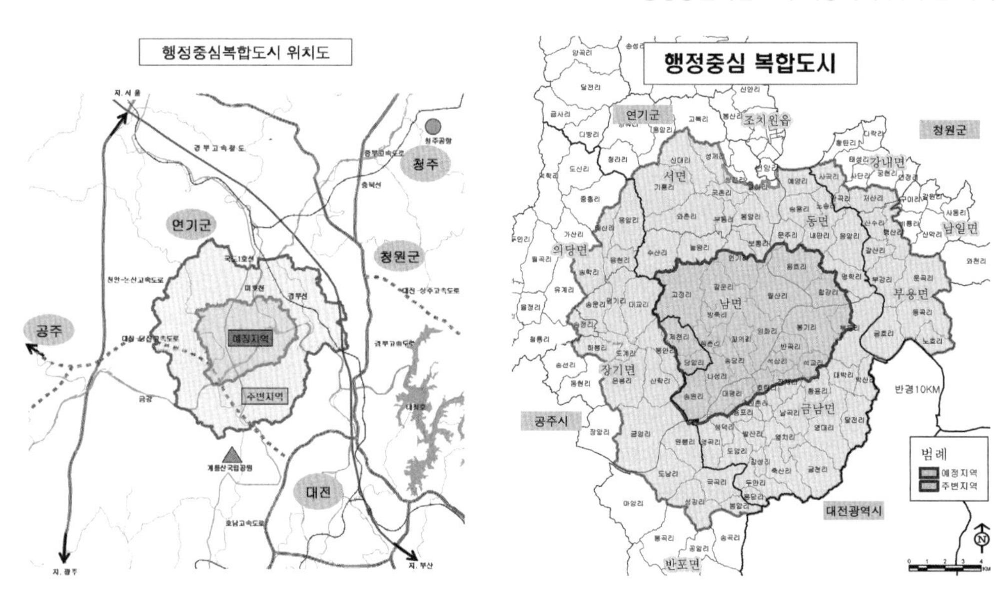

2) 광역 계획권의 체계적 정비·관리를 위한 광역도시계획의 수립

예정지역 등과 인접지역 간의 공간구조 및 기능을 상호 연계시키고 환경을 보전하며 광역시설을 체계적으로 정비하고, 도시기본계획·도시관리계획 등의 하위계획수립과 개별 개발사업 인허가 시 고려할 상위적 사항들을 제시하기 위해 「행복도시특별법」 제17조에 따라 광역도시계획을 수립하였다. 광역도시계획은 행복도시건설이 완료되는 2030년을 시간적 범위로 하며, 행복도시 광역계획권(3,597km^2)을 대상으로 한다. 내용적으로는 토지이용계획, 광역교통계획, 녹지관리계획, 경관계획, 환경보전계획, 광역시설계획, 문화 및 여가계획, 방재계획 등을 작성한다.

주변 지역 생활권 구상(안)

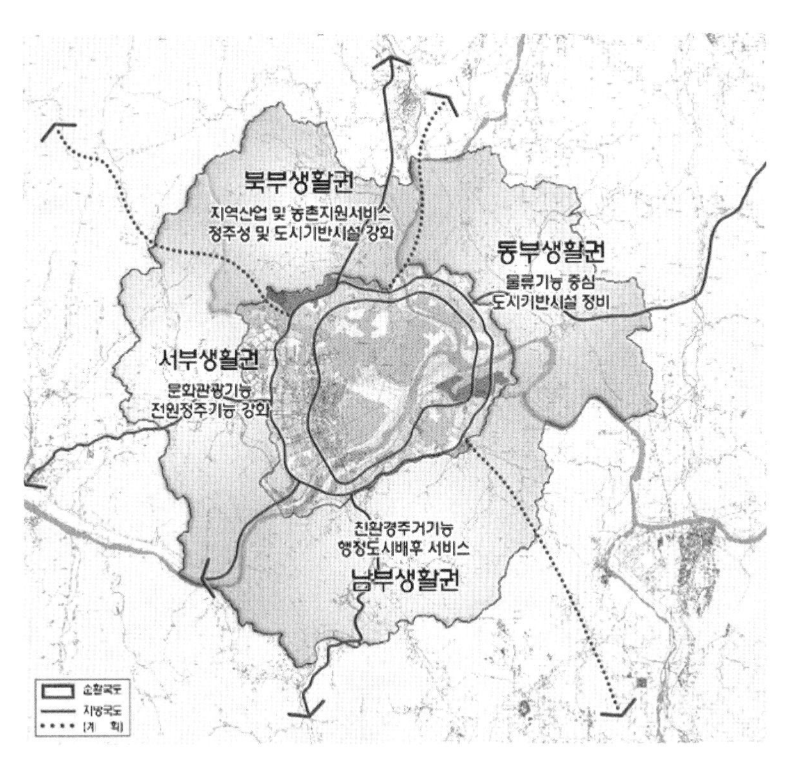

3) 기본계획 수립과 도시 개념 국제공모를 통한 행복도시의 비전 및 방향 제시

행복도시건설의 대규모 및 장기적 사업 특성을 감안할 때 건설방향에 대한 기본적인 원칙을 정립할 필요가 있다. 기본계획의 시간적 범위는 「행복도시특별법」이 제정된 2005년을 기준으로 하며, 2030년을 목표연도로 계획을 수립한다. 행복도시를 세계적인 모범도시로 건설하기 위하여 도시공간구조 및 아이디어에 대한 국제공모를 실시하였으며, 국제공모 결과를 반영하여 기본계획 구상안을 마련하고, 인구·토지이용·교통·경관 등 각 부문별 전략연구과제의 연구결과를 종합하여 기본계획을 수립하였다.

국제공모는 2005년 5월 27일 공모 공고를 시작으로 참가자 등록 접수, 대상지 자료 배포, 질의응답 및 현지 답사와 4개월여의 제작 기간을 거쳐 2005년 10월 31일 작품 접수를 마감하였다. 전 세계에서 총 25개국 121개 팀(국내 57개 팀, 국외 64개 팀)이 작품을 제출하였다. 이렇게 제출된 작품에 대해 국내외 저명한 건축가와 도시계획가로 구성된 심사위원회에서 5개의 당선작을 선정하였다. 심사위원회는 5개 작품들이 행복도시의 건설을 서로 보완하여 비전과 방향을 제시할 수 있는 작품들로서, 향후 대한민국 정부가 이들 작품들에 대해 철저하고 심도 있는 해석을 통해 진일보된 계획안을 수립하도록 권고하였다.

주요 도시 건설 지표

부문	관련 항목	계획지표	비고
인구	목표 인구	500천 인	2030년 기준
주거	세대당 가구원 수	25인/세대	평균치
	주택	200천 호	
	주거지 밀도(순밀도)	300인/ha 내외	
	기초생활권 규모	20~30천 인 내외	
	기초생활권 개수	20개 내외	
상업	상업·업무	예정지역 면적의 3% 내외	국제교류, 호텔, 유통 등 포함
공업	첨단지식기반시설 등	1백만m^2 내외	
녹지	공원녹지율	예정지역 면적의 50% 이상	공원·녹지, 하천 등 포함
	하천변 녹지 폭원	40m 내외	국가하천
		20m 내외	지방하천
	근린공원	10천m^2 이상	기초생활권 단위
	묘지공원	1개소 내외	도시생활권 단위
공공청사	중앙행정	200~400천m^2 내외	12부 4처 2청 등
	지방행정 및 공공기관	60m^2 내외	이전대상 공공기관 포함
상하수도	1인당 1일 평균 급수량	200~350L	
	하천(계획 홍수 빈도)	200년	국가하천
교통	환상형 대중교통측(연장)	20km	
	환상형 대중교통축(폭원)	40~50m 내외	자전거 및 보행공간 포함
	여객터미널	2개소 내외	
	대중교통 전용 지구(Transit mall)	2~6개소	
	전국 주요도시 접근성	2시간 내외	
	도로율	10% 내외	
교육	유치원	40개 내외	기초생활권당 2개소 내외
	초등학교	40개 내외	
	중학교	20개 내외	학급당 학생 수 20~25인
	고등학교	20개 내외	
	대학교	2개 내외	전문대학원 별도
문화	주민복합문화시설	20개 내외	기초생활권 단위
	실내생활체육시설	20개 내외	
	박물관	각 1~2개소	도시생활권 단위
	미술관		
	전문공연시설		
	중앙도서관(미디어테크)		
	종합체육시설(Complex)		
복지	근린아동복지시설	20개 내외	기초생활권 단위
	근린노인복지시설	20개 내외	
	종합장애인복지시설	각 1~2개소	도시생활권 단위
	종합가족복지시설		

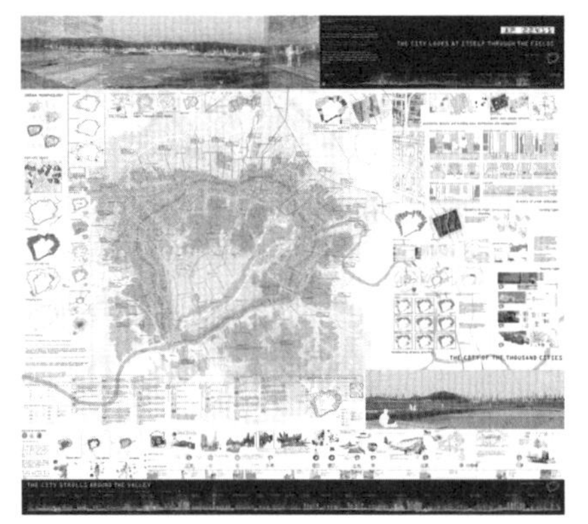

「The City of the Thousand Cities」
Andres Perea Ortega(스페인, 건축가)

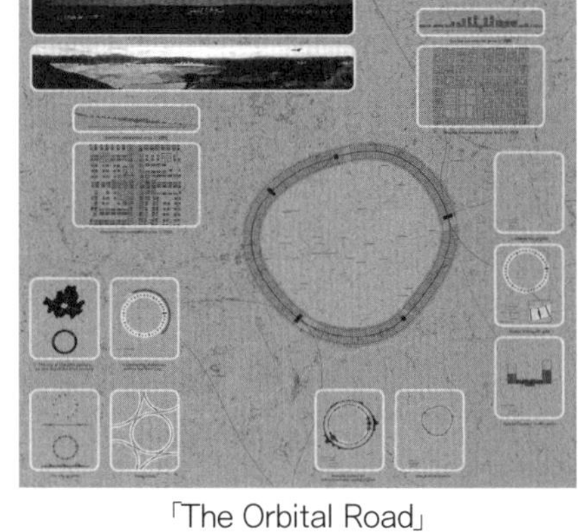

「The Orbital Road」
Jean-Pierre Duerig(스위스, 건축가)

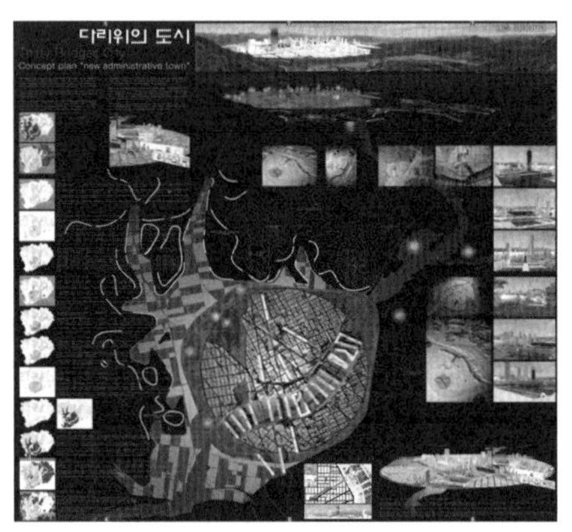

「Thirty Bridges City」
송복섭(대한민국, 교수)

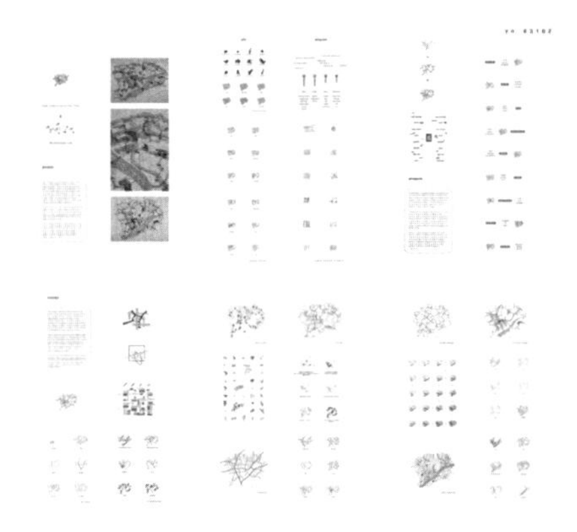

「Dichotomous City」
김영준(대한민국, 건축가)

「A Grammar for the City」
Pier Vittorio Aureli(이탈리아, 건축가)

4) 도시 건설의 세부계획으로서 개발계획과 실시계획의 수립

개발계획은 기본계획을 수용하여 도시 건설 전반에 대한 구체적이고 창의적인 세부계획을 작성하게 된다. 개발계획은 행복도시건설이 완료되는 2030년을 시간적 범위로 하며, 행복도시건설 예정지로 지정된 연기군 남면, 동면, 공주시 장기면 일원의 73km²를 대상지역으로 한다. 내용적으로는 토지이용계획, 시범단지계획, 자족성확보계획, 교통처리계획, 공원녹지계획, 문화재 보호계획, 기반시설 부담계획, 조성용지 공급계획, 지구단위계획 구역설정 및 지침 등을 작성한다.

단계별 사업추진 방안

단계	1단계(2007~2015)	2단계(2016~2020)	3단계(2021~2030)
기능	• 중앙행정·도시 행정기능 • 정부 출연 연구 기능 • 국제 교류 및 문화 기능	• 대학 기능 • 의료·복지 기능 • 첨단지식기반 기능	도입 기능의 완비
규모	15만	30만	50만
개발방향	초기 집중 개발 유도	자족기능 중심의 개발 확대	주거지 확충 도시기반시설 완비

개발계획 평면도

(가로 지향형) 기존 신도시의 대형 필지·빌딩 중심형 도시계획에서 벗어나 보행자가 중심이 되는 가로공간 활성화를 유도

대형 필지 빌딩 중심형

가로 지향형

(용도복합) 용도 순화(Zoning System)를 지양하여 주거, 상업, 업무, 문화, 녹지 등 다양한 기능을 하나의 건물, 가구, 지구 등에 혼재시켜 공동화 없는 도시를 지향

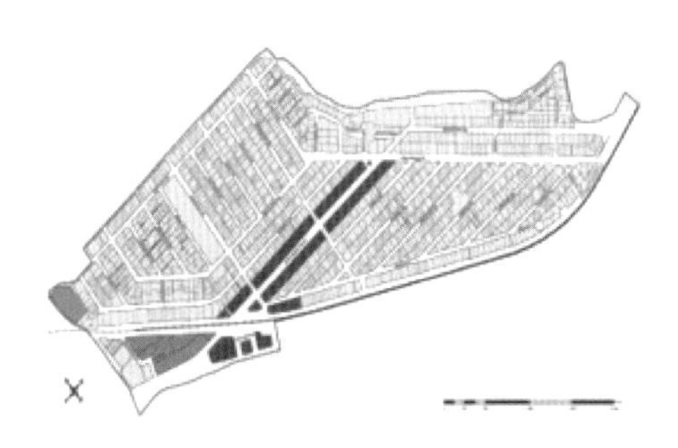

용도 순화

용도 복합

(절제된 디자인) 대중교통 중심 도로변(BRT)을 따라 형성된 유럽풍 가로벽(Urban Wall)과 옥외광고물, 도시 색채 등을 절제된 디자인 속에서 생활권 별로 정체성을 갖는 특화디자인 계획을 수립

유럽풍 가로벽

절제된 디자인

실시계획은 행복도시건설사업에 필요한 설계도서 · 재원조달 계획 및 지구단위계획, 환경 · 교통 · 재해 영향 평가의 결과가 반영되어야 한다. 사업시행자인 한국토지공사는 행복도시건설의 기본방향인 복합형 자족도시, 친환경도시, 인간존중도시, 문화정보도시를 가장 효율적으로 구현할 수 있도록 주거 · 행정 · 교육 · 연구 · 산업 등 도시 기능 간의 조화를 극대화하는 실시계획의 수립방향을 마련하였다. 산과 강 등을 활용한 공원 · 녹지계획의 수립 및 자원순환형 도시설계를 실시하고, 사회적 약자를 배려한 시설의 설치 및 각종 방재 개념의 도입, 각종 문화 인프라 구축 및 첨단정보통신망의 도입 등을 기본방향으로 설정하였다.

5) 광역교통체계의 원활한 정비 · 확충을 위한 광역교통개선대책 마련

전국 주요도시 및 충청권 주요 지역과 행복도시 간의 원활한 연결을 위해 광역교통체계 정비 · 확충은 계획 · 체계적으로 추진되어야 한다. 이에 광역교통개선대책은 행복도시 광역교통 현황조사 및 문제점을 분석하고, 기본계획 및 광역도시계획 등에서 제시한 광역교통 구상안을 기본으로 하여 수립하여 장래 행복도시 주변의 원활한 소통을 목적으로 한다. 광역교통개선대책은 행복도시 예정지역 경계로부터 20km를 범위로 하며, 기준연도는 2005년 목표연도는 2030년으로 한다.

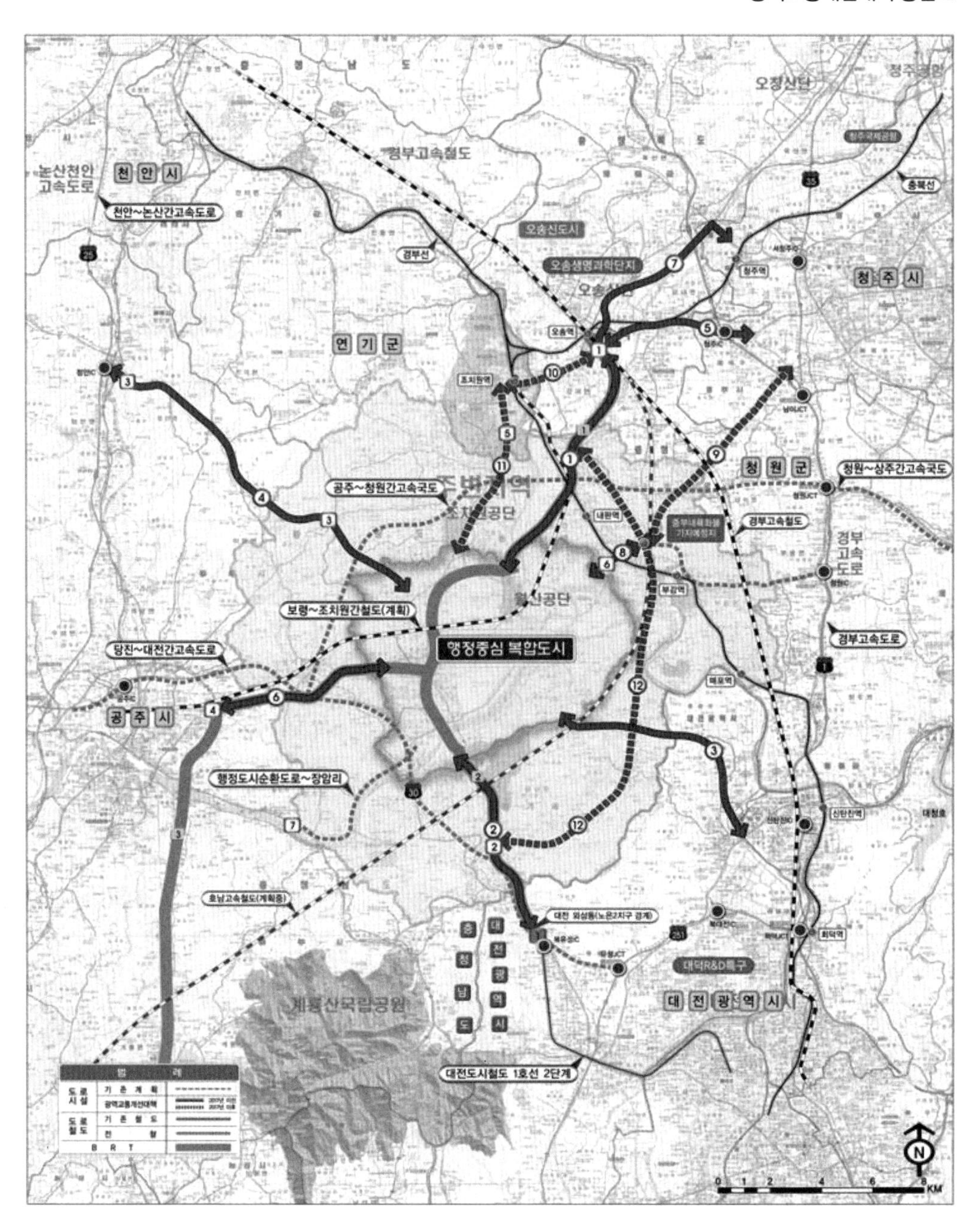

경부고속철도
천안시
논산천안 고속도로
천안~논산간고속도로
오송신도시
오송생명과학단지
경부선
청주시
연기군
충북선
청원군
청원~상주간고속국도
공주~청원간고속국도
경부고속철도
경부고속도로
보령~조치원간철도(계획)
행정중심 복합도시
당진~대전간고속도로
공주시
행정도시순환도로~장암리
호남고속철도(계획중)
대전 외삼동(노은2지구 경계)
대덕R&D특구
대전광역시
계룡산국립공원
충청남도
대전광역시
대전도시철도 1호선 2단계

6) 건설사업의 첫걸음으로서 토지보상과 이주대책

한국토지공사는 2005년 행복도시건설 예정지역 내 총 31,723필지의 토지와 4,911동의 지장물에 대하여 기본 조사를 완료하였다. 같은 해 9월 1일 보상계획 및 토지물건조서 공람공고를 하여 10~11월 중 감정평가를 실시하였다. 보상은 2005년 12월 20일부터 이루어졌다. 2005년 12월에 착수한 토지보상은 1년 만인 2006년 말 96.7%에 이르는 높은 실적을 달성하였다. 2008년 말 보상 실적은 98.5%에 달하여 사실상 토지보상을 마무리하였다.[4]

이주대책으로는 가옥 소유자에 대해서는 이주자택지 공급, 주택 특별공급, 이주정착금, 주거이전비, 이사비 지원방안을 마련·시행하였고, 세입자에 대해서는 주거이전비, 임대아파트 입주권, 이사비 지원방안을 시행하였다. 또한 영세민 등 주민지원을 위해 주민단체에 사업 위탁을 통한 생계 지원, 생활 기반을 상실한 영세민의 재정착을 위해 일시 이주에 따른 전세자금 융자, 사업지구 내 영세 세입자 등 주거취약계층 및 고령으로 일을 할 수 없는 영세민에게 행복아파트 및 경로복지관을 건립하는 등 대책을 마련하여 추진하였다.[5]

주민생계조합 위탁사업 현황

구분	내역	사업 금액(백만 원)
무연분묘 개장	5,740기	3,258
지장물 철거	가옥 5,406동, 관정 5,966공	19,195
수목벌채 및 가이식	2,643천m², 9천 주	10,146
공공시설물 관리	시설, 경비, 미화 등	12,141
도로시설, 지구 관리	청소, 제설, 순찰 등	3,585

4 한국토지공사(2009), 자료 요약.
5 한국토지주택공사(2015a), 자료 요약.

행복아파트 및 경로복지관 건립현황

구분	행복아파트(1차)	행복아파트(2차)	경로복지관
사업시행자	충청남도(LH 사업 대행)	행정중심복합도시건설청	
사업기간	'10.11~'12.9	'12.11~'14.08	
사업비(억 원)	384	558	150
재원	지자체, LH	국비	
전용면적(m^2)	27/36/40/45	39/51/59	26/34
세대수	500	400	100

2.4 미래 선도형 특화사업의 추진

1) 인간과 환경 중심의 녹색교통체계 추진[6]

행복도시는 인간과 환경 중심의 미래형 교통체계를 계획하여 구축 중이다. 우선, 쾌적한 도시활동이 이루어지도록 환상형의 대중교통 중심 도로와 자전거 및 보행자도로를 연결하는 녹색도로망이 구축된다. 행복도시에 건설되는 두 개의 순환링 중 환상형 내부망인 '대중교통 중심 도로'는 BRT, 일반차량, 보행자, 자전거 등의 다양한 교통수단이 어우러지는 행정중심복합도시의 중심 도로이다. 녹색교통 도로망 구축계획은 대중교통 이용에 편리한 대중교통 중심 도로와 401km의 자전거도로망 및 무장애(Barrier Free) 보행로 구축 등을 주요 내용으로 하고 있다.

행복도시는 기존의 승용차 중심의 도시개발 정책에서 탈피하여 대중교통 중심의 도시개발을 통해 도심 내 혼잡 문제를 해결하고, 물적·환경적인 문제를 사전에 방지하고자 친환경적인 녹색교통체계

6 행정중심복합도시건설청(2012), 자료 요약.

를 수립하였다. 이에 행복도시의 대중교통 수송 분담률 목표를 70%로 설정하였으며, 중심 대중교통수단으로 BRT(Bus Rapid Transit : 간선급행버스체계) 도입하여 운행하고 있다. 행복도시 자전거도로망(총 401km)은 유기적으로 연계된 네트워크 형태로 계획되었다. 현재 국내 최초로 행복도시~대전유성 간 도로 중앙부에 자전거전용도로(2012. 3. 31 개통)를 개설하여 운영 중이며, 첫마을 입주에 맞춰 금강자전거도로 및 첫마을 자전거도로를 구축하였다.

행복도시 대중교통체계 구축(안)

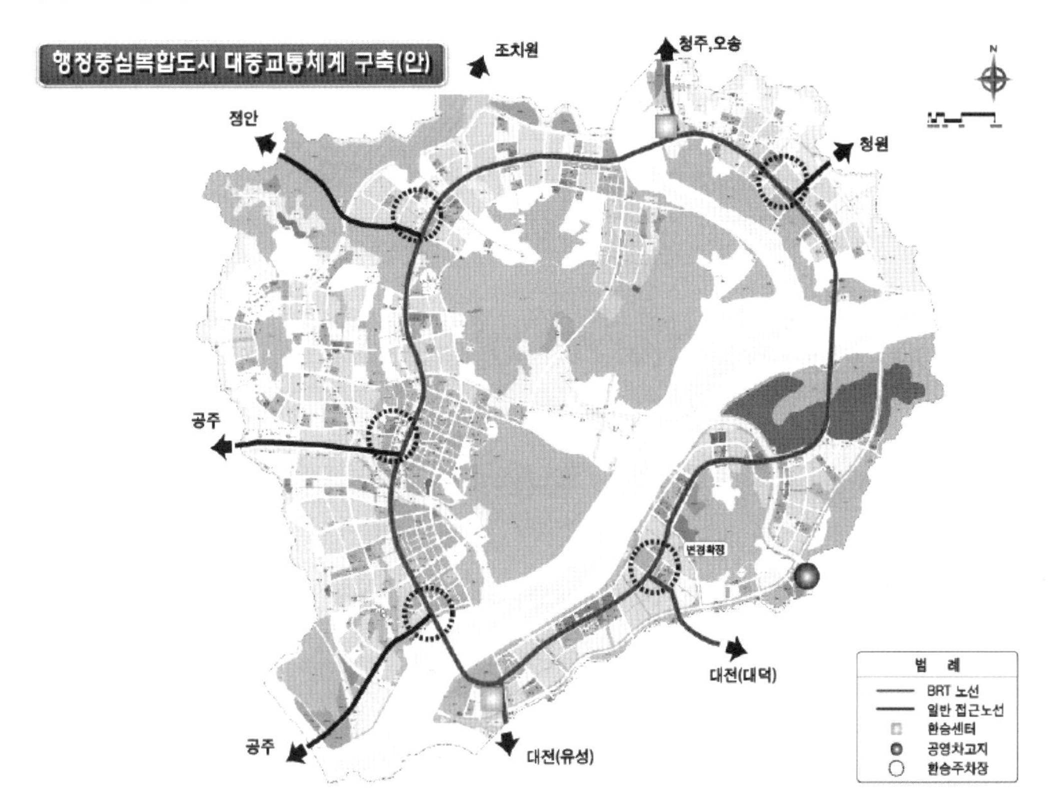

자전거도로

대전유성 연결도로의 중앙 자전거도로

금강 자전거도로

2) 자원절약형 도시환경 구축을 위한 첨단 환경기초시설 설치[7]

행복도시에 설치되는 환경기초 시설은 '자원절약형 도시환경 구축'을 위해 도시 내에서의 자원순환을 최대화하여 자원 소비를 최소화하는 데 초점을 맞춰 계획되었다. 이에 수질복원센터(공공하수처리시설), 폐기물연료화시설(MBT+SRF), 자동크린넷(쓰레기 수송관로 및 자동집하시설), 폐기물위생매립시설 등의 환경기초시설이 계획되어 있다.

수질복원센터는 도시기반시설인 하수도시설의 일부로 하수도 흐름상 최종 단계에 위치하는 시설로서 하수를 정화하여 자연수계로 방류하게 되며, 하수도 정비 기본계획에 따라 최종 목표연도의 전체 계획을 고려한 단계별 시설계획을 수립하였다.

7 한국토지주택공사(2015a), 자료 요약.

수질복원센터 및 크린에너지센터(A-1) 공사개요

공사 명	행정중심복합도시 수질복원센터 및 크린에너지센터(A-1) 시설공사
시설 규모	• 수질복원센터 : 20,000톤/일(토목, 전기 5만 톤/일) • 크린에너지센터 : 50톤/일(음식물쓰레기, 하수슬러지)
공사 규모	공사 금액 : 980억 원(부지 면적 : 97,898m^2)
시공사	(주)대우건설, 금호산업, 삼부토건, 대저건설, 도원이엔씨
공사 기간	2009.09.18.~2012.12.31.(시운전 및 유지 관리 기간 포함)
처리 공정	• 하수처리 : DNR(Daewoo Nutrient Removal) Process • 슬러지처리 : 고온이상협기성소화(음식물쓰레기 및 하수슬러지 병합처리)

자동크린넷 시설은 행정중심복합도시 내에서 발생되는 쓰레기를 위생적·친환경적으로 운반 처리하기 위한 시설이다. 총 12개소의 고정식 집하장을 38,538m^{2}에 설치하고 있다.

집하장 위치도

자동크린넷(1차) 시설 공사

2집하장 전경 3집하장 전경

폐기물 처리구역도

폐기물 연료화 시설 전경

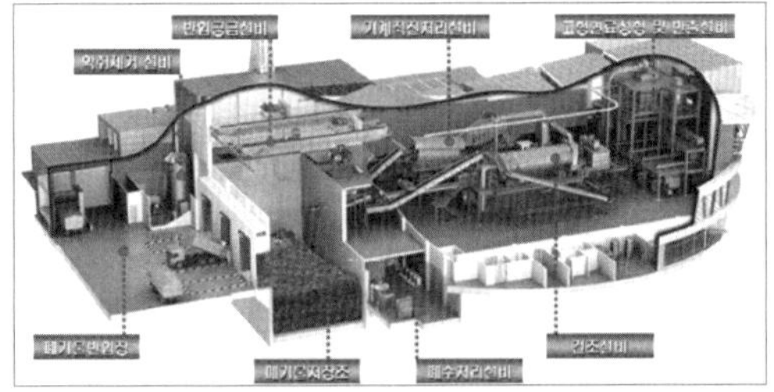

시설 계획

폐기물 연료화 시설은 행복도시 자동크린넷 집하장에서 수거한 일반 폐기물을 위생적이고도 안정적으로 처리하며, 기계적 전처리를 통해 유가자원(금속, 플라스틱 등 재활용 가능성분), 가연성분, 불연성 등으로 다시 분류하여 물질과 에너지를 회수하여 최종 처리단계의 소각이나 매립의 환경부하를 줄임으로써 쾌적하고 청결한 도시환경을 조성하는 시설이다. 현재 130톤/일 규모의 2개소가 계획되어 있으며, 이 중 1개소가 완료되었다.

폐기물 매립시설은 행정중심복합도시 내에서 발생하는 생활폐기물을 적정 처리하여 재활용하고 남은 불연성폐기물 등을 위생적이고, 안정적으로 최종 처리하기 위한 시설이다. 행복도시 내에는 현재 1개의 매립시설이 계획되어 있다.

폐기물매립시설(1차) 공사현황

공사 명	행정중심복합도시 폐기물 매립시설 공사
위치	충남 연기군 남면 고정리 582-1 일원
공사 기간	2011.06.30.~2013.04.29.(22개월, 계약일 2011.06.27.)
도급사	오석건설(주)
사업량	전체 사업면적 : 74,036m^2(매립시설 42,709m^2/헬기장 : 31,327m^2)
공사 금액	총공사비 : 9,564백만 원

3) 사람 · 환경 · 정보기술의 조화, 유비쿼터스도시의 건설[8]

행정중심복합도시를 사람, 환경, 정보기술의 조화 속에서 도시민의 삶의 질 향상에 초점을 맞춘 유비쿼터스도시로 건설하기 위해 2007년 7월 U-City 기본 설계를 완료하였고, 이에 따라 2007년부터 행복도시 건설사업 구역(72.9km^2)에 대해 유비쿼터스 행복도시건설사업을 추

8 한국토지주택공사(2015a), 자료 요약.

진하고 있다. 행복도시 생활권 조성 계획에 따라 3단계에 걸쳐 단계적으로 구축할 계획이며, 2011년 11월 U-City 1단계 1차 구축사업을 착공하여 2013년 12월 완료하였고, 2013년 10월 U-City 1단계 2차 구축사업을 착수하였다. U-City 2단계와 3단계 사업은 부지조성 일정에 연계하여 순차적으로 추진할 예정이다.

U-City 1단계 1차 구축사업 서비스 및 구축 시설물

항목	U-서비스명	구축시설물
U-교통	• 종합교통정보 제공, 교통정보 관리 및 연계 • 대중교통정보, 돌발 상황 관리	• VMS : 7대 • 교통CCTV : 14대 • BIT : 43대
U-방범	방범CCTV	162대
U-시설물	U-시설물관리	-

U-City 1단계 1차 구축사업을 통해 2012년 4월 관제상황실과 서버실 등을 구비한 도시통합정보센터 구축을 완료하였다. 향후 도시통합정보센터의 교통상황실(대중교통상황, BRT운영실), 방범상황실 · 도시종합상황실(민방위) 등과 환경기초시설(자동크린넷, 수질복원센터, 크린에너지센터, 폐기물연료화시설), 공동구 · 가로등 · 신호등 등에 대한 실시간 통합관리로 첨단정보 산실의 U-City 서비스를 구현한다.

도시통합정보센터

도시통합정보센터 외관

도시통합센터 방범관제실

2.5 정부 및 공공기관의 이전[9]

「행복도시특별법」 제16조에 의거 행정자치부장관은 행복도시로 이전할 중앙행정기관 등의 범위, 이전 시기 및 방법, 행정 효율성 확보대책, 이전에 소요되는 비용의 추정치 등을 주요 내용으로 하는 중앙행정기관 등의 이전계획을 수립하여 2005년 10월 5일 고시하였다.

중앙행정기관의 이전을 위한 공사는 2008년에 착공하였으며, 정부청사의 완공이 예정된 2012년부터 행정기관의 이전을 시작하여 정부 기능의 조기 안정적 정착을 위해 2014년까지는 이전을 마무리하도록 규정하였다. 수도권에 소재하는 36개 중앙행정기관(18개 본부, 18개 소속기관)과 15개 정부출연연구기관이 2012년부터 2014년까지 3단계에 걸쳐 세종시로 이전하였으며, 정부 조직 개편에 따라 2개 중앙행정기관(국민안전처, 인사혁신처), 2개 소속기관(정부청사관리소, 소청심사위원회), 1개 정부출연연구기관(국토연구원)도 이전을 완료하였다.

정부세종청사 건립 규모

구분	계	1단계		2단계	3단계
		1구역	2구역		
이전기관	40개 기관	3개 기관	13개 기관	16개 기관	7개 기관
연면적	600천m^2	40천m^2	210천m^2	200천m^2	150천m^2

9 행정중심복합도시건설청 홈페이지 자료 요약.

정부세종청사 배치계획

중앙행정기관 이전계획

단계		중앙행정기관	소속기관
총계		18개	18개
1단계 (16개)	1구역 (3개)	• 국무조정실 • 국무총리비서실	조세심판원
	2구역 (12개)	• 기획재정부 • 공정거래위원회 • 국토교통부 • 환경부 • 농림축산식품부 • 해양수산부 • 행정중심복합도시건설청	• 복권위원회사무처 • 중앙토지수용위원회 • 항공 · 철도사고조사위원회 • 중앙환경분쟁조정위원 • 중앙해양안전심판원
2단계 (16개)	1구역 (7개)	• 보건복지부 • 고용노동부 • 국가보훈처	• 중앙노동위원회 • 최저임금위원회 • 산업재해보상보험재심사위원회 • 보훈심사위원회
	2구역 (9개)	• 교육과학기술부 • 문화체육관광부 • 산업통상자원부	• 교원소청심사위원회 • 해외문화홍보원 • 경제자유구역기획단 • 광업등록사무소 • 무역위원회 • 전기위원회
3단계 (7개)	1구역 (2개)	• 법제처 • 국민권익위원회	
	2구역 (3개)	• 국세청 • 국민안전처	한국정책방송원

* 인사혁신처(중앙행정기관)는 민간업무시설로 입주(임차) 예정

정부출연기관(15개 기관) 이전계획

이전 시기	연구기관
2013년 (2개)	한국개발연구원, 한국법제연구원
2014년(12개)	한국조세재정연구원, 경제·인문사회연구회, 한국교통연구원, 한국보건사회연구원, 한국직업능력개발원, 과학기술정책연구원, 대외경제정책연구원, 산업연구원, 한국노동연구원, 한국청소년정책연구원, 한국환경정책평가연구원, 국가과학기술연구회
2016년 (1개)	국토연구원

3. 혁신도시

본 절에서는 공공기관 지방이전을 통한 지역 성장거점 조성을 목표로 하고 있는 혁신도시에 대해 살펴본다. 이에 첫째, 공공기관 지방이전을 모티브로한 혁신도시 건설의 시대적 배경, 둘째, 「공공기관 지방이전에 따른 혁신도시 건설 및 지원에 관한 특별법」 제정을 통한 법적 기반 마련, 셋째, 10개 혁신도시의 입지선정·기본구상·개발계획·실시계획 수립 등 건설사업의 추진 과정, 넷째, 녹색도시 건설·정보화 사업 추진·산학연 클러스터 구축 등 혁신 창출을 위한 특화사업의 추진, 마지막으로 공공기관의 이전계획과 실적 등을 중심으로 구성하였다.

3.1 시대적 배경[10]

1) 국가발전 전략으로서 공공기관의 지방이전 적극 추진

우리나라는 고도성장 과정에서의 중앙집중적 성장전략으로 인해 수

10 건설교통부(2005)의 내용을 재정리함.

도권은 급속한 성장에 따른 문제들이 심각해지는 반면, 지방은 침체 내지 저성장이 고착화되는 불균형 현상이 심화되었다. 또한 대도시 인구 분산과 수도권 문제 완화를 목적으로 한 공공기관 지방이전시책이 1970년대부터 점진적으로 추진되었으나, 지방분산의 실질적 효과는 극대화되지 못했다.

경제 및 행정기능의 수도권 집중 현황
출처 : 건설교통부(2005)

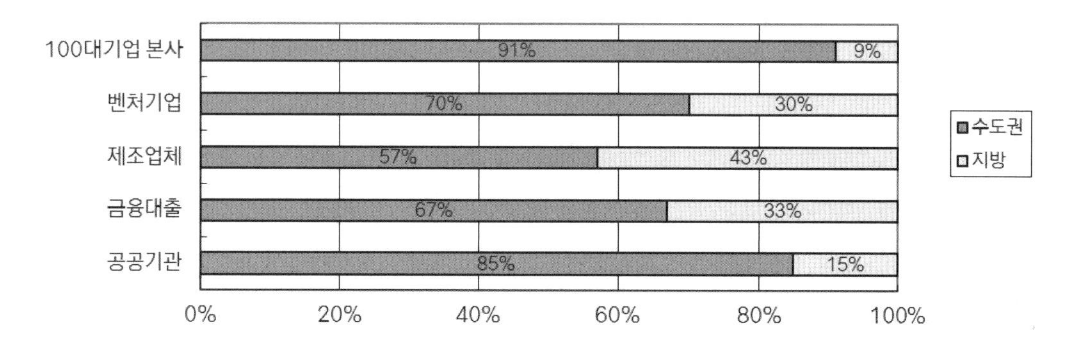

참여정부 출범 이전의 수도권 정책은 인구와 산업의 수도권 진입을 억제하는 입지규제 중심의 소극적 접근에 치중하였다. 그러나 「수도권정비계획법」(1982), 공장총량제(1994), 과밀부담금제(1994) 등 각종 규제에도 불구하고, 세계적으로 유례를 찾아보기 어려울 정도로 인구와 산업의 수도권 집중 추세가 지속되었다. 2000년 이전에 실시한 공공기관 이전 정책은 총 3차례에 걸쳐 추진되었으며, 이를 통해 전체 이전계획 공공기관 77개 중 60개가 이전하였다. 그러나 일부 연구기관이 대덕연구단지로 이전하고 청 단위 기관이 정부대전청사로 이전한 것을 제외하면, 대부분의 공공기관이 개별이전 방식을 통해 이전되었다. 또한 이전기관과 지역산업과의 연계발전 방안에 대한 고려가 미흡하였고, 이전기관 및 직원에 대한 종합적인 지원대책이 부재하여 이전지역으로의 유인효과가 미흡한 것으로 평가되는 등 공공기관의 지방분산에 따른 실질적 효과가 극대화되지 못하였다.

국내 이전계획 및 이전 실적
출처 : 김태환(2005)

구분	1차 이전계획	2차 이전계획	3차 이전계획
목적	서울 및 수도권으로의 인구 집중 억제	수도권 인구 과밀 문제 해소	국토균형발전과 수도권 인구 분산
대상기관	• 이전이 용이하고 이전 비용이 적게 드는 기관 • 운영상 이전이 합리적인 기관	• 이전이 용이한 기관 • 대상기관의 기능 및 인구 흡인 효과가 큰 기관	• 기능이 특정 분야 타 기관과 연계가 적은 기관 • 지방입지가 효율적인 기관
이전 형태	이전 가능한 기관의 개별이전	이전 가능한 기관의 개별이전	청(廳) 단위 기관의 집단 이전
이전지역	• 지방에 대지 및 건물보유 지역 • 업무상 상호연관기관은 동일지역	• 수도권(과천 등)에 7개 기관 • 비수도권(대덕 등)에 7개 기관	대전, 신탄진 및 둔산 지구 정부 대전 청사
이전계획	• 24개 정부소속·출연기관 • 22개 정부투자·출자기관	• 13개 정부소속·출연기관 • 1개 정부투자기관	16개 중앙행정기관 및 1개 정부 소속기관
이전 실적	이전계획기관 46개 중 40개 기관 이전	이전계획기관 14개 중 10 기관 이전	통계청, 산림청 등 10개 기관 이전

참여정부(2003~2008)는 수도권 과밀과 지방 침체로 인한 국토 양극화 문제, 과거의 수도권 정책 및 공공기관 지방이전 정책의 한계를 인식하고 이를 해결하기 위해 공공기관의 지방이전을 적극적으로 추진하게 되었다. 또한 행정중심복합도시 건설, 공공기관 지방이전, 수도권 종합발전대책 등 국가 재도약의 기틀을 마련하기 위한 국가재편 프로젝트를 통합적으로 추진하게 되었다.

2) '공공기관 지방이전 계획'의 수립

정부는 2003년 6월 수도권 소재 공공기관의 지방이전 방침을 발표하고, 2004년 4월 공공기관 지방이전의 법적 근거인 「국가균형발전특별법」을 제정하였다. 이후 정부와 12개 시·도지사 간의 '중앙·지방 간 기본협약' 및 '노·정 간 기본협약' 체결하였고, 국무회의 심의를 거쳐 '공공기관 지방이전 계획'을 발표(2005.6.24.)하였다. '공공기관 지방이전 계획'에서는 수도권 집중 해소와 지역특성화 발전을 위하여 수도권에 소재해야 할 특별한 사유가 없는 한 모든 공공기관을 지방으로 이전하는 것을 기본방향으로 설정하였다. 그리고 국가균형발전위원회 심의 등을 거쳐 수도권 소재 346개 공공기관 중 176개 기관을 이전대상기관으로 최종 선정하였다.

소재 지역		이전대상기관				
전국	수도권	계	소속기관	투자·출자기관	출연기관	개별법인
410	346	176	67	26	54	29

이전대상 공공기관
출처 : 건설교통부(2005)

그리고 이들 대상기관을 수도권과 대전을 제외한 12개 시·도로 이전하되, 형평성과 효율성의 원칙을 종합적으로 고려하여 가능한 범위 내에서 지역의 유치희망기관, 기관의 이전희망지역 등을 반영하여 배치한다는 기본원칙을 설정하였다. 이전대상기관의 구체적인 기능군은 12개 산업특화기능군과 9개 유관 기능군으로 분류하였다. 그리고 각각의 기능군은 제4차 국토종합계획, 국가균형발전5개년계획에서 제시된 지역발전방향과 지역전략산업 육성 및 지역별 산업구조와 특성 등을 감안하여 지역별로 배치하도록 하였다.

기능군 분류
출처 : 건설교통부(2005)

구분	산업 특화 기능군(12개)	유관 기능군(9개)
특징	지역전략산업과 연관성이 큰 기능	지방의 중추관리 기능 강화 또는 지역 역량 확충에 기여가 가능한 기능
세부 기능군	해양수산, 전력산업, 금융산업, 에너지, 자원개발, 정보통신1, 정보통신2, 농업지원1, 농업지원2, 농업지원3, 산업지원1, 산업지원2	교육학술, 노동복지, 건강생명, 인력 개발, 국토개발 관리, 도로교통, 주택건설, 교육연수, 국제교류

시도별 이전 기능 및 지역 발전 희망
출처 : 건설교통부(2005)

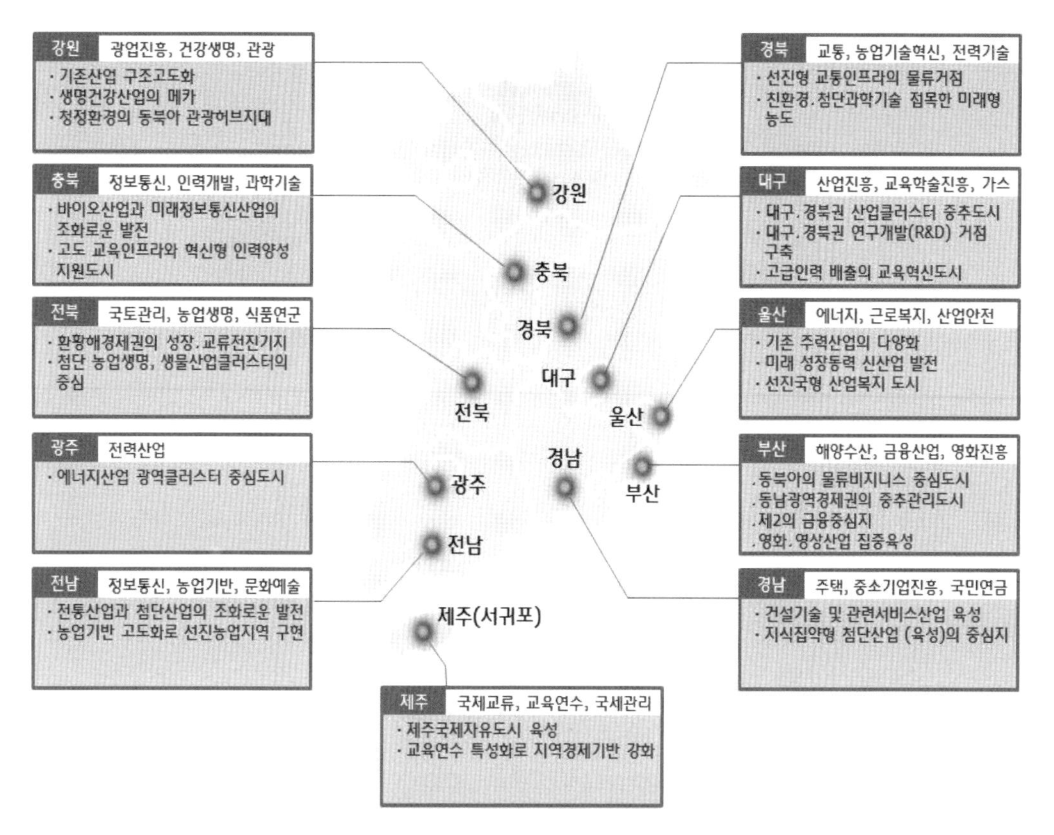

강원 광업진흥, 건강생명, 관광
· 기존산업 구조고도화
· 생명건강산업의 메카
· 청정환경의 동북아 관광허브지대
충북 정보통신, 인력개발, 과학기술
· 바이오산업과 미래정보통신산업의 조화로운 발전
· 고도 교육인프라와 혁신형 인력양성 지원도시
전북 국토관리, 농업생명, 식품연군
· 환황해경제권의 성장. 교류전진기지
· 첨단 농업생명, 생물산업클러스터의 중심
광주 전력산업
· 에너지산업 광역클러스터 중심도시
전남 정보통신, 농업기반, 문화예술
· 전통산업과 첨단산업의 조화로운 발전
· 농업기반 고도화로 선진농업지역 구현
경북 교통, 농업기술혁신, 전력기술
· 선진형 교통인프라의 물류거점
· 친환경. 첨단과학기술 접목한 미래형 농도
대구 산업진흥, 교육학술진흥, 가스
· 대구. 경북권 산업클러스터 중추도시
· 대구. 경북권 연구개발(R&D) 거점 구축
· 고급인력 배출의 교육혁신도시
울산 에너지, 근로복지, 산업안전
· 기존 주력산업의 다양화
· 미래 성장동력 신산업 발전
· 선진국형 산업복지 도시
부산 해양수산, 금융산업, 영화진흥
. 동북아의 물류비지니스 중심도시
. 동남광역경제권의 중추관리도시
. 제2의 금융중심지
. 영화. 영상산업 집중육성
경남 주택, 중소기업진흥, 국민연금
· 건설기술 및 관련서비스산업 육성
· 지식집약형 첨단산업 (육성)의 중심지
제주 국제교류, 교육연수, 국세관리
· 제주국제자유도시 육성
· 교육연수 특성화로 지역경제기반 강화
강원
충북
경북
대구
전북
울산
경남
광주
부산
전남
제주(서귀포)

3) 혁신도시의 개념과 개발 유형의 정립

‘공공기관 지방이전 계획’에서는 ‘지방이전 공공기관 및 산·학·연·관이 서로 긴밀히 협력할 수 있는 최적의 혁신여건과 수준 높은 주거·교육·문화 등 정주환경을 갖춘 새로운 차원의 미래형 도시’로 혁신도시의 개념을 정립하였다.

혁신도시의 개념

혁신도시는 공공부문이 주도하되, 필요한 경우 다양한 주체의 참여를 허용하여 산·학·연·관의 시너지 효과가 극대화될 수 있도록 구상하였다. 또한 혁신도시(지구)의 유형은 '기존 도시 활용형(혁신지구)'과 '독립 신도시형(혁신도시)'으로 제시하였다.

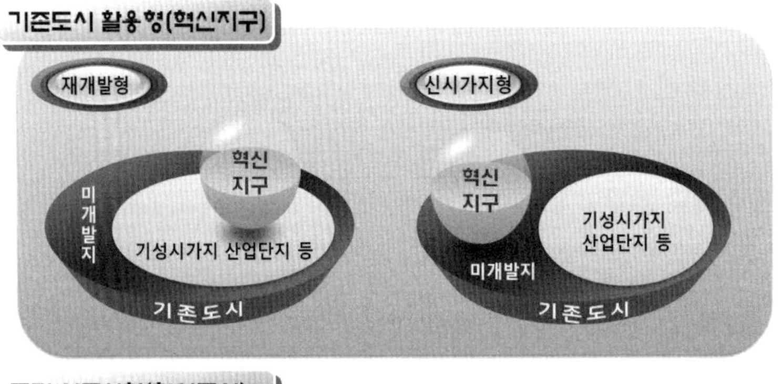

혁신도시 개발 유형

3.2 법적 기반 마련[11]

1) 「혁신도시특별법」 제정을 통한 제도적 기반 마련

공공기관 지방이전 및 혁신도시 건설 정책은 「공공기관 지방이전에 따른 혁신도시 건설 및 지원에 관한 특별법」(이하 「혁신도시특별법」)을 중심으로 공공기관의 지방이전, 추진체계, 도시조성 등 관련 지침이나 규정 등으로 추진되고 있다. 「혁신도시특별법」은 혁신도시의 건설을 위해 필요한 사항과 해당 공공기관 및 그 소속직원에 대한 지원에 관한 사항을 규정하는 것으로, 이전공공기관 지방이전계획, 혁신도시의 지정·개발 및 지원, 혁신도시관리위원회, 혁신도시건설특별회계, 종전부동산의 활용, 이전공공기관 등에 대한 지원을 주요 내용으로 한다.

2) 혁신도시 건설의 효율적 추진을 위한 조직 구성

공공기관 지방이전 및 혁신도시 건설사업은 최상위 심의·의결기구인 지역발전위원회와 이를 지원하기 위한 총괄관리조직(전담조직)인 국토교통부의 공공기관지방이전추진단을 중심으로 추진되고 있다. 또한 사업시행자, 지방이전 공공기관, 지자체 등이 협력하는 추진체계를 이루고 있다. 지역발전위원회는 지방이전계획 등 중요 정책을 심의하며, 공공기관지방이전추진단은 지방이전계획의 총괄 및 공공기관의 이전지원 등을 수행하고, 지방자치단체는 이전지원계획 수립 및 혁신클러스터를 관리하며, 이전공공기관은 지방이전계획 수립 및 신청사 건축 등 지방이전 업무를 담당하고 있다.

11 국토교통부(2016), 자료 요약.

공공기관 지방이전 및 혁신도시 건설 관련 주요 법령의 목적과 내용

구분	주요 법령 및 내용	
기본법령	「혁신도시특별법」, 동법 시행령 및 시행규칙	
	목적	• 혁신도시의 건설을 위하여 필요한 사항과 해당 공공기관 및 그 소속 직원에 대한 지원에 관한 사항을 규정 • 공공기관의 지방이전 촉진 및 국가균형발전과 국가 경쟁력 강화
	주요 내용	• 이전공공기관 지방이전계획 • 혁신도시의 지정·개발 및 지원 • 혁신도시관리위원회 • 혁신도시건설특별회계 • 종전부동산의 활용 • 이전공공기관 등에 대한 지원
	「국가균형발전특별법」. 동법 시행령	
	목적	지역 간 불균형 해소 및 자립형 지방화 촉진을 통한 국가균형발전
	주요 내용	지역 발전 위원회 설치 및 공공기관 지방이전의 법적 근거 마련
	혁신도시 입지선정지침	
	목적	혁신도시 또는 혁신지구 입지선정 원칙, 기준 및 절차 등 규정
	주요 내용	• 혁신도시의 개요(개념, 건설 목적, 성격 및 기능, 개방 유형, 구성 요소 및 공간구조 등) • 혁신도시 입지선정 기준(입지선정 원칙, 입지선정 기준 등)
지방이전 계획수립	이전공공기관 지방이전계획 수립 지침	
	목적	• '이전공공기관 지방이전계획' 의 구체적 내용과 작성 절차 등 제시 • 공공기관 지방이전 및 혁신도시 건설 시책의 체계적·효율적 추진
	주요 내용	• 지방이전계획의 주요 내용 • 계획 수립의 기본원칙 • 지방이전계획 수립기준 • 계획서의 제출 및 검토·조정
	이전공공기관 지방이전계획 세부 기준	
	목적	「이전공공기관 지방이전계획 수립 지침」(2007.3.28., 건설교통부) 보완
	주요 내용	• 자체청사 신축 여부 및 국고지원 기준 • 이전인원 산정기준 • 청사 부지 규모 산정기준 • 청사 시설 규모 산정기준 • 청사 신축비 단가산정 기준 • 종전 부동산 처리기준 • 이주수당(정착지원비) 등 지급기준 서울(수도권) 잔류 및 사무소 설치 기준
추진체계	공공기관지방이전추진단 등의 구성 및 운영에 관한 규모	
	목적	• 공공기관 지방이전 및 혁신도시 건설 관련 정부정책의 효율적 추진 • 관계 기관 간 원활한 업무 협조 등을 위하여 필요한 기구의 구성 및 운영에 관한 사항 규정
	주요 내용	• 공공기관지방이전추진단의 구성과 기능 • 공공기관지방이전범정부대책반 설치·운영
	공공기관지방이전추진단의 구성 및 운영에 관한 규정	
	목적	• '공공기관지방이전추진단' 구성 및 운영에 관한 필요한 사항 규정
	주요 내용	• 공공기관지방이전추진단의 기능, 조직, 구성 • 파견 요청, 관계 기관 협조 요청, 조사 연구 및 여론의 수렴 등

공공기관 지방이전 및 혁신도시 건설 관련 주요 법령의 목적과 내용(계속)

구분	주요 법령 및 내용	
부지조성	혁신도시 계획기준	
	목적	혁신도시 개발계획 및 실시계획을 수립하는 데 공공기관 이전을 통한 특성화된 지역 개발과 살고 싶은 친환경 도시 건설을 위해 필요한 사항 규정
	주요 내용	• 개발계획의 내용과 작성 원칙 • 부문별 수립기준(공간구조 구상, 토지이용계획, 혁신클러스터지구 계획, 교통 처리 계획, 주거환경 계획, 커뮤니티 계획, 도시 이미지 및 경관계획, 환경 보전 계획, 공원·녹지계획, 공공·교육·문화·복지 및 가족친화시설 계획, 정보통신 계획, 공급처리시설 등에 관한 계획, 존치시설 결정 등)
	혁신도시 토지공급 지침	
	목적	혁신도시 조성 토지 등의 공급 방법, 공급가격 기준, 기타 공급에 관한 사항 규정
	주요 내용	• 조성 토지 등의 공급 • 대행 개발 및 선수 공급 • 조성 토지 등의 공급 특례
	혁신도시 토지 조성 원가의 산정 및 적용방법에 관한 기준	
	목적	혁신도시 토지 조성 원가의 산정 및 적용 방법에 관한 세부 기준 규정
	주요 내용	• 조성 원가 개념, 산정 및 적용 시기, 구성 요소, 산정 방법, 신뢰성 확보 노력 • 「혁신도시 토지 조성원가 심의위원회」 운영
기타	산·학·연 유치지원센터 지원사업 시행 지침	
	목적	「산·학·연 유치지원센터」의 설치 및 운영에 필요한 세부사항 규정
	주요 내용	• 센터의 설치, 구성, 기능 및 사업, 예산 지원 및 사용, 사업계획서 제출, 사업 평가 • 수익금의 사용·관리, 연계 운영 등
	지방자치단체의 이전지원계획 수립 지침	
	목적	'지방자치단체의 이전지원계획' 수립기준 제시
	주요 내용	• 이전지원계획 수립의 기본방향, 수립·시행 주체, 내용 • 이전지원계획의 수립기준(계획의 개요, 이전지역 및 이전공공기관 일반 현황, 부문별 이전지원계획 세부 내용, 소요 비용 추정 및 재원조달 계획, 집행 및 관리, 광역·기초지자체 간 역할 분담 방안)
	혁신도시 산학연 클러스터 구축계획 수립 가이드라인	
	목적	혁신도시 내 산·학·연 클러스터 구축계획의 구체적 작성 기준 및 절차 등 제시
	주요 내용	• 산·학·연 클러스터 구추 계획의 개요 • 계획 수립의 기본원칙, 주체, 내용
기타	지방이전 공공기관 종사자 등에 관한 주택 특별 공급 운영 기준	
	목적	지방이전 공공기관 종사자 등에게 주택의 특별 공급에 필요한 사항 규정
	주요 내용	• 특별 공급 대상자, 청약 자격, 주택 특별 공급 비율, 인근 지역 특별 공급 • 특별 공급 신청, 수요 조사, 입주자 선정, 이전공공기관 특별 공급 등
	혁신도시 공공청사 에너지 절약 설계 가이드라인	
	목적	에너지 절약형 건축을 권장하기 위한 설계 기준 제시
	주요 내용	• 에너지 저감형 공공청사 설계기 준, 공공청사 에너지 성능 기준 • 공공청사 에너지 절약 설계 자문단 구성 및 운영

추진 주체별 주요 역할

	주체	역할
중앙	지역발전위원회	지방이전 공공기관이 작성한 지방이전계획 심의
	공공기관지방이전 범정부대책반	공공기관 지방이전 및 혁신도시 건설의 추진 상황 및 동향을 점검하고 관계기관가 원활한 업무 협조
	국토교통부 (공공기관지방 이전추진단)	• 지방이전 공공기관이 작성한 지방이전계획 승인 • 혁신도시 개발예정 지구의 지정 및 사업시행자 지정, 개발계획·실시계획 승인, 종전 부동산 처리 계획 관리 • 기타 이전공공기관에 대한 지원계획 수립 등 혁신도시 건설사업 총괄 관리
	도시개발위원회	혁신도시에 관한 기본정책과 제도에 관한 사항, 혁신도시의 기본구상 및 개발계획에 관한 사항, 지구지정·변경 등에 관한 사항 등을 심의
	지방이전 공공기관	지방이전계획 수립, 종전부동산의 매각(재원조달), 신청사의 건축
지자체	지방자치단체	• 지방이전 공공기관에 대한 지원계획의 수립, 기반시설의 설치 지원, 혁신도시 개발·운영의 성과 공유 • 산학연 클러스터 구축계획의 수립
	혁신도시관리위원회	시·도에 혁신도시의 효율적 관리와 혁신 여건 조성 지원
	산학연 유치지원센터	혁신도시 내 기업, 대학, 연구소 등의 유치 및 지원
민간	사업시행자 (LH, 지방공기업)	• 개발계획 및 실시계획 수립, 부지조성 공사, 토지 등의 수용·사용 • 조성 토지의 공급, 광역교통개선대책의 수립 등

3.3 건설사업의 추진 과정[12]

1) 객관적이고 공정한 평가와 협의를 통한 혁신도시의 입지선정

정부는 '공공기관 지방이전 계획'을 발표한 이후 시·도 및 이전공공기관의 의견 수렴을 토대로 혁신도시 입지선정 원칙과 기준 등을 주요 내용으로 하는 '혁신도시 입지선정지침'을 마련(2005.7.27.)하였고, 국가균형발전위원회의 심의를 거쳐 확정·발표하였다.

시·도지사는 정부의 '혁신도시 입지선정지침'에 따라 각 시·도별로 '혁신도시 입지선정위원회'를 구성하여 입지선정을 추진하였다. 각 시·도에서 구성한 혁신도시 입지선정위원회에서는 객관적이고

12 건설교통부(2008) 및 국토교통부(2016), 자료 요약

공정한 평가를 위해 구체적인 입지선정 방향 등 입지선정을 위한 기본사항들을 지속적으로 논의하고, 세부평가기준을 마련하여 후보지 평가작업 등을 진행하였다. 이를 통해 예비후보지를 선정하고 정부와 이전공공기관의 의견 수렴 과정을 진행한 후 후보지를 평가하여 최종 후보지를 선정하였다. 그리고 최종적으로는 시·도지사가 정부와 협의를 거쳐 최종 입지를 확정하였다.

혁신도시 입지선정을 위한 평가기준

구분	분야별		주요 내용
	항목	배점	
혁신거점으로서의 발전 가능성	간선교통망과의 접근성	(20)	• 도로, 철도, 공항 등 간선교통망과의 접근성 • 행정중심복합도시와의 접근성
	혁신거점으로서의 접근성	(20)	• 지역전략산업 육성의 용이성 • 대학, 연구기관, 기업 등과의 협력 용이성
	기존 도시 인프라 및 생활편익시설 활용 가능성	(10)	• 기존 도시의 인프라 활용 가능성 • 편익시설 활용 가능성
도시개발의 적정성	도시개발의 용이성 및 경제성	(15)	• 산업단지, 택지 등 기개발지의 활용 가능성 • 관련 법령에 의한 개발제한 여부 등 토지 확보 용이성 • 도로, 용수 공급 등 기반시설 설치의 용이성 • 지가의 적정성 및 부동산투기 방지대책
	환경친화적 입지 가능성	(10)	• 환경 훼손을 최소화하여 친환경 개발 가능성 • 쾌적한 정주 환경 조성 가능성
지역 내 동반 성장 가능성	지역 내 균형발전	(10)	지역 내 균형발전 가능성
	혁신도시 성과 공유 방안	(10)	기초지자체의 혁신도시 개발이익과 성과 공유 계획
	지자체의 지원	(5)	기초지자체의 지원계획
	총점	100점	

이러한 일련의 절차를 거쳐 전북(2005.10.28.)을 시작으로 부산(200512.22.), 충북(2005.12.23.) 등 11개 시·도에 10개의 혁신도시 입지 선정이 마무리되었다. 또한 혁신도시 입지로 선정된 지역들에서의 원활한 도시 건설을 위해 지자체와의 협의(2006.1.13.~1.18.)를 거쳐 한국토지공사와 대한주택공사를 사업시행자로 내정(2006.2.7.)하고,

시행 중인 사업 및 이전지역 등을 고려하여 시·도별로 배분하였다.

2) 혁신도시별 기본구상안의 수립과 개발 콘셉트의 설정

2005년 12월까지 혁신도시 입지선정이 마무리됨에 따라 성공적인 혁신도시 건설을 위해 우선 중앙정부 차원의 혁신도시 기본구상 방향을 설정하였다. 이에 따라 혁신도시는 ① 산·학·연·관 연계를 통해 혁신을 창출하는 거점도시, ② 지역별 테마를 가진 개성 있는 특성화 도시, ③ 학습과 창의적 교류가 가능한 교육·문화도시, ④ 누구나 살고 싶은 친환경 전원도시를 기본방향으로 한다. 이러한 기본방향에 따라 각 지자체는 혁신도시 기본구상(안)을 수립하였으며, 지역 특성을 고려한 혁신도시별 개발 콘셉트를 설정하였다.

혁신도시 기본구상 방향

◆ 산·학·연·관 연계를 통해 혁신을 창출하는 거점도시
• 이전공공기관과 지역전략산업의 연계로 지역 발전 성장 동력 창출 • 산·학·연·관 클러스터로 사이언스 파크 조성

◆ 지역별 테마를 가진 개성 있는 특성화 도시
• 혁신도시별로 지역별, 산업별 특성을 브랜드화 • 지역의 특화 산업 관련 기업 및 연구기관 중심의 첨단산업도시 지향

◆ 학습과 창의적 교류가 가능한 교육·문화도시
• 공영형 혁신학교 설치 등 우수한 교육환경 조성 • 지역의 특성과 아름다운 경관이 살아 있는 품위 있는 도시문화 연출 • 문화적 개방성과 다양성을 촉진하고 매력과 활력이 넘치는 창조적 문화도시 조성 • 지식정보시대 첨단도시 운영시스템이 구축된 U-City 조성

◆ 누구나 살고 싶은 친환경 전원도시
• 자연지형을 최대한 보전하고 생태계의 다양성, 순환성 확보 • 에너지와 자원을 절약하는 지속 가능한 도시공간구조와 교통체계 구축

혁신도시별 개발 콘셉트

구분	지역 발전 전략	개발 콘셉트
부산	해양수산 · 영화 · 금융의 중심	
대구	교육 · 학술산업과 동남권 산업클러스터 중심	지식창조 혁신도시 Brain City
광주 · 전남	하나로 빛나는 첨단미래산업 클러스터	생명의 도시 Agro-Energypia
울산	친환경 첨단 에너지 메카	경관 중심의 Green-Energypolis
강원	생명 · 건강산업의 수도	건강 · 생명 · 관광으로 생동하는 비타민 City
충북	IT · BT산업의 테크노폴리스	교육 · 문화 이노밸리
전북	전통과 첨단을 잇는 농생명산업의 중심	농업생명의 허브 Agricon Valley
경북	첨단과학기술과 교통의 허브	KTX와 물이 흐르는 경북 Inno-Valley
경남	남해안 산업벨트의 중심 거점	변화와 남강이 흐르는 혁신도시
제주	국제교류 · 교육연수도시	국제교류 · 연수 폴리스

생활권 구상(경남 혁신도시)

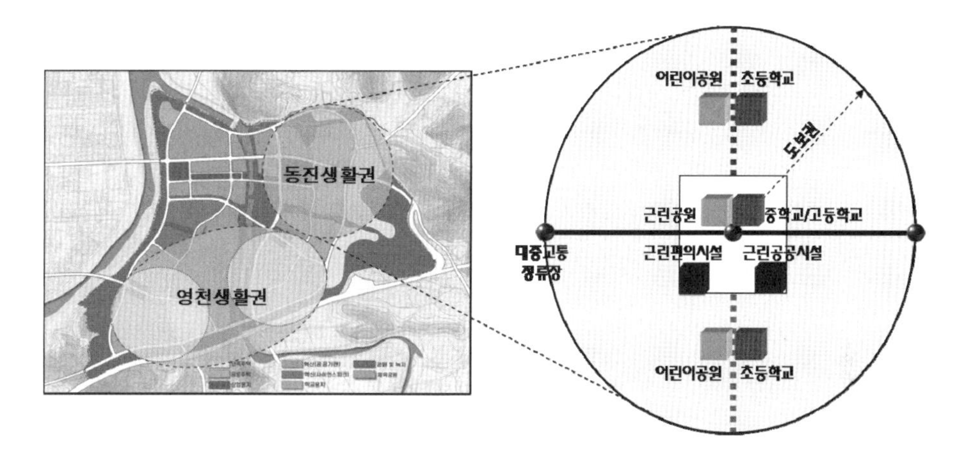

3) 개발계획 수립을 위한 가이드라인으로서 계획기준 마련

정부는 혁신도시 건설을 위한 입지선정, 사업시행자 지정, 혁신도시별 기본구상 등이 구체화됨에 따라 개발계획 수립을 위한 가이드라인의 필요성을 인식하였다. 이에 따라 혁신도시 개발계획 수립 시 구체적 세부 기준을 제시하는 지침적 성격의 '혁신도시 계획기준'을 마련하였다. 혁신도시 계획기준에 따르면, 개발계획은 계획 수립 기본

원칙에 따라 국토종합계획 등 상위 계획 및 혁신도시별로 수립된 기본구상을 반영하고, 혁신 기능의 원활한 수행과 쾌적한 정주공간이 확보될 수 있도록 계획해야 한다. 그리고 개발계획의 최종 목표연도는 2030년으로 설정하되 1단계는 2007~2012년, 2단계는 2013~2020년, 3단계는 2021~2030년으로 구분하여 단계별 계획을 수립하도록 하고 있다. 개발계획의 주요 부문별 계획 수립 주요 내용은 다음과 같다.

계획 부문별 주요 내용

계획 부문	내용
공간구조 설정	• 도시의 기본적인 골격 구상에 관한 계획 • 생활권 설정
토지이용계획	• 각 용지별 수요 산출 및 입지 배분 계획 - 혁신클러스터 용지에 관한 계획(이전기관 수용 계획, 산·학·연 클러스터) - 주택건설 용지에 관한 계획 - 상업·업무시설 용지에 관한 계획 - 도시지원시설 용지에 관한 계획 - 공원·녹지용지/유보지에 관한 계획
혁신클러스터지구 계획	• 혁신클러스터 지구에 수용될 기능 • 혁신클러스터 지구의 조성의 기본방향 • 이전대상 공공기관 및 산·학·연 클러스터 배치계획
교통처리 계획	교통수요 예측 및 처리 대책, 대중교통·자전거·도보 활성화 대책 등
주거환경 계획	• 생활권 및 커뮤니티 조성 계획 • 주거지 밀도, 주택공급량, Social Mix 계획, 환경친화적인 주거지 계획
커뮤니티 계획	커뮤니티센터의 조성 계획
도시 이미지 구상 및 경관계획	• 도시 이미지의 설정 및 개발 테마 설정 • 브랜드 네이밍 등 차별화 및 선전 전략 마련 • 도시의 상징공간 및 상징물(건축미관, 옥외광고물, 가로시설물 등) • 시가지 및 자연경관에 관한 계획
환경 보전 계획	• 중점 보전 대상의 설정 및 보전 계획 • 바람길, 수질, 정온공간 확보에 관한 계획
공원·녹지계획	• 시민의 여가활동을 위한 공원·녹지체계 구축에 관한 계획 • 자연친화적 친수공간 조성 계획
교육·문화·복지시설 계획	• 수준 높은 교육환경 및 School Complex에 관한 계획 • 주민의 일상생활과 혁신 기능을 지원할 수 있는 문화시설 조성 계획 • 다양한 계층이 살 수 있는 복지체계 및 장벽 없는 도시환경 조성에 관한 계획
정보통신 계획	혁신 기능 간, 업종 간, 행정과 주민을 지원하는 정보통신망 구축에 관한 계획
공급처리시설 계획	• 자원순환형 환경기초시설 및 에너지 절약적 공급시설 설치에 관한 계획 • 기타 공동구 등에 관한 조성 계획

4) 혁신도시 개발예정 지구의 지정 제안과 확정

혁신도시별 기본구상의 개발 콘셉트, 도시 규모 등이 구체화됨에 따라 지구지정에 착수하였다. 「혁신도시특별법」에 따른 사업시행자로부터 혁신도시 개발예정 지구 지정을 위한 제안서를 받고, 이후 관계 중앙부처, 지자체 등 유관기관과의 협의를 거쳐 중앙도시계획위원회 및 혁신도시관리위원회 심의를 통해 다음과 같이 개발예정 지구를 확정·고시하였다.

혁신도시 개발예정 지구지정 현황
출처 : 국토교통부 공공기관지방이전추진단

구분	지구지정일	위치	면적(천m^2)	사업시행자
부산		계	935	부산도시공사
	2007.4.16.	동삼 지구	616	
		문현 지구	102	
		센텀 지구	61	
	2007.3.19.	대연 지구(군수사부지)	156	
대구	2007.4.13.	동구 신서동 일원	4,216	LH
광주 전남	2007.3.19.	나주 금천·산포면 일원	7,361	LH 광주도시공사 전남개발공사
울산	2007.3.19.	중구 우정동 일원	2,991	LH
강원	2007.3.19.	원주 반곡동 일원	3,597	LH
충북	2007.3.19.	진천·음성군 일원	6,899	LH
전북	2007.3.19.	전주·완주군 일원	9,852	LH 전북개발공사
경북	2007.3.19.	김천 남면·농소면 일원	3,812	LH 경북개발공사
경남	2007.3.19	진주 호탄동, 문산·금산군 일원	4,093	LH 경남개발공사 진주시
제주	2007.3.19.	서귀포 서호동 일원	1,135	LH

5) 도시 건설의 세부계획으로서 개발계획과 실시계획의 수립

정부에서는 2007년 5월부터 개발계획 및 실시계획 수립 절차를 진행하여 2008년 12월 부산 문현·대연지구를 마지막으로 10개 혁신도시의 개발계획과 실시계획 수립을 모두 완료하였다. 실시계획 수립을 통해 개발계획상 토지이용계획을 토대로 관계 법률에서 정한 인허가 사항과 환경·교통·재해 영향 평가 결과를 반영하고, 창의적인 지구단위계획을 수립하는 등 개발계획 내용을 보다 구체화하였다.

주거 유형별 인구 배분 계획(예시)

구분	면적(m^2)	수용 호수(호)	수용인구(인)	비고
계	1,814,910	20,000	50,000	2.5인/호
단독주택	625,404	2,105	5,262	단독 : 공동 = 34.3% : 65.7%
공동주택	1,189,506	16,857	42,143	
복합용지	78,390	1,038	2,595	

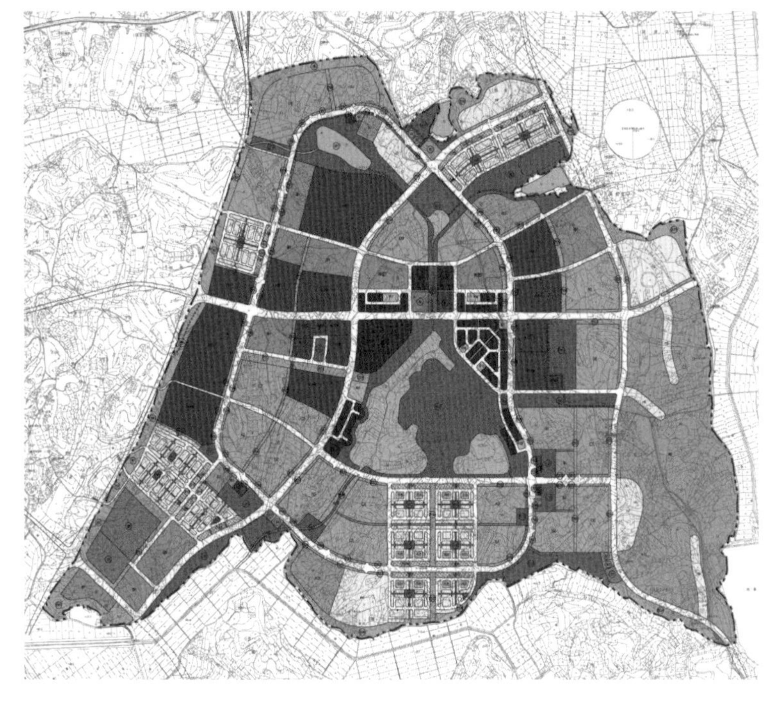

토지이용계획(예시)

환경 보전 계획(예시)

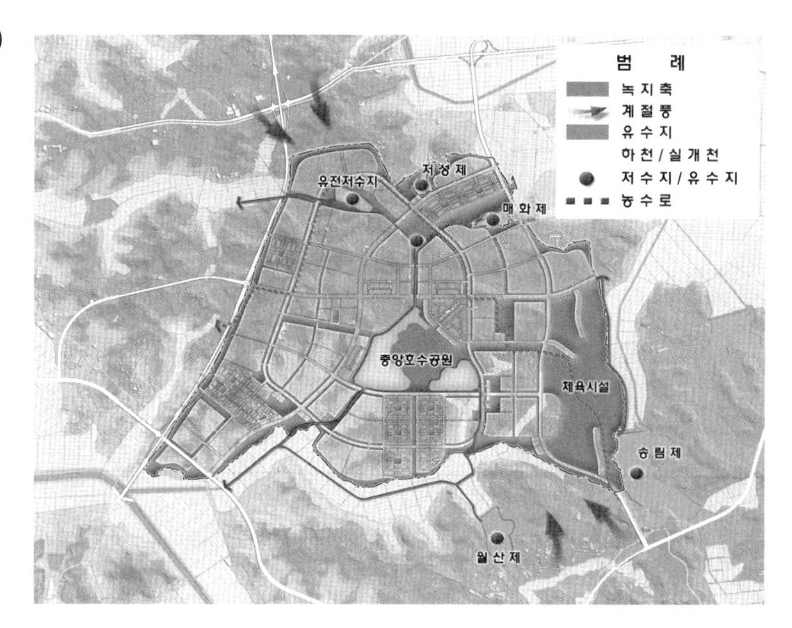

진입도로 노선도(예시)

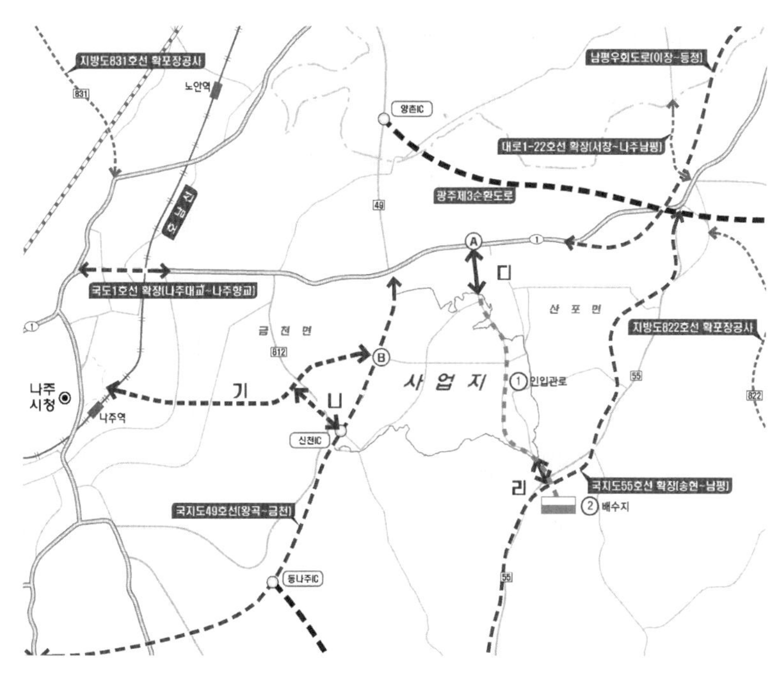

이전공공기관
배치계획(예시)

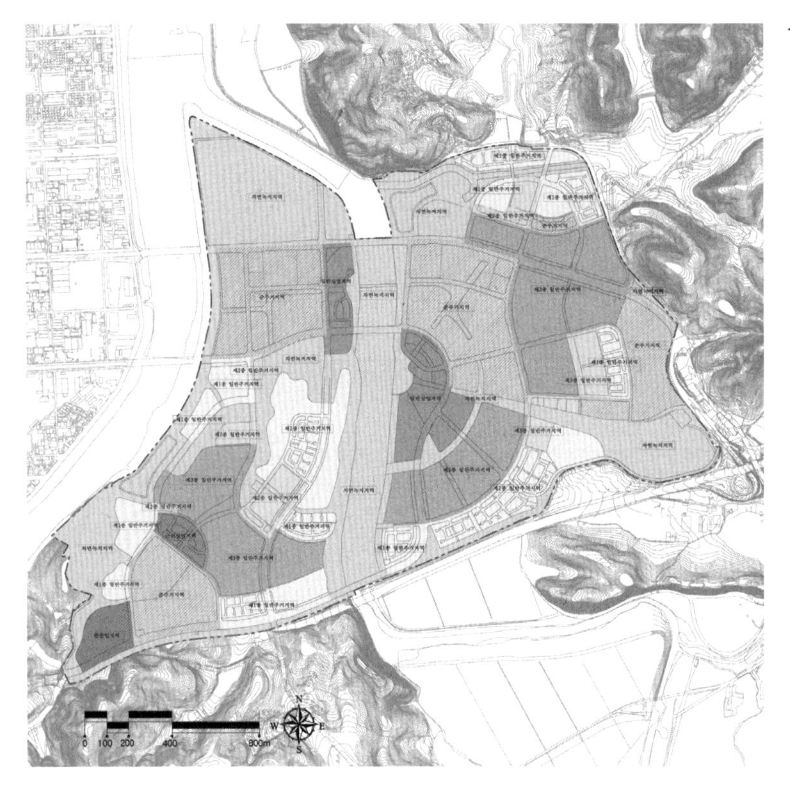

용도 지역 계획(예시)

건축물 용도 계획(예시)

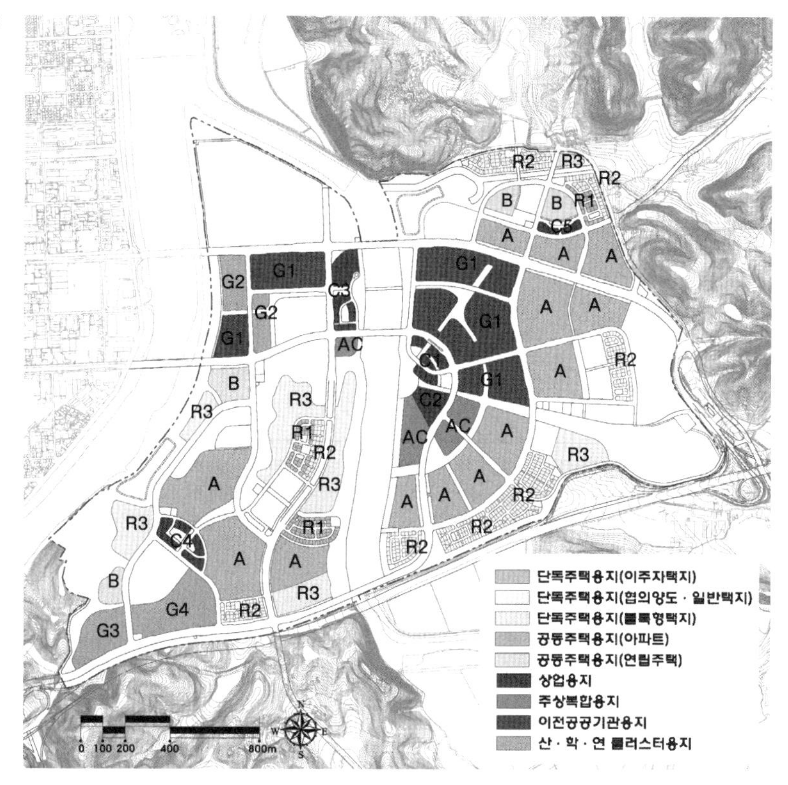

3.4 혁신 창출을 위한 특화사업의 추진[13]

1) 탄소배출을 최소화하는 친환경 녹색도시의 건설

2008년 이명박 정부가 미래 국가성장 동력으로 '저탄소 녹색성장' 비전을 제시하고, '녹색 성장 국가 전략'이 수립됨에 따라 친환경 녹색도시개발을 추진하게 되었다. 이에 국토교통부는 녹색보도 · 자전거도로 중심의 녹색교통체계 도입, 에너지 저감형 건축물 확대 보급, 신재생에너지 도입 확대 등을 골자로 하는 추진 방안을 마련하였다.

13 국토교통부(2016), 자료 요약.

사업시행자인 한국토지주택공사는 사업의 기본방향을 저탄소 녹색성장 정책에 부합하도록 환경오염과 탄소배출을 최소화하는 도시 건설로 설정하고, 계획 요소에 ① 친환경 녹색교통체계, ② 자연순환형 도시, ③ 건물, 주택의 에너지 절약 및 효율화를 통한 탄소중립도시 등의 내용을 포함하였다.

혁신도시의 보도 및 자전거도로 규모(2013년 7월 말 기준)
출처 : 국토교통부 공공기관지방이전추진단
(단위 : km)

구분	계	대구	울산	광주	강원	충북	전북	경북	경남	제주
보도	32.7	1.4	3.4	6.4	4.9	5.3	6.2	1.7	2.8	0.6
자전거	267	34	32	49	15	31	43	28	24	11

혁신도시의 녹지, 저류지, 하천 규모(2013년 7월 말 기준)
출처 : 국토교통부 공공기관지방이전추진단
(단위 : 천m^2)

구분	계	대구	울산	광주	강원	충북	전북	경북	경남	제주
녹지	8,623	1,037	735	1,754	880	1,627	737	811	831	211
저류지	357	11	26	71	27	66	62	25	48	21
하천	760	93	29	9	38	94	39	127	331	-

건축물별 신재생에너지 도입 방안

구분	내용
단독주택	• 태양광 : 3kwp 이상 설치(권장) 단, 울산 제외 • 태양열 : 12m^2 이상 설치(권장)
공동주택(울산, 제주 제외)	• 전용60m^2 이하 : 0.1kwp 이상 설치(국고지원이 없는 경우 권장) • 전용60m^2 이상 : 0.2kwp 이상 설치(국고지원이 없는 경우 권장) * 광주 시범지역(4개 블록)은 의무적용 • 건물에너지효율등급 : 1등급(권장)
이전공공기관	• 공공기관 발주 연면적 3천m^2 이상 건축물은 건축비의 5% 이상 신재생에너지에 투자 • 건물에너지효율등급 : 1등급(의무)

한편, 국토해양부는 지방으로 이전하는 공공기관 신축청사의 에너지 효율을 현행 에너지효율 1등급(300kWh/m^2·년)보다 50% 이상 절감하는 '초에너지 절약형 녹색 건축물' 시범사업에 참여할 기관을 공모하였다. 시범청사는 일반건축물의 1/3 미만의 에너지 사용만으로 운영이 가능하도록 최적화된 설계, 고단열 벽체·창호, 태양광·지열 등 녹색건축기술을 활용하도록 계획하였다. 시범사업은 혁신도시별로 1개 기관씩 총 10개 기관(공기업 등 7개, 정부기관 3개)을 선정하였다.

녹색시범사업 선정기관 현황(2012년 1월 말 기준)
출처 : 국토교통부 공공기관지방이전추진단

이전지역	기관명	시범사업 건축 연면적(m^2)	목표 에너지 소요량(kWh/m^2·년)
강원	대학석탄공사	5,954	149.4
대구	한국사학진흥재단	4,737	145
울산	에너지관리공단	24,298	147.1
충북	한국교육개발원	25,350	138.2
부산	한국해양연구원	7,860	149.2
전북	한국전기안전공사	19,509	148
경남	한국토지주택공사	109,520	149.5
제주	국세청 고객만족센터	6,671	139.9
경북	우정사업조달사무소	8,198	149
광주·전남	해양경찰학교	22,074	144.4

초에너지 절약형 건축을 위한 단계별 전략(예시)

500
150
Passive Design
건축적 디자인을 통한 에너지 저감
Active Design
고효율 설비를 통한 에너지 저감
Renewable Energy
신재생 에너지 생산
일반 업무용 건축물
1단계
2단계
3단계

일반 건축물과 에너지 소요량 비교

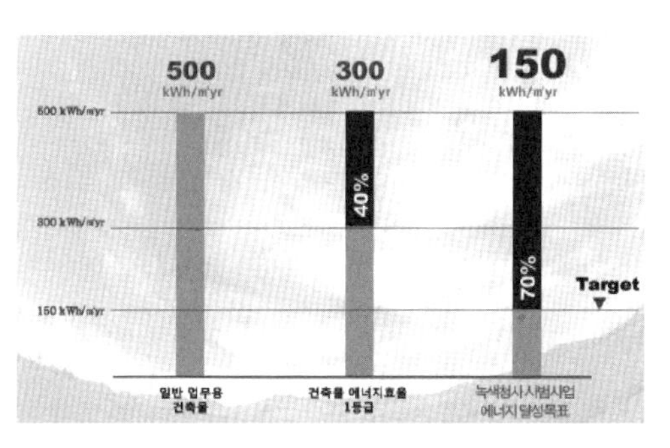

시범사업 선정기관 중 경남진주 혁신도시로 이전하는 한국토지주택공사는 '에너지 소비형 건물'에서 '생산형 건물'로 패러다임을 전환하는 모범사례 구현을 위해, 신재생에너지 설비(약 2,400kW)를 설치하여 에너지 자급률 10%를 달성하고, 고성능단열, 로이 삼중유리, 옥상녹화 등 건축적 패시브 디자인과 고효율 에너지 기자재, LED 조명 등을 적용하였다.

2) 첨단도시 기법으로서 정보화(U-City) 사업추진

혁신도시의 인구유입 촉진과 활성화를 위해서는 혁신도시를 편리하고 안전한 도시로 조성할 필요가 있으며, 이에 혁신도시별 특성과 유지관리 비용 등을 고려하여 적정한 범위 내에서 다양한 첨단도시 기법의 도입을 추진하고 있다. 이를 위해 2009년 첨단도시기법 도입을 위한 기본계획을 수립하고, 이후 실시계획 변경을 통해 혁신도시 건설에 본격 적용하였다. 2011년 하반기부터는 U-City 관로매설공사를 시작으로 사업을 진행 중에 있다.

혁신도시 정보화(U-City) 사업은 첨단 IT기술을 활용하여 공공지역방범, 대중교통정보제공, 교통신호제어, 주정차위반단속 등 주민 안전도모 및 도시기능 강화를 추진하는 사업이다. 현재 부산·제주를 제외한 8개 혁신도시에서 혁신도시 정보화(U-City) 운영센터 구축 및 CCTV 설치 등 정보통신공사를 추진 중이다.

한편, 국토해양부는 2009년부터 범죄 등으로부터 안전한 혁신도시를 건설하여 정주여건을 개선하기 위해 범죄예방기법의 일종인 CPTED(Crime Prevention Through Environment Design)를 도입하였다. 이는 범죄에 대한 방어적인 디자인(defensive design)을 통해 범죄 발생 기회를 줄이고, 도시민이 범죄에 대한 두려움을 덜 느끼고 안전감을

U-City 개념도

기본서비스
교통 흐름관리
U-Safety
시설물 종합관리
화재예방 및 대응
특화서비스
학부모 안심
U-자연학습
Happy Gallery
U-주치의
정보전달
이동형 단말기
통합단말기
노트북
핸드폰
PDA
U-Street
U-Park
정보문화관
체험관

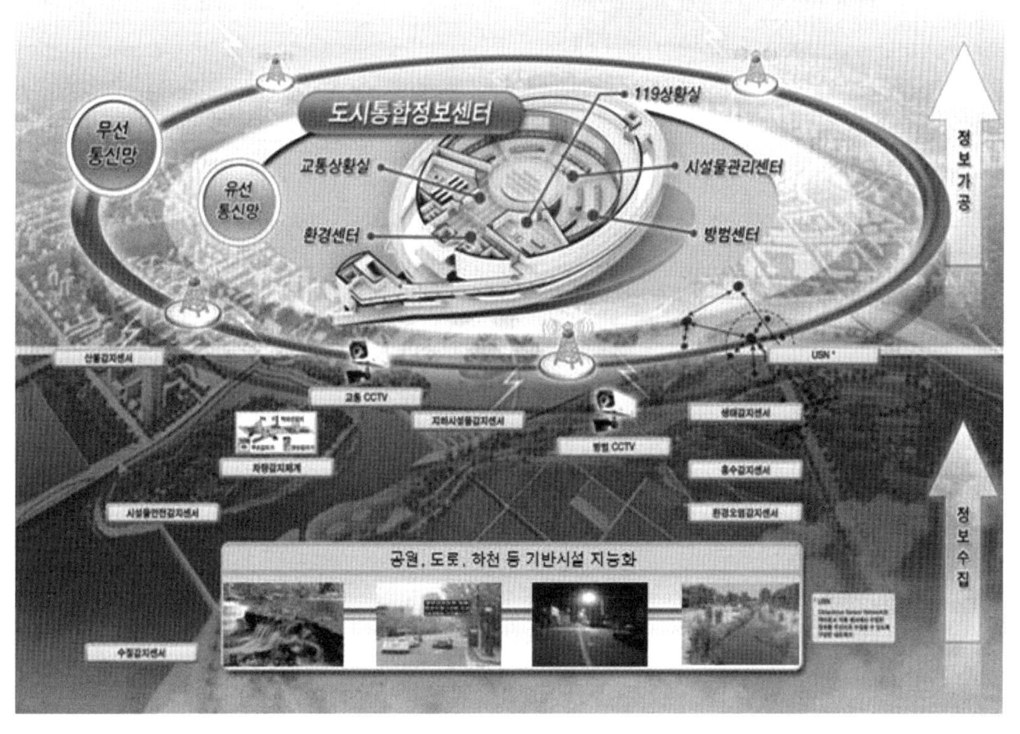
무선 통신망
유선 통신망
도시통합정보센터
119상황실
교통상황실
시설물관리센터
환경센터
방범센터
정보가공
교통 CCTV
방범 CCTV
USN
정보수집
공원, 도로, 하천 등 기반시설 지능화

느끼도록 하여 시민들의 삶의 질을 향상시키자는 예방 기법이다. 주요 내용은 ① 혁신도시별 CPTED 기본방향 설정 및 도입요소 도출, ② 혁신도시별로 CPTED 도입을 위한 가이드라인을 마련, ③ 주거단지, 공동주택, 상업지역, 공원 등 혁신도시 시설 및 장소별 CPTED 적용방안 마련 등이다. 정부는 혁신도시별 CPTED 도입을 위한 가이드라인을 마련하고, 전문가 의견 수렴 등을 거쳐 혁신도시별 개발계획 및 실시계획을 변경하여 해당 내용을 반영하였다.

범죄예방설계

- 도시개발 설계 단계에서 범죄 유발 환경을 사전 발굴하여 범죄예방 및 안심할 수 있는 도시공간 설계
- 혁신도시별 공통 및 개별 설계 지침 마련
  - (건물 계획) 건물 내부를 관찰 가능한 투시형 유리 설치, 주출입구·주차장 접근 통제 및 폐쇄회로 텔레비전(CCTV) 설치, 취약부분 집중 조명 설치, 자연 감시가 용이하도록 교목 식재, 경사지붕 설치 등
  - (공공시설 계획) 교차로 부분 라운드화로 가시권 확보, 지하도 직선화 및 절점부 비상벨·CCTV 설치, 공원 경계는 울타리나 투시형 담장으로 영역 구분, 벤치는 개발 공간에 가로등과 함께 설치, 감시가 용이한 위치에 어린이놀이터, 여성쉼터 등의 공간배치, 취약 정류장에 CCTV 및 비상벨 설치 등

CCTV 활용 예

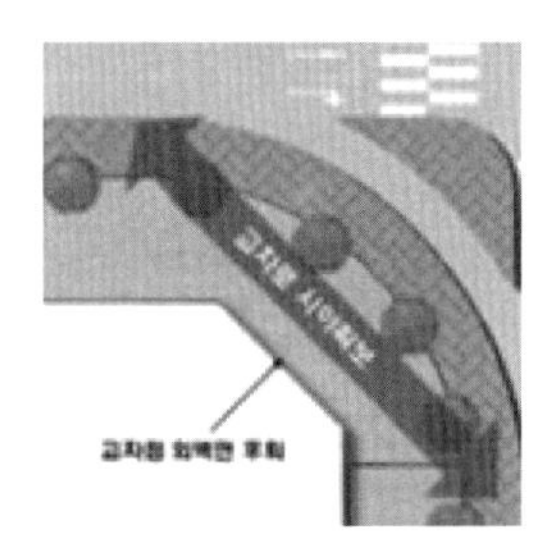
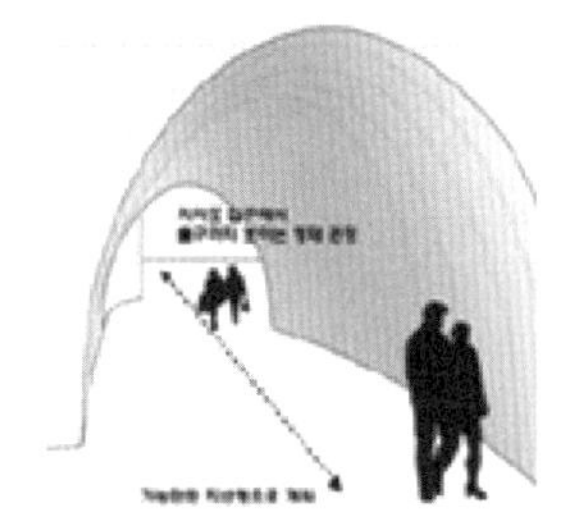
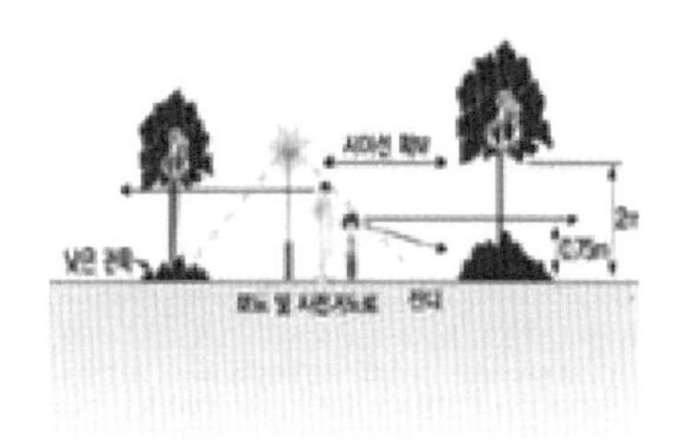

범죄예방 설계의 예

3) 지역 성장거점 육성을 통한 산·학·연 클러스터 구축

혁신도시의 가장 큰 특징 중 하나인 산·학·연 클러스터 구축사업은 이전공공기관과 관련 있는 기업, 대학, 연구소 등을 혁신도시에 유치하여 혁신도시를 특화된 지역 성장거점으로 육성하는 것을 목표로 하고 있다. 산·학·연 클러스터는 기업·대학·연구소 등의 상호작용을 통해 기술 개발, 인적 교류, 정보 교류, 사업시행 등에서 시너지 효과가 극대화되도록 유도하여 고부가가치를 창출하는 지리적 집중체라고 할 수 있다.

정부는 2007년 7월 부산광역시 등 10개 지방자치단체로 하여금 혁신도시 클러스터 구축계획을 수립하도록 '혁신도시 산·학·연 클러스터 구축계획 수립 가이드라인'을 마련하였다. 가이드라인에 따르면 산·학·연 클러스터 유치업종은 이전공공기관과 연계된 이전·신설기업, 연구기관 및 지원기관이며, 연계기업의 범위는 이전공공기관의 산업적 특성 고려하여 설정하도록 제안하고 있다. 또한 클러스터의 공간배치는 전략산업 및 첨단산업시설, 연구개발시설, 지원시설 용도 등으로 구역을 배분하여 구상하도록 제안하고 있다.

개발계획 및 실시계획과의 부합성이라는 관점에서 볼 때 클러스터 구축계획의 핵심적 내용은 다음의 3가지로 요약된다. 첫째, 지역의 산·학·연 현황과 이전공공기관의 산업적 특성 및 지역전략산업 분석 등을 통해 혁신도시 클러스터의 특화발전 방안을 수립한다. 둘째, 특화발전을 위해 필요한 유치대상 업종의 수요를 분석하고 유치전략을 수립한다. 셋째, 수요분석 결과 등을 바탕으로 유치대상 업종을 공간적으로 적합하게 배치한다.

대목차	소목차
계획의 개요	계획 수립의 배경 및 목적 계획의 성격 계획 수립 절차
혁신도시 산·학·연 여건 분석	지역의 산·학·연 현황 이전공공기관의 산업적 특성 분석 지역전략산업 분석
혁신도시 클러스터 발전 방향	비전 목표 추진 과제 : 혁신도시 특화 방안 제시
유치전략 및 협력 방안	유치전략 유치대상 업종 수요분석 유치대상 업종 및 기능 설정 유치전략 수립 협력방안 추진체계 추진체계별 협력방안
공간배치 구상	현황분석 시설 및 공간배치 구상
소요 재원 및 추진 일정	연차별 투자계획 추진 일정

혁신도시 산·학·연 클러스터 구축계획의 내용
출처 : 국토교통부(2013), 혁신도시 산·학·연 클러스터 구축계획

2013년 12월 10개 혁신도시별로 산·학·연 클러스터 구축계획이 수정·보완을 거쳐 수립 완료되었고, 이후 2014년 4월부터 민간 기업 등을 대상으로 산·학·연 클러스터 용지를 공급하기 시작하였다. 산·학·연 클러스터 용지란 혁신도시 내에 유치되는 기업·대학·연구소 간 긴밀한 협력과 지식, 정보, 기술 등 교류 여건을 갖춘 단지를 의미한다. 산·학·연 클러스터 용지는 부산을 제외한 전체 혁신도시 면적의 7.1%로 구성되어 이전공공기관과 함께 향후 지역 성장의 거점으로 육성할 계획이다. 또한 산·학·연 클러스터용지의 조기 분양과 활성화를 위해 충북과 대구 혁신도시 내 클러스터 일부를 도시첨단산업단지로 지정하여 입주기업에 지방세 감면 혜택을 부여하고 있다.

혁신도시별 산·학·연 클러스터 면적 및 비전
출처 : 혁신도시 홈페이지(http://innocity.molit.go.kr/)

사업지구	혁신도시 규모(천m²)	클러스터 면적(천m²)	클러스터 비전
대구	4,216	858	교육학술 및 비즈니스 서비스
광주·전남	7,361	415	농생명·정보통신·문화예술·에너지산업
울산	2,984	141	에너지·노동복지산업
강원	3,596	145	건강·생명·관광·자원기반산업
충북	6,899	682	태양광·IT·BT산업, 교육·연수 및 컨벤션산업
전북	9,852	209	농업, 생명공학클러스터 육성
경북	3,812	307	그린에너지·IT융합·첨단교통·농생명산업
경남	4,093	216	항공, 바이오, 세라믹, 에너지산업, 의료 건강산업의 창조적 융합
제주	1,135	159	교육·연수 및 MICE산업, 관광·문화콘텐츠
합계	42,815	2,975	-

산·학·연 클러스터 용지 분양 추이
출처 : 혁신도시 홈페이지(http://innocity.molit.go.kr/)

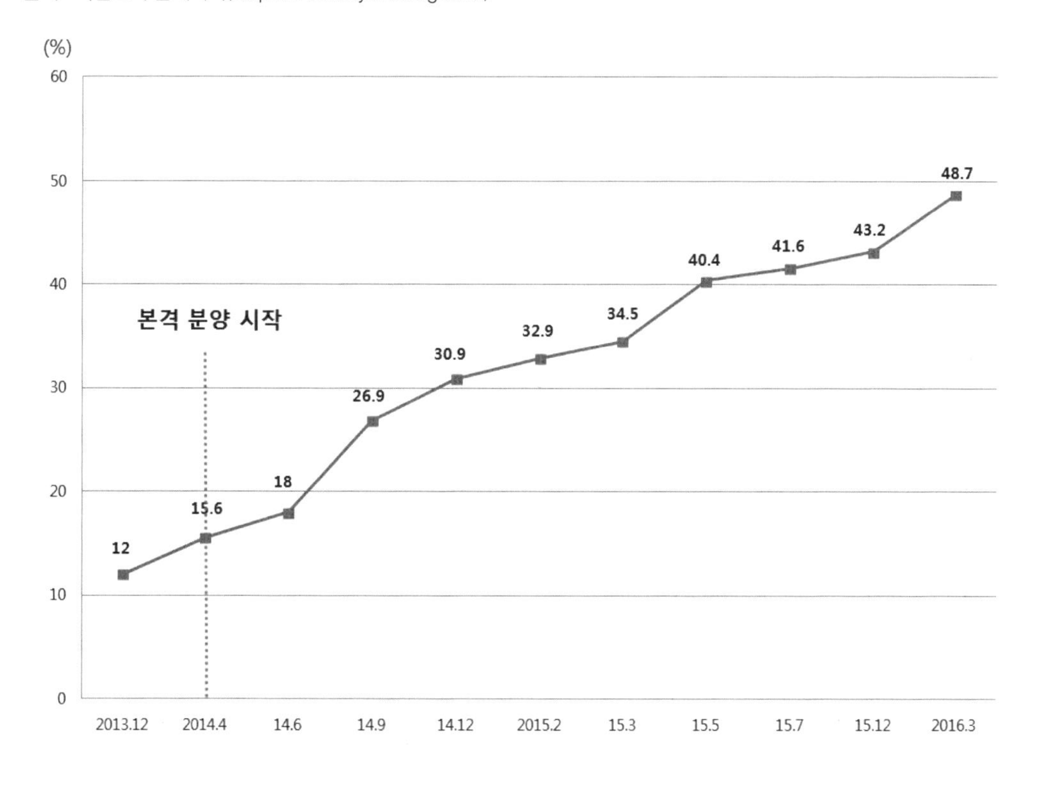

3.5 공공기관의 지방이전과 지원[14]

1) 지방이전계획의 수립과 이전 현황

2019년 4월 말 현재 이전대상으로 선정된 공공기관은 총 153개이다.[15] 이전대상 공공기관의 유형별 특성을 보면, 소속기관이 44개, 공기업이 18개, 준정부기관이 50개, 기타 공공기관이 41개이다. 총 153개의 이전대상 공공기관 중 혁신도시로 이전하는 기관은 113개, 세종시로 이전하는 기관은 19개이며, 개별이전하는 기관은 21개이다. 한편, 이전대상 인원은 혁신도시로는 40,459명, 세종시로는 3,854명, 개별이전하는 대상은 5,447명에 달한다.

지역	계	소속기관	공기업	준정부기관	기타 공공기관
전체	153	44	18	50	41
혁신도시	113	32	15	43	23
세종시	19			3	16
개별이전	21	12	3	4	2

이전대상 공공기관 현황 (2019.4월 기준)
출처 : 혁신도시 홈페이지 (http://innocity.molit.go.kr/)

구분	이전 기관 수	이전인원(명)	이전인원 규모별 현황(개)		
			200명 초과	200~50명 이상	50명 미만
계	154(30)	49,760(4,885)	81	60	13
혁신도시	115(14)	40,459(2,094)	63	43	9
세종시	20(15)	3,854(2,531)	8	9	3
개별이전	19(1)	5,447(260)	10	8	1

공공기관 이전인원 현황 (2016.9월 기준)
출처 : 혁신도시 홈페이지 (http://innocity.molit.go.kr/)

14 혁신도시 홈페이지 자료 요약.

15 이전대상 공공기관이 154개로 확정되기까지 몇 차례의 조정과정이 있었다. 공공기관 지방이전계획(2005.6.24.)이 발표될 당시에는 전체 공공기관(409개) 중 수도권 소재 공공기관(345개)을 대상으로 기관의 성격 및 수행 기능 등을 분석하여 수도권 잔류의 불가피성이 인정되는 기관은 제외하고 176개 기관이 이전대상기관으로 선정되었다.

공공기관 지방이전 계획에 따라 지방이전대상으로 지정된 공공기관은 「국가균형발전특별법」 및 「혁신도시특별」에 따라 지방이전계획을 수립한 뒤 국토해양부의 승인을 거쳐 지방으로 이전하여야 한다. 지방이전계획은 개별공공기관의 지방이전에 관한 종합계획으로 이전 규모 및 범위에 관한 사항, 이전 시기에 관한 사항, 이전 비용의 조달방안에 관한 사항 등이 포함되어야 한다.

2019년 4월 말 현재 지방이전 현황을 살펴보면, 총 153개 기관 중 150개 기관이 이전을 완료하였으며, 지역별로는 혁신도시에 110개 기관, 세종시에 19개 기관, 개별이전 21개 기관이 이전하였다. 향후 혁신도시에 3개 기관이 2019년 하반기에 이전하면 153개의 이전대상 공공기관 이전이 최종적으로 완료된다.

이전 공공기관 지방이전 계획 내용
출처 : 국토교통부(2009), 이전공공기관 지방이전계획 수립 지침

구분	주요 내용
계획의 개요	• 계획 수립의 배경과 목적 • 계획의 역할 • 계획 수립의 절차
기관의 일반 현황과 주요 업무	• 일반 현황 • 주요 업무
현사옥(청사) 이용의 현황 및 평가	• 현사옥(청사) 이용 현황 • 현사옥(청사)의 평가
신사옥(청사)의 의의	신사옥(청사)의 의의
신사옥(청사)의 부지 및 시설 규모	• 신사옥(청사)의 부지 규모 • 신사옥(청사)의 시설 규모
신사옥(청사) 건설 및 이전 시기	신사옥(청사) 건설(임차, 취득) 및 이전 시기
신사옥(청사) 건설(임차, 취득) 비용 등과 재원조달방안	• 신사옥(청사)의 건설(임차, 취득) 비용 등 • 종전부동산 보유 현황 및 매각 가능 금액 • 재원조달방안
이전추진계획	• 이전대상 직원 및 가족구성원의 현황 • 이주 직원 지원대책 • 지방이전에 따른 수입 감소를 최소화하기 위한 대책
그 밖에 지방이전과 관련하여 필요한 사항	기관의 특성에 따라 지방이전과 관련하여 필요한 사항

2) 공공기관 지방이전을 위한 지원

2005년 6월 발표된 '공공기관 지방이전 계획'에서는 이전기관의 업무 효율성이 저하되지 않고 쾌적한 환경에서 근무할 수 있도록 적극적으로 지원하고, 이전기관의 직원들과 가족이 이전지역에서 생활하는데 불편이 없도록 최대한 지원한다는 기본원칙을 설정하였다. 또한 이러한 기본원칙하에 이전공공기관에 대한 3개 항목의 지원방안과 이전 직원에 대한 4개 항목의 지원방안을 제시하였다.

공공기관 지방이전 계획에서 제시된 7개 항목의 이전공공기관 및 직원에 대한 지원방안은 이후 38개 정부지원과제로 구체화되어 소관부처별로 추진되고 있다. 2015년 12월 말 현재 38개 정부지원과제 중 31개가 이행되었고, 7개 과제는 추진 중이거나 미이행 상태이다. 미완료된 7개 과제는 '기관별 실정에 맞는 지원 강화', '우수학교 적극 유치', '다양한 학교운영 모형 시범적용', '영재교육기관 우선 설치 지원', '종합병원 신설·이전 지원', '조기 희망퇴직·명예퇴직 허용', '대학생 자녀 학자금 지원' 등이다.

38개 정부지원과제 이행현황(2015년 2월 기준)

대상	지원 항목	관리 번호	세부 지원 내용	소관부처	비고
이전 기관	기존사옥 등의 매각지원	1	기존사옥 및 부지 장기 미매각 시 LH에서 일괄 매입	국토교통부	완료
		2	미매각 종전부동산 매입에 따른 손실 발생 시 국고 지원	기획재정부	2012년 완료
		3	LH에서 기존사옥 등 매입 시 취·등록세 면제	행정자치부	완료
	새로운 사옥마련 지원	4	이전기관의 이전 재원 부족액 국고 지원	기획재정부	2013년 완료
		5	이전기관의 국유 재산 수의계약 매입 허용	기획재정부	완료
		6	이전기관의 공유 재산 수의계약 매입 허용	행정자치부	완료
		7	이전기관이 부동산 매입 시 지방세 감면	행정자치부	완료
		8	사옥 건축을 위한 농지 조성비 감면	농림축산식품부	완료
		9	사옥 건축을 위한 대체산림자원 조성비 감면	산림청	완료
		10	사옥 건축을 위한 초지 조성비 감면	농림축산식품부	완료
이전 기관	원활한 업무 수행 지원	11	지방이전 민간 기업에 준하는 법인세 감면	기획재정부	완료
		12	지방이전과 관련 경영자율성 확대	기획재정부	완료
		13	지방이전 관련 경영평가지표 개선	기획재정부	완료
		14	기관별 실정에 맞는 지원 강화	각부처, 기재부	
이전 직원	주택문제 해결	15	주택 우선 분양	국토교통부	완료
		16	임대주택 우선 입주	국토교통부	완료
		17	주택자금 장기 저리 지원	국토교통부	2012년 완료
		18	주택분양택지 우선 공급	국토교통부	완료
		19	독신 직원을 위한 기숙사 건립 지원	국토교통부	완료
		20	거주 이전을 위한 주택 중복 보유 기간 연장	기획재정부	완료
		21	주택구입시 취득세 감면	행정자치부	완료
	우수한 교육여건 조성	22	우수학교 적극 유치	교육부	
		23	다양한 학교 운영 모형 시범 적용	교육부	
		24	영재 교육기관 우선 설치 지원	교육부	
		25	기존 학교 교육 여건 개선 우선 지원	교육부	2012년 완료
		26	다양한 특별 교육 프로그램 운영 권장	교육부	2013년 완료
		27	이전기관 자녀의 전·입학 지원	교육부	완료
		28	학교 설립 및 교원 수급 계획 조기 마련	교육부	2013년 완료
	양질의 정주여건 조성	29	종합병원 신설·이전 지원	보건복지부	
		30	기반시설 설치비(진입도로 설치) 국고 지원	국토교통부	완료
		31	기반시설 설치비(상하수도 설치) 국고 지원	환경부	2012년 완료
	경제적 직접지원	32	지방이전 수당 한시적 지급	기획재정부	완료
		33	이사비용 지급	기획재정부	완료
		34	조기희망퇴직·명예퇴직 허용	기획재정부	
		35	이직 배우자 실업급여 지급	고용노동부	완료
		36	배우자 직장 알선을 위한 원스톱 서비스	고용노동부	완료
		37	대학생 자녀 학자금 지원	기획재정부	
		38	공공부문 배우자 근무지 이전 지원	행자부, 교육부 등	2013년 완료

4. 도청이전 신도시 : 내포신도시

본 절에서는 공공기관 지방이전을 통한 지역 성장거점 조성을 목표로 하고 있는 충남도청이전 신도시(내포신도시)에 대해 살펴본다. 이에 첫째, 도내 공공기관 지방이전을 위한 도청이전 신도시 건설의 시대적 배경, 둘째, 「도청이전을 위한 도시건설 및 지원에 관한 특별법」 제정을 통한 법적 기반 마련, 셋째, 주요 추진전략과 개발 콘셉트, 지역 특성화 계획, 넷째, 개발계획과 실시계획의 주요 내용, 마지막으로 공공기관의 이전과 배치계획 등을 중심으로 구성하였다.

4.1 시대적 배경[16]

내포신도시의 건설 배경은 약 120년 전, 충청남도의 설치와 1930년대 대전으로의 이전에서부터 시작된다. 1896년 8월 전국을 8도제에서 13도제로 개편하면서 행정중심지인 도청을 공주에 배치하였다. 이후 1932년 10월 도청소재지를 공주에서 대전으로 이전하였으며, 1989년 대전시와 대덕군이 통합되면서 대전직할시로 승격되어 기존의 충청남도와 분리되었다. 대전과 충청남도가 별개의 자치단체로 분리된 후, 지역사회에서는 행정구역상 엄연히 구분되는 개별 자치단체로서 충청남도의 행정중심지인 도청을 관내 지역으로 이전해야 한다는 주장이 꾸준히 제기되었다. 이러한 문제 제기 속에 도청의 이전이 결정되었고, 2002년부터 도청이전 신도시 유치 활동을 활발히 벌여온 홍성군·예산군에 도청을 이전하기로 결정하였다.

16 충청남도 내포신도시 홈페이지 자료 요약.

2006년 2월에는 홍성군 · 예산군 일원에 도청이전 예정지역을 지정 · 공고하였고, 2007년 7월, 신도시 도시개발구역을 지정 · 고시함으로써 본격 추진되었다. 2008년에는 「도청이전을 위한 도시건설 및 지원에 관한 특별법」을 제정 · 공포, 개발계획 수립 · 고시되면서 법적 기반이 마련되었다. '내포신도시'의 명칭은 충남 북서부 지역의 내포문화권의 중심이라는 역사적 · 지리적 특징을 잘 반영하고 있다는 점, 황해권 시대의 선도 역할을 한다는 미래지향적 의미를 담았다는 점을 고려하여 2010년 7월, 최종 확정되었다.

내포신도시 주요 추진 경과

연도	월	내용
2006	02	도청이전 예정지역 지정 · 공고
2007	07	도청이전 신도시 도시개발구역 지정 · 고시
2008	03	도청이전 특별법 제정 · 공포
	05	개발계획 수립 · 고시, 편입 용지 보상 · 착수
2009	03	실시계획 승인 고시
	06	부지조성 및 청사 신축공사 기공식
2010	07	'내포신도시'로 도시 명칭 확정

4.2 법적 기반 마련

도청이전 신도시 건설의 근간이 되는 주요 법적 기반으로 2008년에 제정 · 공포된 「도청이전을 위한 도시건설 및 지원에 관한 특별법」(이하 「도청이전법」)을 들 수 있다. 「도청이전법」에서는 도청이전 신도시 건설을 위한 국가 예산지원에 관한 사항, 개발예정 지구의 지정 · 해제와 그에 따른 절차, 이전계획의 수립과 이전지원계획에 관한 사항, 사업시행자 지정과 개발 · 실시계획 승인, 관련 인허가 의제, 토지 수용과 사용, 원주민에 대한 지원, 기반시설 설치, 종전부동산 처리와 활용 등 이전 신도시 건설과 관련된 주요 사항을 다루고 있다.

주요 법령 및 법규
출처 : 충청남도 내포신도시 홈페이지

구분	제목	제/개정일
법령	도청이전을 위한 도시 건설 및 지원에 관한 특별법	2008.3.28.
조례	예산군 건축 조례	2009.12.30.
	예산군 도시계획 조례	2011.7.15.
	예산군 옥외광고물 등 관리 조례	2009.5.12.
	충남도청(내포)신도시 옥외광고물 특정 구역 표시강화 및 표시 완화 변경 고시(예산군)	2012.10.2.
	충남도청(내포)신도시 옥외광고물 특정 구역 표시강화 및 표시 완화 변경 고시(홍성군)	2012.10.2.
	충청남도 도청이전 신도시 보상추진협의회 설치 및 운영 조례	2006.3.20.
	충청남도 도청이전 신도시 보상추진협의회 설치 및 운영 조례	2006.11.10.
	충청남도 도청이전을 위한 도시건설 및 지원에 관한 특별법 시행 조례	2008.9.22.
	홍성군 건축 조례	2011.10.14.
	홍성군 도시계획 조례	2011.10.15.
	홍성군 옥외광고물 등 관리 조례	2007.8.20.
규칙	충청남도 도청소재 도시건설 특별회계 시행규칙	2007.1.10.
	홍성군 건축 조례 시행규칙	1996.3.2.
기타	내포신도시 건축물의 경관심의 세부 운영 기준	2016.1.1.
	내포신도시 공사용 가설울타리 가이드라인	2013.12.5.
	내포신도시 중심 상업지구 건축 가이드라인	2013.12.5.

4.3 건설사업의 추진 과정

1) 사업추진계획 및 전략

충남도청이전 신도시인 내포신도시는 충남 홍성군 홍북면, 예산군 삽교읍 일원에 위치하고 있으며, 면적은 여의도 면적의 3.4배인 9,950천m^2에 달한다. 전체 사업비는 2.6조 원이며, 계획인구는 100천 명으로 오는 2020년을 목표로 추진되고 있다.

내포신도시의 전체적인 추진 단계를 살펴보면, '조성단계'인 1단계는 「도청이전법」이 제정·공포되고, 개발계획이 수립·고시된 2008년부터 2013년까지로 설정되었다. 1단계에서는 도청과 공공기관이 입주할 행정타운을 집중 개발하고, 공공편익시설과 도시기반시설 공급을 주요 목표로 추진되었다. '발전 단계'인 2단계 사업은 2014년부터 2015년까지였으며, 인구유입에 따른 주거용지를 개발하고, 자족기능을 활성화하기 위해 대학용지를 개발하는 것을 개발방향으로 삼았다. 마지막으로 '정착 단계'인 3단계 사업은 2016년 현재부터 완공 목표연도인 2020년까지이며, 신도시 활성화를 촉진시키기 위해 산업단지 유치와 체육시설 조성, 인구유입에 따른 주거용지 개발, 자족기능 활성화를 위한 산업용지 개발 등을 목표로 하고 있다.

내포신도시 건설의 주요 추진전략은 다음과 같다. 첫째, 지역균형발전을 위한 통합형 행정도시(Administrative city)이다. 이는 내포신

추진계획(1~3단계)
출처 : 충청남도 내포신도시 홈페이지

구분	연도	개발목표·방향	계획인구	개발 면적(m^2)
합계			100,000인	9,951,729
1단계 (조성)	2008~2013	도청 및 유관기관 이전 • 행정타운(도청 및 유관기관) 집중 개발 • 교육, 문화 등 공공편익시설 및 도시기반시설 공급	18,793인	2,111,000 (21.2%)
2단계 (발전)	2014~2015	도청 및 유관기관 조기 정착 유도 및 대학 유치 • 인구유입에 따른 주거용지 개발 • 자족기능 활성화를 위한 대학용지 개발	73,932인	6,765,000 (68%)
3단계 (정착)	2016~2020	신도시 활성화 촉진 • 산업단지 유치 및 체육시설 조성 • 인구유입에 따른 주거용지 개발 • 자족기능 활성화를 위한 산업용지 개발	100,000인	9,951,729 (32%)

도시를 중심으로 충청남도의 행정기능을 통합·연계하여 지역균형 발전의 중추적인 구심적 역할을 수행하게 하는 것을 의미한다. 둘째, 지식기반형 첨단산업도시(Technopolis, High-tech city)이다. 지식기반형 첨단산업기반을 구축함으로써 도시의 지속 가능한 발전을 위한 경제적 지속성을 뒷받침하는 원동력으로 삼고, 정보화도시 기반구축 및 지역산업의 육성과 더불어 대학과도 긴밀한 연계체계를 구축함으로써 직주근접의 도시환경을 조성과 지역 인재의 지역 정착을 유도하는 것을 주요 내용으로 하고 있다.

셋째, 고품격 건강복지도시(Wellbeing city)이다. LOHAS(Lifestyles Of Health And Sustainability)[17] 개념을 적용하여 주민의 건강과 지속적인 성장을 추구하는 쾌적한 웰빙도시를 구현하고, 소외된 지역과 계층이 없는 체계적인 복지시스템을 마련하는 것을 주요 내용으로 하고 있다. 넷째, 자연과 인간이 어우러지는 친환경적인 생태도시(Eco-City)이다. 설계 단계에서부터 인간과 자연이 조화를 이루는 친환경적인 도시공간구조를 구축하고, 삶의 질 향상과 도시의 쾌적성을 고려한 생태주거단지, 녹지체계 등에 의한 친환경도시를 구축하는 것을 목표로 한다. 다섯째, 정보화 기반의 유비쿼터스 도시(U-city) 조성이다. 도시통합정보 네트워크를 구축하여 공공서비스를 정보화하고, 공공행정서비스와 기업활동의 효율성을 높이기 위한 혁신환경을 구축한다. 마지막으로 재난과 재해에 안전한 도시건설(Safe city)이다. 사전재해영향성 평가를 통한 안전한 도시를 건설함과 동시에 도시방제관리 시스템을 구축하여 안전성과 효율성을 고려한다.

17 건강과 지속적인 성장을 추구하는 생활방식을 의미하며, 공동체의 환경과 미래에도 지속 가능한 발전을 고려하는 '사회적 웰빙'이라는 관점에서 지역주민의 전체적인 삶의 질을 높여주는 신개념적인 접근 방법이다.

2) 기본구상 및 특성화 계획

내포신도시는 충청남도의 상생발전과 지역균형발전, 지역통합에 의한 공동번영을 실현하기 위한 지속 가능한 충남 발전을 선도하는 LOHAS형 신도시로 계획되었다. 구체적으로는 생태도시, 안전도시, 유비쿼터스 도시 개념을 전체적인 도시계획의 기반으로 삼고 있으며, 도시의 주요 성격과 기능을 첨단도시, 통합형 행정도시, 건강복지도시의 세 가지 슬로건을 주요 개발방향으로 설정하였다.

개발방향
출처 : 충청남도 내포신도시 홈페이지

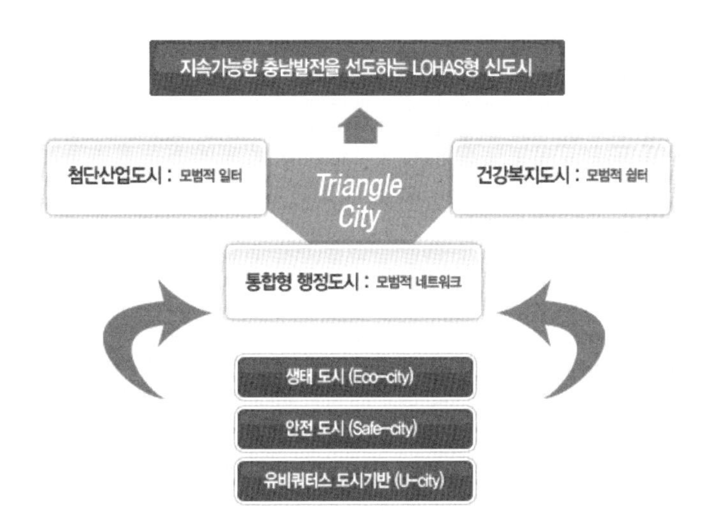

이러한 기본구상과 개발방향하에, ① 도시가 숲이 되는 'Green City' → 녹지율 50% 이상, ② 자연이 에너지가 되는 '신재생에너지도시', ③ 자전거이용이 자유로운 '자전거천국도시', ④ 쾌적한 도시환경을 창출하는 '5無도시', ⑤ 감각적이고 세련된 '공공디자인도시', ⑥ 지역 정체성이 살아 숨쉬는 '창조도시', ⑦ 국내 최고의 교육경쟁력 확보 '교육특화도시', ⑧ 일상이 불편함이 없는 '안전도시' 등 총 8개의 특성화 계획을 제시하고 있다.

내포신도시의 주요 특성화 계획도면
출처 : 한국토지주택공사(2015b)

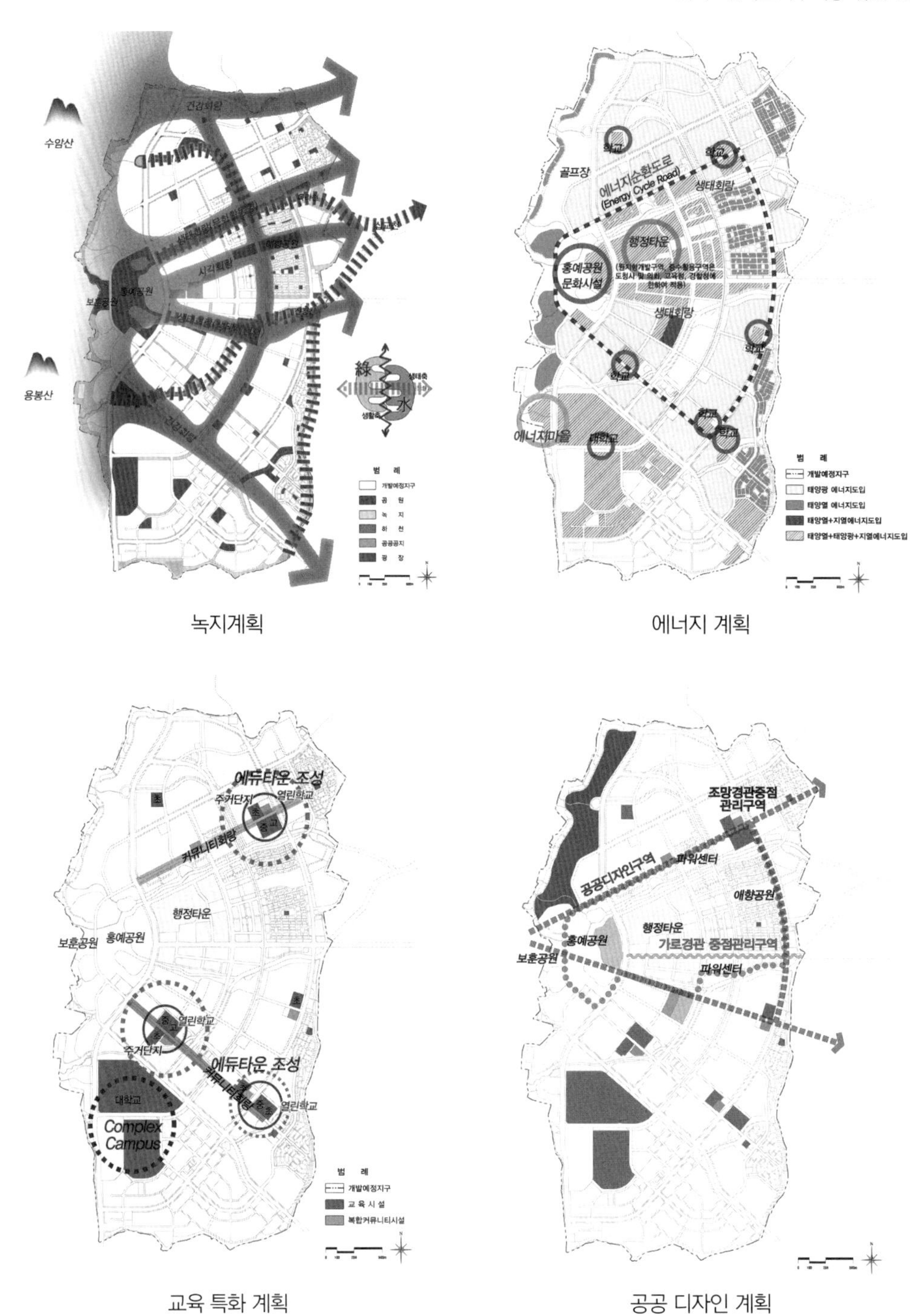

녹지계획

에너지 계획

교육 특화 계획

공공 디자인 계획

3) 개발계획 및 실시계획 수립

(1) 토지이용계획

내포 신도시 토지이용계획의 기본방향은 도청 및 유관기관이 집중되어 있는 행정타운에 도시정체성을 부여하고 녹지와 연계된 쾌적한 도시환경을 조성함으로써 도청이전 신도시의 위상 부여, 주변 지역과의 연계성을 고려한 도시골격 형성과 내부순환체계 구축, 도시의

토지이용계획도
출처 : 한국토지주택공사 (2015b)

주요 기능군(행정, 주거, 산업 등)의 합리적 용도 배분을 통한 조화로운 커뮤니티 구성과 그 커뮤니티 중심의 도시공간 창출, 광역녹지체계와 수체계의 유기적인 연계로 도시녹지체계 간의 연결성 강화, 자원절약형 도시 및 지식기반 중심의 자족기능 도시이미지 강화를 들 수 있다.

주거용지는 총인구밀도를 100인/ha 수준으로 유지하여 환경친화적이고 쾌적한 도시환경을 조성하는 데 주안점을 두고 있으며, 장래 도시 확산에 대비하고자 단독주택용지와 공동주택용지의 비율을 약 2 : 8 수준으로 유지하도록 계획되었다. 상업·업무용지는 탄력적인 도시기능을 확보하기 위해 통합상업축을 구축하고, 특화상업용지를 별도로 조성하여 중심행정타운과 연계된 숙박·상업기능을 동시에 해결할 수 있는 공간으로 구성될 계획이다. 특히, 행정타운에는 도청, 도의회, 경찰, 교육청 및 기타 유관기관이 입지할 수 있도록 계획되었는데 행정타운 배후의 산악조망권을 조성하기 위해 중·저층 배치를 유도하고, 무엇보다 시민친화적인 기법을 도입한다는 점을 특징으로 내세울 수 있다. 마지막으로 산업시설은 충남 북부 지역의 IT, BT 및 자동차 중심의 산업구조와 연계시키고, 황해경제자유구역 지정과 개발에 따른 지원 기능을 강화하는 것에 주안점을 두고 있다.

(2) 인구수용계획

내포신도시는 목표연도인 2020년까지 총 100천 명의 인구수용을 계획하고 있으며, 신도시 건설 투자에 따른 고용창출인구, 공공기관 근무인력 이주에 따른 직간접적인 유발인구, 첨단지식기반 산업용지와 대학유치에 따른 유발인구, 기존 주민이동에 따른 인구유입, 타 도시와 경쟁에서 광역권으로 이동에 따른 인구유입 등 총 다섯 가지의 인구유입 시나리오를 제시하고 있다.

내포신도시 인구
출처 : 한국토지주택공사(2015b)

구분		2013년	2015년	2020년
인구	합계	12,268인	73,932인	100,000인
	홍성	11,790인	56,213인	58,735인
	예산	478인	17,719인	41,265인

또한 지역적 특성을 감안하여 인구 20~30천인 규모의 기초생활권을 총 5개로 구분하여 추진되고 있는데 주거1, 2생활권, 중심1, 2생활권, 산업생활권으로 나누어진다. 주거생활권은 지역의 자연지형과 경관을 고려하여 저밀도, 중·고밀도, 고밀도 지역으로 구분되어 계획되었으며, 밀도 계획에 따라 친환경적 주택단지 조성(저밀도), 다양한 연령계층의 복합적 구성으로 활발한 주민교류 유도(중·고밀도), 커뮤니티회랑 및 대중교통축 활동거점지역의 집중배치(고밀도) 등의 조성기법이 적용된다.

내포신도시의 생활권 구분(좌)과 주거생활권별 밀도 계획(우)
출처 : 한국토지주택공사(2015b)

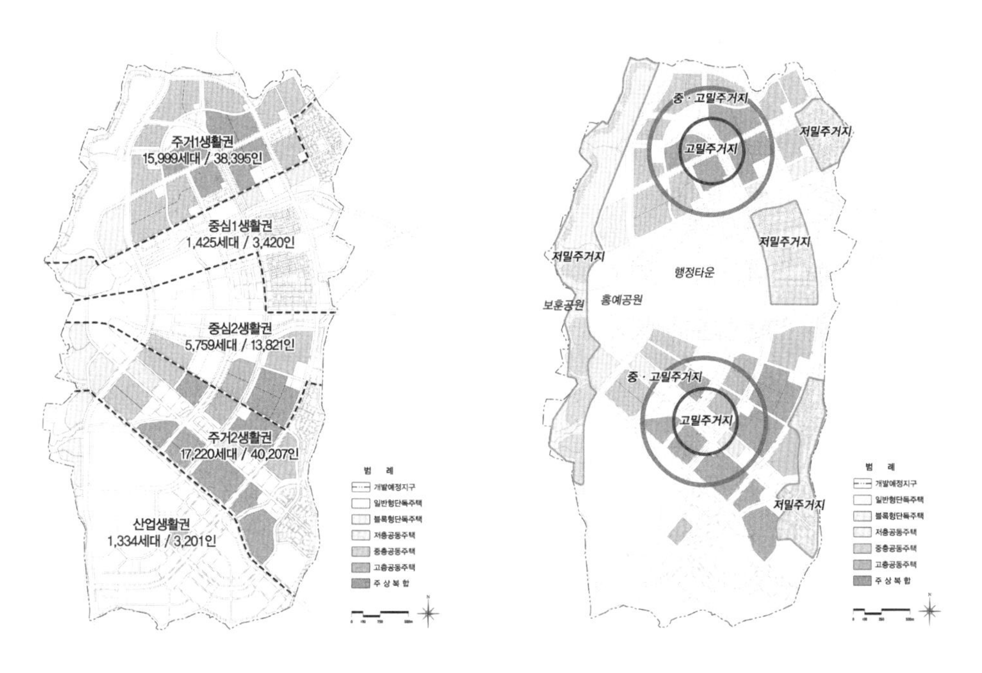

(3) 산업시설의 유치업종 및 배치계획

내포신도시 남측의 산·학·연 클러스터 조성 계획(좌)과 사이언스파크 조감도(우)
출처 : 한국토지주택공사(2015b)

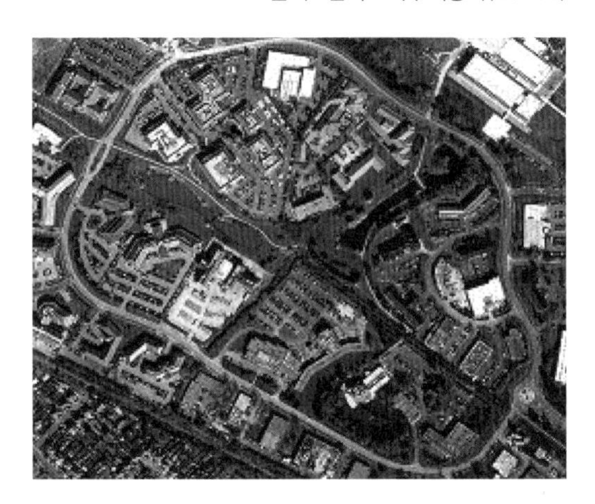

내포신도시 내외부의 산업적 특성과 종사 인구 등을 종합적으로 고려한 결과 유치업종으로는 IT·BT산업으로 확정되었으며, 주로 디스플레이 관련 업종이 다수를 이루고 있다. 또한 산업시설용지는 도시 남측에 집중배치하여 산·학·연 클러스터가 형성될 수 있도록 대학을 중심으로 산학협력시설과 산업시설용지를 배치하는 계획을 제시하고 있다.

(4) 상하수도, 환경기초시설 등 주요 기반시설의 설치계획

내포신도시의 주요 기반시설 설치계획으로는 상수공급망, 배수지 조성, 오수처리 등 하수처리시설, 우수처리시설, 폐기물처리 및 관리시설, 농업 관련 시설(양수장, 용수로), 집단에너지 공급시설(신재생에너지공급시설 포함), 공동구, 신도시 외부의 광역연계도로, 하천정비 등이 있다. 도시 내에서 사용하는 집단에너지(도시가스, 전력, 지역난방 등)시설 계획에서는 태양열, 지열을 이용한 신재생에너지 활용을 적극 장려하고 있으며, 정부의 공급 목표를 상회하는 보급비율을 달성할 수 있도록 조성되었다. 이와 동시에 에너지 절약형 주거단지 조성, 건설된 주택에는 자연채광시스템을 적극 도입하여 일상생활에 투입되는 에너지 활용을 최소화하는 기법이 적용되었다.

기반시설 설치계획 현황
출처 : 한국토지주택공사 (2015b)

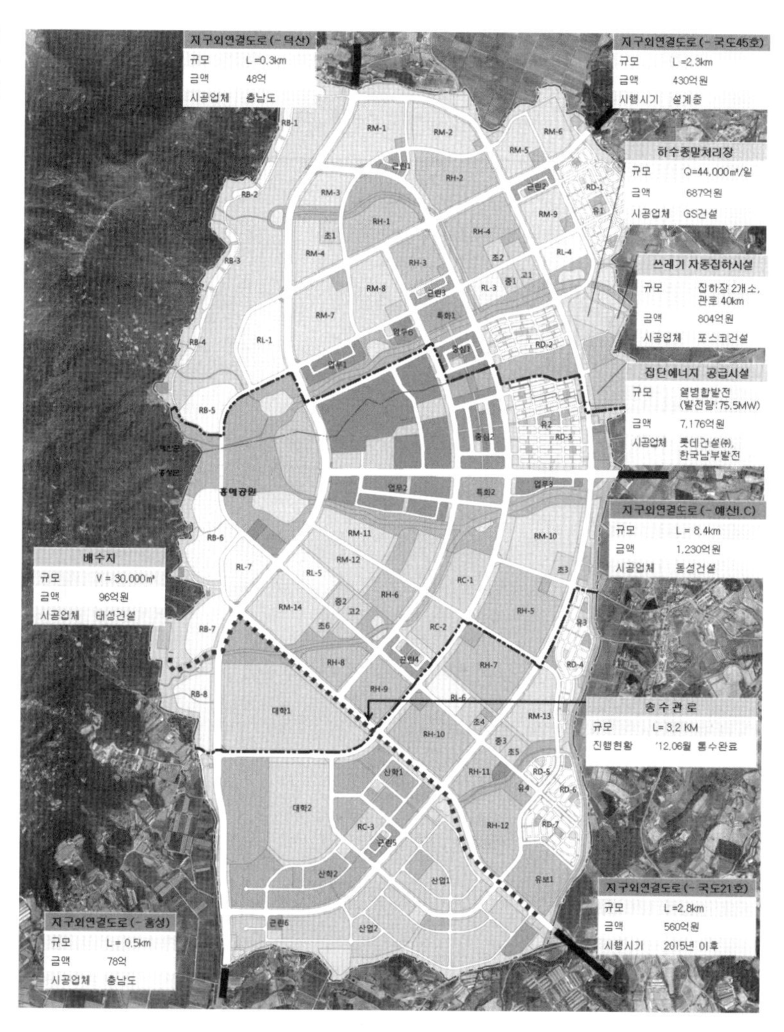

(5) 도시정보화계획

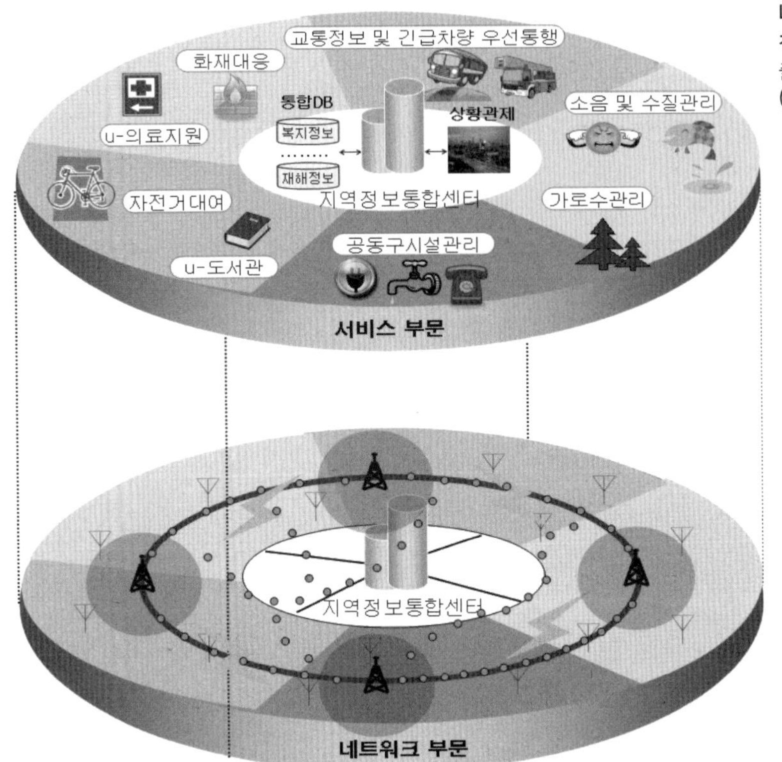

내포신도시 미래형 첨단정보도시 개념도
출처 : 한국토지주택공사(2015b)

내포신도시는 초기 조성단계에서부터 첨단 유비쿼터스 정보기술을 활용하여 신도시 지역경쟁력 강화 및 주민의 삶의 질 향상을 고려해 왔으며, 시설물의 지능화와 네트워크화를 통한 신도시의 첨단정보도시화 기법을 적용하였다. 유비쿼터스 기술 적용을 위해 국내 우수사례(화성동탄, 파주운정, 행복도시, 수원광교)의 적용기법을 참고하여 도입하였다. 유비쿼터스 정보기술을 활용하여 미래형 첨단정보도시를 구현하고자 유비쿼터스 서비스 제공, 지역정보통합센터 구축, 유무선 네트워크 구축, GIS 구축, 정보 역기능 해소 등을 주요 사업분야로 지정하여 추진하고 있으며, 이러한 사업 분야의 기술을 활용해 행정, 교통, 도시기반, 안전과 치안, 생활편의, 환경, 문화, 교육, 의료와 복지 영역에 서비스를 제공한다.

4.4 도청사 등 공공기관의 이전과 지원

내포신도시는 충남도청이전 신도시로 도청사 및 유관기관 이전, 이전기관 근무자 및 기존 주민에 대한 지원 등과 같은 사안은 「도청이전을 위한 도시 건설 및 지원에 관한 특별법」을 근거로 하여 추진된다. 위 법률에서는 개발예정 지구 주민에 대한 지원대책과 더불어 토지 등의 수용·사용, 신도시건설위원회 및 관리위원회의 설립 근거(제27조~제28조), 관련 공무원 조직(이전추진단) 설치 근거(제29조), 종전 부동산 처리와 매입에 관한 사항(제30조~제31조), 이전기관 등에 대한 지원 관련 사항(제32조) 등의 내용을 담고 있다.

1) 행정타운 배치계획

(1) 행정타운 내 주요 행정기관과 배치계획

도청사와 유관기관이 이전하는 행정타운은 신도시 중심부에 위치해 있으며, 행정타운을 중심으로 한 도시중심부 형성을 위하여 방사순환형 도시골격을 조성하였다. 도청사와 관련 유관기관(도의회, 경찰청, 교육청 등) 간의 업무상 연계를 고려한 계획을 수립하여 업무의 효율성을 도모하는 한편, 주변 자연경관과의 조화를 이루기 위해 중·저층으로 건설되었다. 시민친화적인 요소를 고려해 접근성이 용이한 배치계획을 채택했으며, 개방적인 행정타운을 조성하였다.

(2) 행정타운 내 랜드마크 및 시각회랑 조성

도청사를 비롯한 행정타운 중심부는 별도의 지구단위계획을 통해 오픈스페이스를 유도하였고, 이를 통해 시민친화적이고, 지역의 상징적인 의미를 부여한 경관축을 형성해 주변 자연지형과 조화를 이루게 설계되었다. 또한 행정타운 동측의 홍예공원과 행정타운 내 중앙공간을 연계하여 녹지공간을 랜드마크(landmark)화하고자 하였다.

행정타운 및 비즈니스파크 계획 방향
출처 : 한국토지주택공사(2015b)

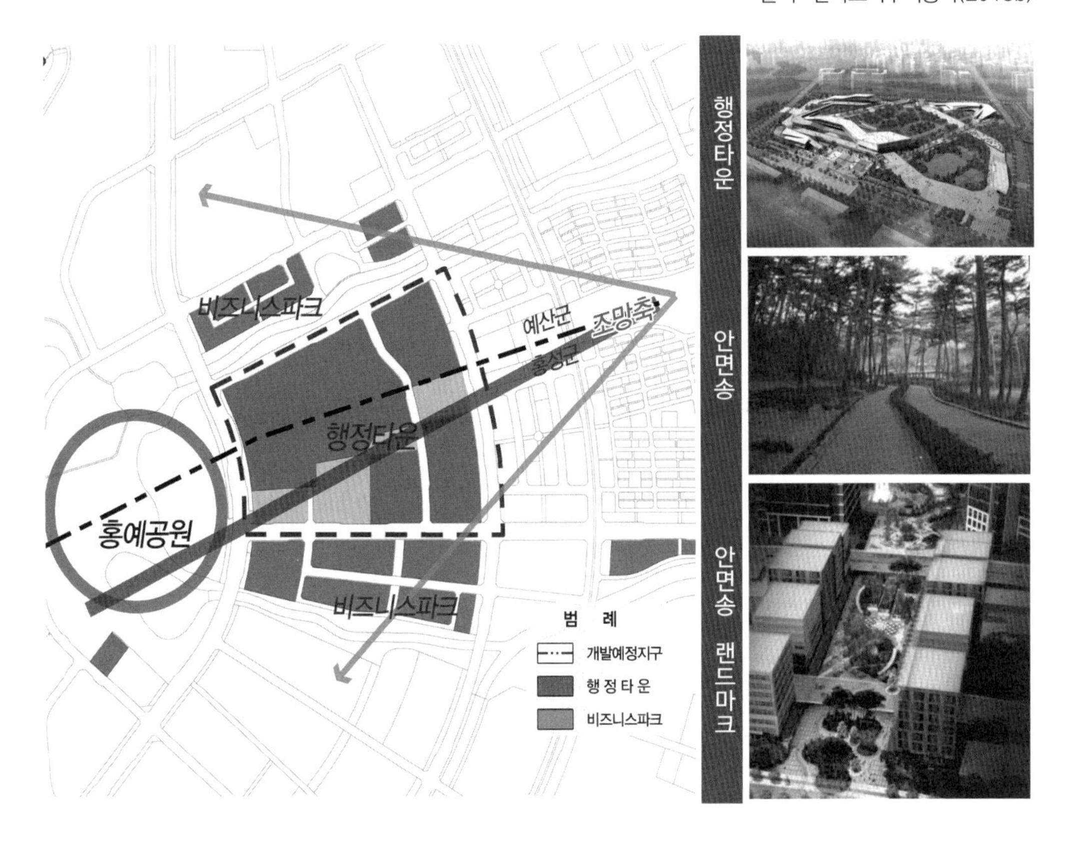

2) 이전기관 현황 및 배치계획

내포신도시 개발계획상 이전추진대상 기관은 총 128개 기관·단체이며, 109개의 기관이 이전을 희망하고 있다. 또한 배치계획으로서 도청과 도의회, 경찰청, 교육청 등의 주요 행정기관은 행정타운 내 배치되었으며, 향후 도시의 여건변화와 부지확보 계획에 따라 요구면적을 반영해 계획을 조정할 예정이다. 기타 유관기관의 이전 부지는 행정타운 내 비축용지(조달청) 25,000m^{2}와 비즈니스파크를 확보해 향후 공공기관이 입지할 수 있도록 계획하고, 일부 기관은 상업시설용지에 개별 입주하도록 하여 업무기능과 상업시설을 연계해 지역상권 활성화를 도모한다.

이전기관 및 공공청사 배치계획
출처 : 한국토지주택공사(2015b)

구분	요구면적 (m^2)	계획면적(m^2)				확보율 (%)	비고
		계	행정타운	비즈니스파크	공공청사		
계	436,502	462,315.7	237,195	174,387.5	50,733.2	-	
도청·도의회	140,000	136,464.1	136,464.1			100.0	공청1
경찰청	39,630	37,952.5	37,952.5			100.0	공청2
교육청	38,226	37,785.4	37,785.4			100.0	공청3
기타 유관기관	218,646	199,380.5	24,993	174,387.5	-	91.2	공청4

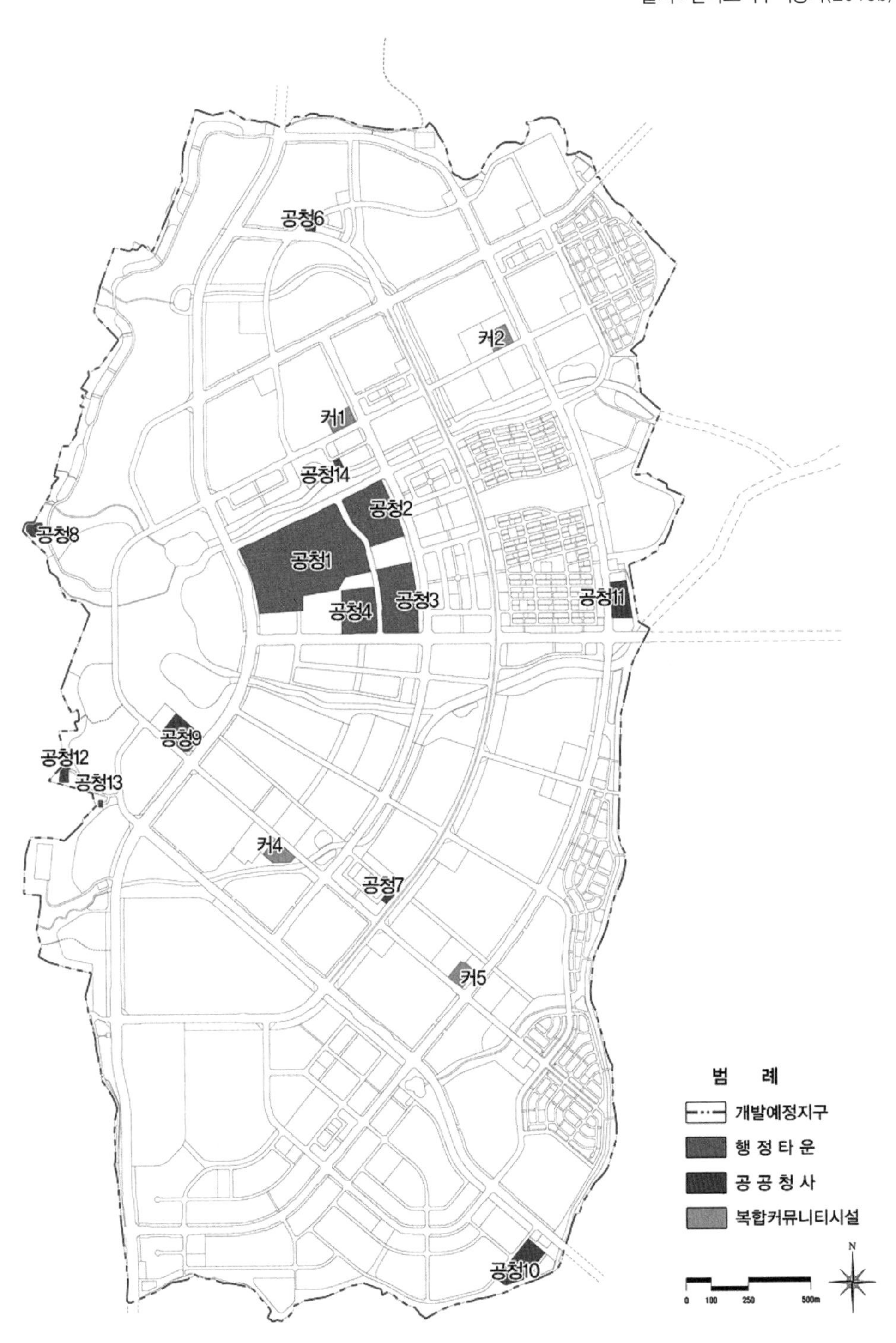

이전기관 및 공공청사 배치계획
출처 : 한국토지주택공사(2015b)

5. 성과와 과제

행정중심복합도시, 혁신도시, 도청이전 신도시(내포신도시) 건설은 도시 인프라 구축에서 지역의 성장거점으로 정착하기까지 10~30년이 소요되는 대규모 국가정책 사업이다. 지금까지 공공기관의 이전 성과를 살펴보면, 행정중심복합도시의 경우 36개 중앙행정기관 및 소속기관과 14개 정부출연 연구기관이 이전하였으며, 혁신도시는 총 118개 이전대상 공공기관 중 106개 기관이 이전을 완료하였다. 또한 도청이전 신도시인 내포신도시에는 도청, 도의회, 경찰청, 교육청 등 66개 기관이 이전을 완료하였다.

정부의 국가균형발전 정책에 따른 도시개발사업

정부의 국가균형발전 정책에 따른 도시개발사업은 모두 공공이 주체가 되어 추진하였는데 LH는 행정중심복합도시와 9개 혁신도시를 단독으로 시행하였으며, 내포신도시는 충남개발공사와 공동으로 사업을 시행하였다. 사업의 시행자로서 LH는 단계별 추진 방안에 맞추어 개발계획 및 실시계획 수립, 토지보상 및 이주대책 마련, 토지 공급에 이르기까지 차질 없이 사업을 수행해왔다. 그동안 한국의 신도시 개발사업 경험을 토대로 LH는 사업이 원활히 추진될 수 있도록 관련 기관 및 시민들과의 소통, 세계적 모범도시 건설을 위한 우수 아이디어 국제공모, 품격 있는 도시문화 조성을 위한 다양한 특화사업 발굴 등 시대의 요구를 반영하여 왔다.

이러한 공공기관 이전과 더불어 그동안의 국가균형발전 사업이 계획대로 성과를 거두기 위해서는 다음과 같은 과제의 해결이 필요할 것이다. 첫째, 신도시로 이전하는 공공기관 및 연관 산업체 등의 종사자와 가족의 정착률을 높이고 삶의 질을 제고하기 위해서는 교육, 의료 등 기초적인 정주환경 조성이 우선적으로 필요하다. 둘째, 공공기관 지방이전이 지역활성화 및 기존 도시와의 상생발전으로 이어질 수 있도록 주변도시와의 연계발전 방안 마련이 필요하다. 셋째, 이전 기관이 지역의 일자리 창출에 기여하고 지역경제 활성화의 촉매가 되기 위해서는 성장거점 역할을 하는 산·학·연 클러스터의 활성화를 위한 적극적인 노력과 지원이 필요하다. 마지막으로, 양질의 정주 환경과 신규 일자리 창출 등 신도시 건설 효과로 인해 기존 도시 또는 인접 도시의 공동화 발생이 예상되므로 이에 대한 대응이 필요하다.

공공기관 지방이전 성과와 과제

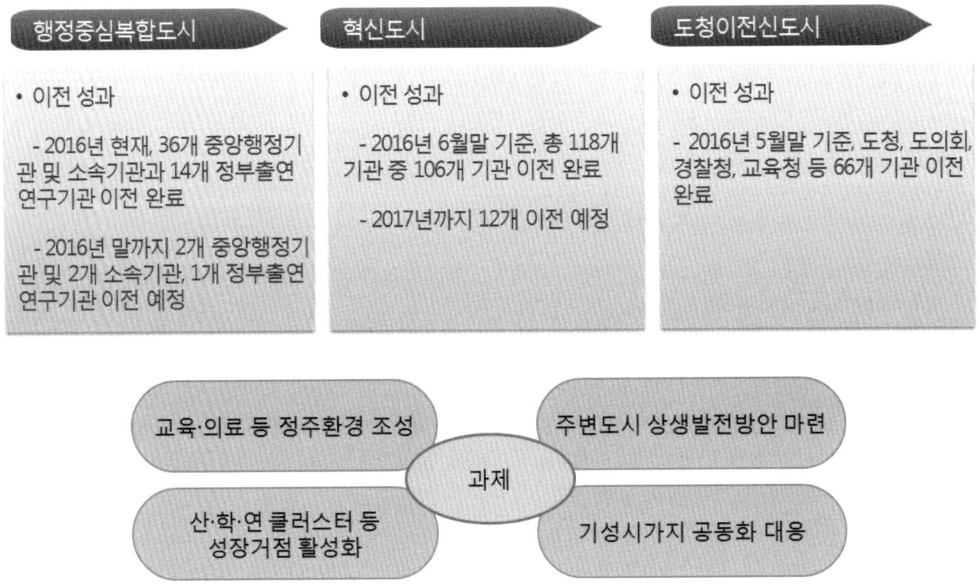

행정중심복합도시

• 이전 성과

- 2016년 현재, 36개 중앙행정기관 및 소속기관과 14개 정부출연연구기관 이전 완료

- 2016년 말까지 2개 중앙행정기관 및 2개 소속기관, 1개 정부출연연구기관 이전 예정

혁신도시

• 이전 성과

- 2016년 6월말 기준, 총 118개 기관 중 106개 기관 이전 완료

- 2017년까지 12개 이전 예정

도청이전신도시

• 이전 성과

- 2016년 5월말 기준, 도청, 도의회, 경찰청, 교육청 등 66개 기관 이전 완료

과제

교육·의료 등 정주환경 조성

주변도시 상생발전방안 마련

산·학·연 클러스터 등 성장거점 활성화

기성시가지 공동화 대응

참고문헌

건설교통부(2005), 「공공기관 지방이전 계획」.

건설교통부(2008), 「공공기관 지방이전 및 혁신도시 건설 백서」.

국토교통부(2016), 「2016 공공기관 지방이전 및 혁신도시 건설 백서」.

김태환(2005), '공공기관 지방이전과 국가균형발전', 「지역경제」, 2005년 9월호, pp. 29-45.

한국토지공사(2005), 「행정중심복합도시건설 백서」.

한국토지공사(2009), 「토지 그 이상의 역사 : 35년사 1975~2009」.

한국토지주택공사(2015a), 「2010~2014 행정중심복합도시 백서」.

한국토지주택공사(2015b), 「충남도청(내포) 신도시 개발사업 개발계획(변경) 설명서」.

행정중심복합도시건설청(2012), 「2010 · 2011년도 행정중심복합도시 백서」.

행정중심복합도시건설청 홈페이지 http://naacc.go.kr/

혁신도시 홈페이지 http://innocity.molit.go.kr/

충청남도 내포신도시 홈페이지 http://www.naeponewtown.or.kr/

PART 03

도시재생

5장

도시재생

1. 서 론

지금까지 한국에서 재개발, 도시정비 등 도시재생사업과 관련된 주요 제도의 입법화 과정은 경제개발 및 도시개발 과정에서 파생되어 온 문제들을 개선하기 위한 차원에서 지속적인 제도정비 및 사업을 추진해왔다. 1973년 「주택개량 촉진에 관한 임시조치법」의 제정을 시작으로 이후 1976년 「도시재개발법」과 1989년 「도시저소득주민의 주거환경개선을 위한 임시조치법」, 2002년 「도시 및 주거환경정비법」, 2005년 「도시 재정비촉진을 위한 특별법」 등이 제정되면서 기존 제도의 문제와 미비점들을 개선해오고 있다.

그러나 낙후지역의 경제적·사회적·물리적 재생이라는 포괄적 문제를 해결하기 위한 총체적 제도로서는 많은 한계점이 있었다. 이것은 도시재생과 관련된 주요 법과 제도가 노후주택의 물리적 환경 개선을 주목적으로 하는 주거환경정비나 역세권의 상업·업무기능 재편을 위한 도시환경정비 등 특정 사업 유형의 집행 근거 기준으로 기능해왔기 때문이다. 2010년 이후에는 도시를 둘러싼 저출산·고령화, 저성장시대의 패러다임의 변화에 따른 도시 내 주거지의 물리적

정비에서 도시의 사회적·경제적·문화적 재생을 아우르는 도시재생으로의 사업추진이 전환되고 있다. 그리고 2013년에는 도시의 물리적·사회적·경제적 발전을 위하여 「도시재생 활성화 및 지원에 관한 특별법(이하 「도시재생특별법」을 제정하였다.

도시재생 관련 정부정책으로는 2008년 MB 정부가 들어서서 발표한 '도심공급 활성화 및 보금자리 주택 건설방안'에서 도심지역을 중심으로 주택수요(연 50만 호)에 상응하는 공급이 지속될 필요성을 강조하였다. 이러한 조치로서 수요가 있는 곳에 공급하기 위해 정부가 중점적으로 추진하고 있는 '기존 도시 내 재개발·재건축'과 '민간의 시장기능 활성화'에 역점을 두어 전체 공급 물량의 60%를 도시 내에서 공급할 계획을 제시하였다. 또한 박근혜 정부는 기존의 사회적·물리적 자산을 활용한 환경과 조화되는 국토개발로서 적극적인 도시재생 정책을 추진하고자 하였다. 이를 위해 국정과제로서 환경과 조화되는 국토개발을 위해 도시재생의 적극적인 추진을 모색하였으며, 국토교통부는 도시재생사업의 추진을 위해 국가 주도의 선도지역을 지정하고 중앙정부 및 지자체의 집중적인 투자를 발표하였다.

2017년 문재인 정부는 도시재생의 새로운 정책으로 도시재생뉴딜을 정책 공약으로 발표하였으며, 문재인 정부 국정운영 5개년계획에서 '고르게 발전하는 지역'을 목표로 '도시경쟁력 강화 및 삶의 질 개선을 위한 도시재생뉴딜 추진'을 선정하였다. 도시재생뉴딜은 기존의 도시재생과는 달리 지자체와 커뮤니티 주도의 새로운 도시혁신을 내걸고 주거복지 실현, 도시경쟁력 강화, 일자리 창출 그리고 사회적 통합을 목표로 하고 있다. 이를 위해 생활밀착형·소규모 정비를 통한 주거환경개선의 지원을 확대하고, 지자체·주민·공기업의 역할 강화 및 지역 맞춤형 사업을 발굴하였다. 또한 사회적 경제조직 육성 및 역량을 강화하고, 이에 따른 부작용으로서의 둥지내몰림(젠트리피케이션) 현상 대응과 부동산투기 방지대책을 동시에 추진하고 있다. 또한 국토교통부는 2018년 3월에 도시재생뉴딜 로드맵을 발표하고 '지역 공동체가 주도하여 지속적으로 혁신하는 도시 조성, 살기 좋은 대한민국'을 비전으로 제시하였다.

이 장에서는 1970년대 주택개량사업부터 최근의 도시재생사업에 이르기까지의 도시재생 관련 법 · 제도적 흐름과 배경을 정리하고, 관련 제도 등의 성과 및 한계를 분석하였다. 도시재생과 관련한 정책에 맞는 재개발사업, 재건축사업, 주거환경개선사업, 재정비촉진사업 그리고 도시재생사업 등을 분석 대상으로 선정하여 주요 사업 소개 및 향후 방향을 중심으로 정리하였다. 또한 한국의 도시정비 및

우리나라 도시재생 정책 흐름

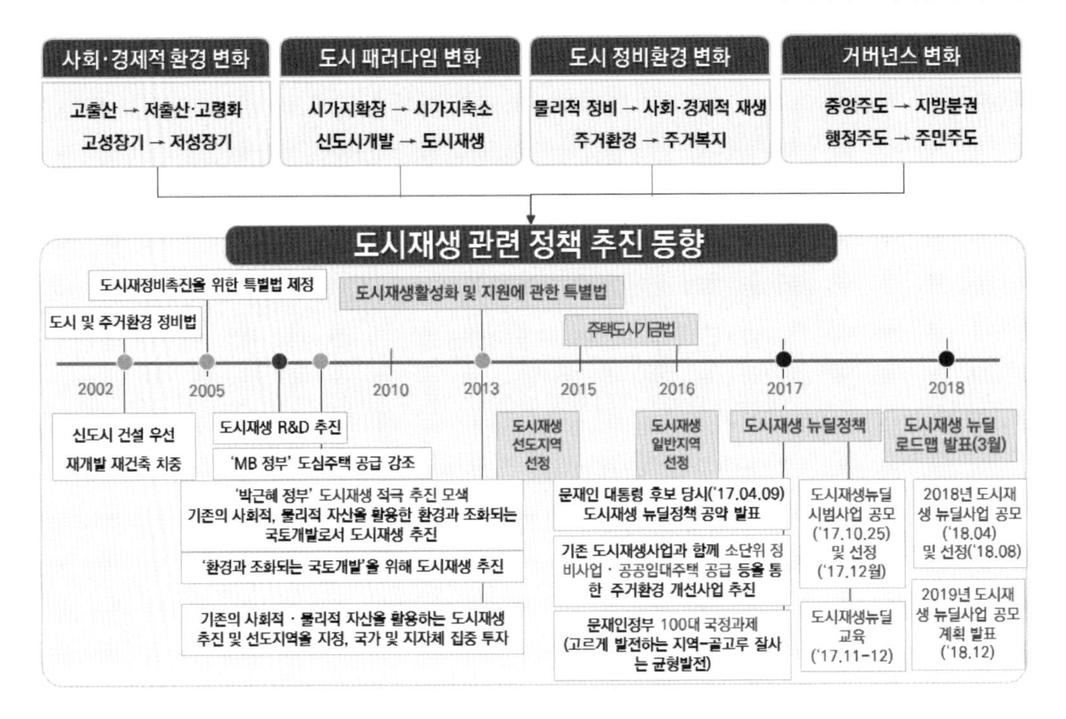

재생사업의 경험 공유를 위하여 사회경제적 상황에 따른 제도의 도입 및 전환의 흐름을 서술하며, 관련 사업의 주체, 사업방식, 재원조달 등을 정리하였다. 마지막으로 도시정비 및 재생사업과 관련한 대표적인 사례소개 및 이를 통한 성과 및 한계를 정리하였다.

2. 도시재생 관련 법체계와 제도

2.1 도시재생 정책의 추진 배경

우리나라의 도시재생 관련 법체계와 관련하여 인구, 사회, 경제 등 주요 사회경제 지표의 시대적 변화에 따른 도시정비 및 재생사업 관련 제도의 변천을 정리하였다. 시대별 인구 변화, 경제성장률, 지가 변동률, 주택보급률 다양한 사회경제적 변화와 도시정비 및 재생 관련 법·제도의 변화를 분석하였다.

먼저 인구는 지속적으로 증가하고 있으나 1995년 이후 증가율이 둔화되고 있다. 경제성장률은 1970년 10% 달성 후 1980년 급감하였으며 1990년 9.8%로 회복 후 지속적으로 감소하다가 2010년 6.5%로 잠시 반등하였으나 2015년 2.8%로 감소하였다. 주택보급률은 2000년대 초반 100%를 넘어 2014년에는 118.1%로 증가하였다.

이러한 사회경제적 변화에 따라 도시재생 관련 법·제도는 불량 및 노후주거지 정비, 상업·업무지역 정비, 재래시장 및 상점가 정비에서 물리적·사회적·경제적·문화적 재생으로 융합된 도시재생으로 전환되고 있다. 먼저 불량 및 노후주거지 정비는 1973년에 「주택개

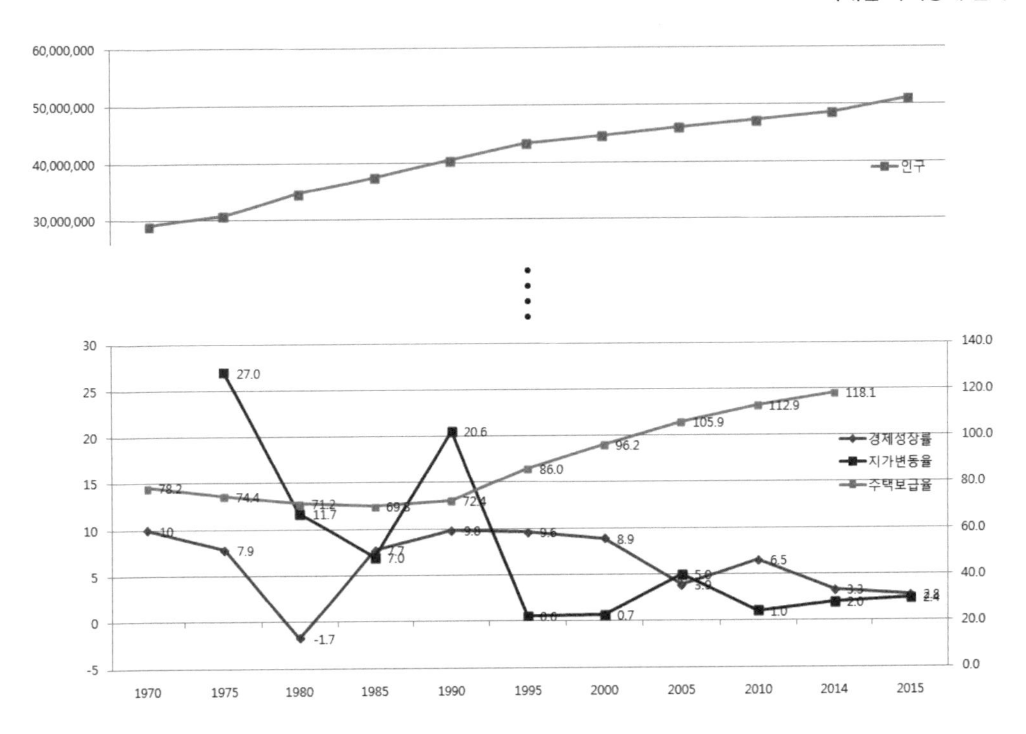

량촉진에 관한 임시조치법」이 제정되었으며, 1976년에는 「도시재개발법」이 제정되어 도심재개발, 주택재개발, 공장 재개발사업이 추진되었다. 또한 1989년에는 도시 저소득층의 주거안정을 위해 「도시저소득주민의 주거환경개선을 위한 임시조치법」이 제정되어 주거환경개선사업이 추진되었다.

2002년에는 도시정비와 관련된 법률들이 「도시 및 주거환경정비법」으로 통합되어 주택재개발사업, 주택재건축사업, 도시환경정비사업, 주거환경개선사업으로 재편되었으며, 2012년에는 주거환경관리사업과 가로주택정비사업이 신설되었다. 이와 더불어 재래시장 등을 정비하기 위하여 2002년에 「중소기업의 구조개선과 재래새장 활성화를 위한 특별조치법」이 제정되었으며, 2002년에는 「재래시장 및 상점가육성을 위한 특별법」이 재편되면서 시장정비사업과 상권 활성화사업 등이 추진되고 있다.

또한 2005년에는 광역적 정비계획을 통해 사업성 확보 및 효율적인 기반시설을 조성하고 '선계획 후시행'의 사업방식으로 전환하기 위해 「도시재정비촉진을 위한 특별법」이 제정되었다. 2013년에는 기존의 물리적 정비방식에서 벗어나, 경제·사회·문화 등 도시의 종합적인 기능회복 도모 및 공공의 역할과 지원을 강화하여 자생적 도시재생을 유도하기 위해 「도시재생 활성화 및 지원에 관한 특별법」이 제정되었다.

도시재생 관련 법률 및 사업 변천

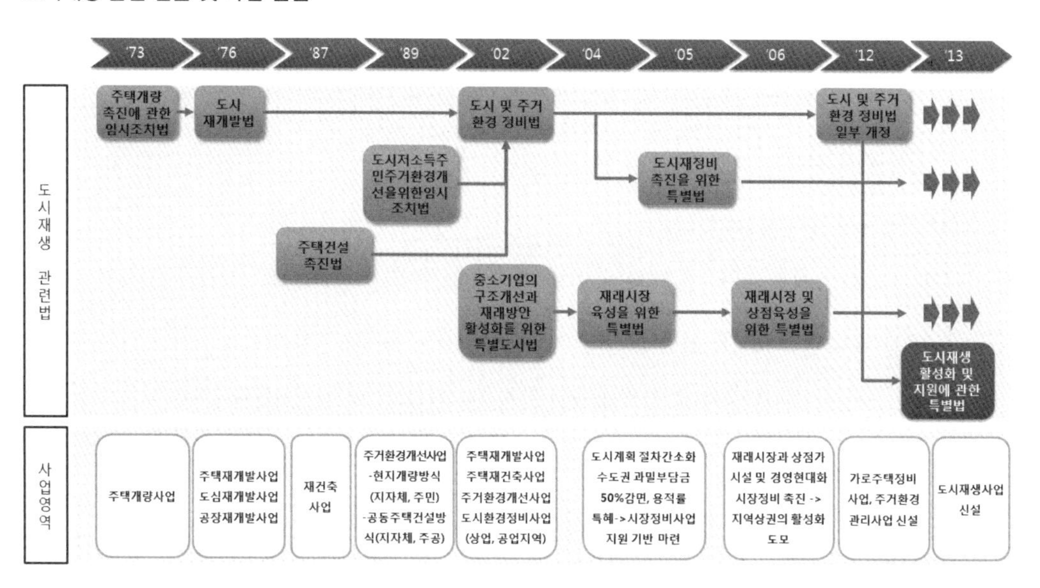

2.2 도시재생 관련 법 · 제도 현황[1]

1) 기성시가지 내 노후 · 불량주거지 정비(「도시 및 주거환경정비법」)

재개발사업에 대한 최초의 근거는 1962년 「도시계획법」 제정 시 일단의 불량지구 개량에 관한 사항을 도시계획으로 결정하여 사업을 시행할 수 있도록 한 것이다. 1971년에는 「도시계획법」 개정으로 재개발사업의 시행조항을 삽입함으로써 「도시계획법」상 재개발사업의 근거를 마련하게 되었다. 재개발과 관련된 최초의 근거법은 1973년 제정된 「주택개량촉진에 관한 임시조치법」이다. 동 법률의 주요 내용은 건축법 기준에 미달한 건축물의 정비 등 무허가주택 밀집지역을 정비하기 위해 재개발지구로 지정하여 주택개량사업을 하는 것으로서 재개발구역 내 공공시설의 설치는 시가 담당하고 주민들은 자력으로 주택을 개량하도록 하는 것이다. 또한 이 법은 무허가 불량주택의 정리를 주목적으로 1981년까지 한시적으로 제정되었다.

그러나 기성시가지 내 개발과 관련하여 신규 택지개발에 용이한 토지구획정리사업기법 적용에 한계가 있었으며, 이후 기성시가지 내 도시 문제에 효과적으로 대응하기 위한 목적으로 1976년 「도시재개발법」을 제정하고, 대상지역의 성격에 따라 상업 · 업무지역 중심의 도심재개발사업과 주거지역 중심의 주택개량재개발사업으로 구분하여 시행하였다. 1980년대 이후의 재개발사업은 1983년에 서울시가 도입한 합동재개발방식의 적용으로 큰 변화를 겪게 되는데, 주민(조합원)은 택지를 제공하고 건설회사(참여조합원)는 사업비용 일체를 부담하는 등 사업을 민간이 주도적으로 추진하는 민간 주도의 재개

1 주택도시연구원(2003), 김호철(2004), 윤중경(2006) 참고.

발을 실시하게 되었다.

또한 이 사업방식의 적용으로 토지 등의 소유자와 민간건설회사는 큰 개발이익을 얻게 되었으며, 지방정부는 별도의 부담 없이 쇠퇴한 환경을 개선하는 한편 불법 점유되었던 국공유지를 매각함으로써 일정한 재정수입을 확보할 수 있게 되었다. 합동재개발방식은 수익성을 높일 수 있는 고밀개발로 추진됨으로써 침체된 재개발사업을 활성화시키는 계기를 마련하였으나 저소득 세입자의 주거불안 증가, 도시기능 저하, 도시공간구조의 왜곡, 도시환경 악화 등 각종 문제를 발생시켰다고 볼 수 있다.

1980년대 말, 재개발 추진에 따른 문제들이 사회적 이슈로 대두되면서 재개발사업의 공공성과 공공의 역할을 강화해야 한다는 요구가 높아졌으며, 이에 대응하여 1989년 「도시저소득주민의 주거환경개선을 위한 임시조치법」을 제정하고 주거환경개선사업을 시작하게 되었다. 주거환경개선사업은 노후주거환경의 개선이란 측면에서 「도시재개발법」에 근거한 기존의 주택재개발사업과 유사한 면이 있으나, 무허가 판자촌 등 저소득 주민이 집중 거주하는 지역으로서 거주민이나 민간건설사가 자발적으로 정비를 원활히 추진하지 못하는 지역을 대상으로 하며, 저소득 거주자의 생활안정에 주안점을 두고 지자체장이나 주택공사 등 공공주체가 직접 시행하는 등 공익성을 우선으로 한다는 점에서 차이가 있다. 당초 주거환경개선사업은 1999년까지 한시적으로 적용할 예정이었으나, 지자체의 재원 부족 및 지역주민의 경제적 한계 등으로 사업이 활발히 추진되지 않았으며 그 결과 2004년까지 법률이 연장되었다.

한편, 공동주택의 노후화에 따른 관리효율 저하 등의 문제에 대응키 위해 1984년 「집합건물의 소유 및 관리에 관한 법률」 및 1987년

「주택건설촉진법」 개정으로 노후 공동주택의 정비를 위한 재건축사업의 근거를 마련하였다. 그러나 재건축사업 시행으로 저층의 노후 공동주택단지는 획일적으로 고층·고밀 주택단지로 개발되었으며, 기반시설의 추가 공급 없이 재건축됨으로써 주변 지역의 주거환경을 악화시키는 문제가 발생하였고, 개발이익을 목적으로 아직 건축연한이 다하지 않은 주택 재고를 무분별하게 조기 재건축함으로써 국가 자원을 낭비하는 문제도 발생하였다.

앞에서 이야기한 것과 같이 재개발 및 재건축사업, 주거환경개선사업 등은 노후주거환경을 개선하고 기성시가지 내 부족한 주택을 공급하는 등 도시기능을 향상시키는 데 일정 부분 기여하였지만, 거주민들의 생활을 지속하고 지역 공동체를 유지하기 위한 지원체계는 매우 미약하였다. 「도시재개발법」에 의한 기존의 재개발사업은 개발이익 차원에서 지구 분리를 용이하게 하고 개별 단위 사업별로 시행되었으며, 그 결과 주변 경관과의 부조화, 주요 공공·편익시설의 부족 등 난개발을 초래하여 균형적 도시발전을 유도하지 못하였다. 또한 노후주거환경의 정비를 위한 유사한 사업들이 각기 상이한 법에 근거하여 개별적으로 시행됨으로써 법 운영상의 혼란뿐 아니라 정비사업의 효과를 살리지 못하는 문제가 있다.

이에 정부는 기존의 재개발 관련 제도의 미비점을 보완하고 유사한 사업들을 통폐합하여 일체적으로 운영할 수 있도록 새로운 법체계를 마련하였으며, 마침내 2002년 「도시 및 주거환경정비법」을 제정하여 2003년 7월부터 시행하고 있다.

2) 도시 내 광역단위의 계획적 정비(「도시재정비촉진을 위한 특별법」)

기성시가지 내에서 이뤄지는 재개발 등 각종 정비사업은 주민의 이

해상충 등으로 사업추진이 용이하지 않아 개별적인 소규모 구역 단위로 분리 시행되어왔으며, 그 결과 생활권 단위에서 필요한 주요 도시기반시설을 계획적으로 조성하지 못해왔다.

서울시는 이러한 문제를 개선하고 특히 강남·북 간의 균형발전을 촉진하기 위해 2003년 3월 지역균형발전 지원에 관한 조례를 제정하였다. 동 조례는 일명 뉴타운 사업이라는 이름으로 광역단위의 계획적 정비를 시행할 수 있는 근거가 되었으며, 지역균형발전사업을 실효성 있게 추진할 수 있도록 각종 행·재정적 지원방안을 구체화하는 한편, 길음, 왕십리, 은평 등 지역에서 시범사업을 시행하고 있다. 서울시의 뉴타운 사업은 기존의 「도시 및 주거환경정비법」에 의한 정비사업과 「도시개발법」에 의한 도시개발사업으로 추진할 수 있다.

중앙정부 또한 기성시가지 내에서의 계획적 정비를 위한 제도 개선을 고민해왔으나 「도시 및 주거환경정비법」에 의한 사업방식만으로는 광역적이고 효율적인 정비에 한계가 있는 것으로 판단하여 2005년 「도시 재정비촉진을 위한 특별법」을 제정하게 되었다. 동 법은 공공이 수립하는 광역적 정비계획을 통해 사업성과 공공성을 확보하고, 선계획 후시행의 사업체제를 정착시키는 한편, 효율적 기반시설 확보를 위한 다양한 인센티브제도를 도입하고, 사업성 위주의 정비가 아닌 살기 좋은 도시환경 조성을 위해 「도시 및 주거환경정비법」상의 한계점을 많이 보완하였다. 그러나 세입자나 원거주민에 대한 거주대책이나 커뮤니티의 지속적 발전 측면에서는 아직 미흡한 점이 남아 있으며, 지방 중·소도시의 쇠퇴한 구도심지역 등을 경제적으로 활성화시키는 등 지역적 특성을 반영하여 도시재생을 촉진할 수 있는 제도 기반으로서 여전히 한계가 있다.

3) 도시의 종합적 기능회복을 위한 도시재생 추진(「도시재생 활성화 및 지원에 관한 특별법」)

전체 인구의 91%가 도시에 거주하고 있으나 기반시설의 부족, 구도심 쇠퇴,[2] 노후시설 정비의 지체[3] 등으로 도시성장 동력이 약화되고 있으며, 쇠퇴하는 도시에 대한 효율적인 재생을 위한 계획적 수법이 부재하였다. 2010년 10월 현재, 재개발사업 원주민 약 20%만이 재정착하며, 정비사업(1,508개) 중 약 38%가 지연·중단되는 등 수익성 위주, 대규모·전면 철거 방식의 기존 정비사업은 원주민 이탈, 사회·경제·문화 등 종합적 개선에 한계가 있다. 각 부처별로 도시기능 개선과 활성화를 위한 사업들을 산발적으로 추진함으로써 지원효과가 미미하며, 계획적 연계도 곤란하였다. 이러한 측면에서 기존 도시재생 관련 사업들을 통합한 체계적인 지원이 필요하였다.

그리고 현행 제도로는 시민의 관심과 의견을 반영하여 추진하기 어렵기 때문에 공공의 역할과 지원을 강화하고, 지역 공동체를 회복하여 자생적인 도시재생을 유도할 수 있도록 지역주민 주도로 사업을 기획·시행할 수 있는 법·제도의 마련이 필요하였다. 이러한 측면에서 각 부처·지자체별로 각기 추진 중인 도시재생사업들을 전략적으로 총괄·지원하기 위한 계획체계, 지원기구 및 재원 마련 등에 대한 근거 설치 및 실질적인 도시재생의 추진을 도모하기 위하여 2013년 12월에 「도시재생 활성화 및 지원에 관한 특별법」(이하 「도시재생법」)이 제정되었다.

2 구도심의 인구 감소 (대구 서구 : 281천 명('00) → 210천 명('10), -25% / 부산 동구 : 121천 명('00) → 93천 명('10), -23%).
3 기반시설 면적 : 구도심(10~15%), 신도시(45~50%).

도시재생 관련 주요 법 및 제도 변천 내용

연도	주요 내용
1962	「도시계획법」 제정
1965	• 「도시계획법」 제14조(기타 지구지정) 신설 - 불량지구 개조 사업을 촉진하기 위하여 필요한 경우에 재개발지구로 지정할 수 있다고 규정 • 건축법시행령 개정 - 재개발구역 내 건축 제한 조항 개정
1971	「도시계획법」 내 재개발 근거 마련 - 도시계획사업의 시행 조항에 재개발사업 시행 조항을 개정 삽입(제 31-53조 신설)
1972	「특정지구개발촉진에관한임시조치법」 제정 - 특정가구 정비 지구를 지정할 수 있도록 규정
1973	「주택개량촉진에관한임시조치법」 제정 - 주택개량사업을 별개의 도시계획사업으로 규정 - 재개발구역 지정 시 종전의 용도 폐지 및 변경 가능성 부여(양성화 가능성 부여) - 국공유지를 해당 자치단체에 무상 양여(공공투자 위한 재원 마련)
1976	「도시재개발법」 제정 - 주택개량재개발사업과 도심지 재개발사업을 구분하여 시행 - 주택개량재개발사업에서 국공유지 무상양여 조항 삭제 - 과소토지 규모, 건물의 노후 등으로 불량기준을 설정하고 이에 근거하여 재개발구역 지정기준 설정 - 주택개량재개발사업에 대한 별도의 사업 절차 등 규정
1981	「도시재개발법」 개정 - 도시재개발구역을 지구로 분할하여 사업시행 가능 - 건축물 소유자 총수 2/3 이상의 동의사항 첨부 - 주택 철거에 대한 임시 수용 조치 후 사업시행 조항 보완
1982	「도시재개발법」 개정 - 재개발사업 시행자 범위 확대 - 시행자에게 수용권 인정 - 분양 신청 희망자는 토지수용 대상에서 제외하고 임차권도 보호
1995	「도시재개발법」 개정 - 기본계획 수립 제도 개선, 공장 재개발사업 추가 - 주택재개발구역 지정 실효 규정 신설 - 국·공유지 매각 절차 간소화 및 건설 시공사 지위 강화 - 공공기관의 사업 참여 기회 확대, 순환재개발방식 도입, 조합 임원 자격 및 벌칙 강화
1997	「도시재개발법」 개정 - 주택재개발사업 시 지자체의 공공시설 설치 의무화
2002	「도시 및 주거환경정비법」 제정 - 「도시재개발법(도심, 주택, 공장 재개발사업)」, 「도시저소득주민의 주거환경개선을 위한 임시조치법(주거환경개선사업)」, 「주택건설촉진법(재건축사업)」 등 3개 법률 통합
2005	「도시 재정비촉진을 위한 특별법」 제정 - 도시 낙후지역의 주거환경개선과 기반시설의 확충, 도시기능의 회복을 위해 광역적인 계획 및 체계적이고 효율적인 추진 근거 마련 - 재정비촉진지구 지정 및 재정비촉진사업 시행 근거 마련
2012	「도시 및 주거환경정비법」 일부 개정 - 주거환경관리사업, 가로주택정비사업 등 소규모 정비사업 신설
2013	「도시재생 활성화 및 지원에 관한 특별법」 제정 - 도시 경제기반형 및 근린재생형 도시재생 활성화계획 수립
2014	도시재생선도지역 13곳 지정
2015	「주택도시기금법」 제정 - 기존의 국민주택기금을 주택도시기금으로 개편하고 주택 계정과 도시 계정으로 구분 - 도시 계정은 도시재생사업에 필요한 비용의 출자, 투자, 융자 등 지원
2016	신규 도시재생 지원 지역 33곳 지정
2017	도시재생뉴딜 정책의 추진(시범사업 68곳 선정)
2018	도시재생뉴딜로드맵 발표(3월), 2018년 도시재생뉴딜사업 99곳 선정

「도시재생법」은 도시의 경제·사회·문화적 활력 회복을 위해 공공 역할·지원 강화를 통해 도시의 자생적 성장 기반 확충, 도시경쟁력 제고 및 지역 공동체 회복 등 국민 삶의 질 향상에 이바지함을 목적으로 하고 있다. 이를 위해 기존의 물리적 도시정비방식에서 벗어나, 경제·사회·문화 등 도시의 종합적인 기능회복을 도모하고 있다. 또한 쇠퇴 도시의 경쟁력을 제고하기 위한 경제기반의 확충 및 근린생활권 단위의 공동체 활성화 등을 제도적으로 뒷받침하였다.

3. 도시재생 관련 사업의 추진현황 및 사례

3.1 도시재생 관련 사업의 추진현황

1) 정비사업

(1) 정비사업의 개요

도시정비사업은 「도시 및 주거환경정비법」에 의한 정비사업의 종류에는 주거환경개선사업, 재개발사업, 재건축사업, 주거환경관리사업, 가로주택정비사업 등이 있다.[4] 주거환경관리사업과 가로주택정비사업은 2012년 새로 제정된 사업으로 주로 소규모로 주거환경을 개선하기 위한 사업이다.

4 2018년 2월 9일 「도시 및 주거환경정비법」 개정으로 주거환경개선사업과 주거환경관리사업은 주거환경개선사업, 주택재개발사업과 도시환경정비사업은 재개발사업, 주택재건축사업은 재건축사업으로 명칭이 통합·변경되었다. 그리고 가로주택정비사업은 빈집 및 소규모주택 정비에 관한 특례법(2018년 2월 9일 시행)으로 이관되었다.

정비사업 개요

구분	목적	사업 대상지역	시행자	시행방법
주거환경 개선사업	주거 환경 개선	• 도시 저소득층 거주지역 • 정비기반시설이 열악하고 노후·불량건축물 밀집지역	시장·군수, LH 등	• 정비구역 안에서 정비기반시설을 새로이 설치하거나 확대하고 토지 등 소유자가 스스로 주택을 개량 • 환지로 공급하는 방법 • 관리 처분 계획에 따라 주택 및 부대시설·복리시설 등을 건설하여 공급하는 방법
재개발 사업		정비기반시설이 열악하고 노후·불량건축물 밀집지역	조합, 시장·군수, LH 등, 건설업자, 등록 사업자	관리 처분 계획에 따라 주택, 부대·복리시설 등을 건설하여 공급하거나, 환지로 공급
재건축 사업		정비기반시설은 양호하나 노후·불량건축물 밀집지역		관리 처분 계획에 따라 주택, 부대·복리시설 등을 건설하여 공급
주거환경 관리사업	주거 환경 개선	단독주택 및 다세대주택 등이 밀집한 지역에서 정비기반시설과 공동이용시설의 확충을 통하여 주거환경을 보전·정비·개량하기 위하여 시행하는 사업	시장·군수, LH 등	정비구역에서 정비기반시설 및 공동이용시설을 새로 설치하거나 확대하고 토지 등 소유자가 스스로 주택을 보전·정비하거나 개량
가로 주택 정비사업		노후·불량건축물이 밀집한 가로구역에서 종전의 가로를 유지하면서 소규모로 주거환경을 개선하기 위하여 시행하는 사업	조합, 시장·군수, LH 등	관리 처분 계획에 따라 주택 등을 건설하여 공급하거나 보전 또는 개량하는 방법

(2) 정비사업의 추진현황

주거환경개선사업은 국토교통부 국토교통 통계누리에 1997~2014년의 자료가 수록되어 있다. 1997년 이전까지는 지구 수 351개, 주택 수 167,380호로 나타났으며, 2000년대 들어 2006년이 지구 수 138개, 주택 수 38,782호로 가장 높은 수치를 기록하였다. 2006년 이후로는 계속 감소하고 있다.

주거환경개선사업 현황

연도	지구 수	주택 수
1997년 이전	351	167,380
1998	33	10,943
1999	55	24,397
2000	19	3,123
2001	34	7,391
2002	97	19,697
2003	47	10,927
2004	4	384
2005	21	4,377
2006	138	38,782
2007	72	29,806
2008	65	13,671
2009	28	6,281
2010	20	4,961
2011	15	2,950
2012	8	2,214
2013	1	261
2014	1	500
계	1,009	348,045

주택재개발사업은 국토교통부 국토교통 통계누리에 1995~2014년의 자료가 수록되어 있다. 1995년이 구역 수 276개소, 건립가구 245,546호로 가장 많으며, 2008년은 구역 수 188개소, 주택 수 197,067호로 두 번째로 높은 수치를 기록하였다. 2008년 이후로는 계속 감소하고 있다.

주택재개발사업 현황

연도	구역 수(개소)	시행 면적(m^2)	건립 가구(호)	철거 대상(동)
1995	276	12,602,903.8	245,546	110,610
1996	9	206,225.9	4,322	1,711
1997	4	230,321	5,054	3,428
1998	9	192,651	4,146	1,401
1999	16	511,356.3	7,031	4,141
2000	12	239,351	5,042	2,976
2001	15	475,470.8	7,529	3,738
2002	6	182,509.2	3,273	1,419
2003	15	622,478.5	11,094	3,914
2004	12	643,271.7	11,138	3,314
2005	56	3,584,042.71	61,053	23,306
2006	58	3,605,994	57,070	21,453
2007	132	8,285,225.29	127,747	48,288
2008	188	14,372,823	197,067	75,475
2009	191	14,527,487	182,193	61,960
2010	109	8,366,455.85	101,415	26,751
2011	43	4,430,201	57,533	16,903
2012	24	2,437,974	28,805	9,499
2013	21	1,265,432	16,217	4,473
2014	8	892,788	5,296	5,356
계	1,204	77,674,962	1,138,571	430,116

주택재건축사업은 국토교통부 국토교통 통계누리에 1993~2014년의 자료가 수록되어 있다. 1993년부터 2003년까지 지속적으로 증가하였으며, 2003년은 조합 수 654개, 공급주택 124,824호로 가장 높은 수치를 차지하였다. 2008년은 조합 수 123개, 공급주택 수 90,301로 두 번째로 높은 수치를 기록하였으며 그 이후로 점차 감소하고 있다.

주택재개발사업 현황

연도	합계			조합 인가			사업 계획 인가			준공		
	조합	기존 주택	공급 주택	조합	기존 주택	공급 주택	조합	기존 주택	공급 주택	조합	기존 주택	공급 주택
1993	35	3,252	8,562	14	1,337	3,935	4	703	1,628	17	1,212	2,999
1994	13	1,779	3,144	2	40	56	1	221	842	10	1,518	2,246
1995	56	6,243	12,239	20	3,068	5,006	5	908	1,755	31	2,267	5,478
1996	65	5,670	12,819	16	1,789	4,084	11	1,341	2,818	38	2,540	5,917
1997	101	8,295	20,153	21	1,991	3,840	15	1,261	3,632	65	5,043	12,681
1998	118	12,310	28,293	17	2,732	4,950	11	1,622	3,166	90	7,956	20,177
1999	149	23,211	48,544	9	379	863	39	10,502	17,692	101	12,330	29,989
2000	266	37,417	66,821	68	9,411	15,336	129	17,570	30,240	69	10,436	21,245
2001	209	35,661	55,129	41	21,150	28,710	94	7,411	12,277	74	7,100	14,142
2002	308	42,863	62,150	97	15,920	20,136	95	14,714	19,854	116	12,229	22,160
2003	654	89,814	124,824	242	40,419	49,798	255	31,965	43,919	157	17,430	31,107
2004	181	31,128	42,779	16	1,709	1,914	38	16,954	20,071	127	12,465	20,794
2005	178	19,685	36,509	18	956	1,245	43	7,792	12,850	117	10,937	22,414
2006	202	36,565	65,149	21	2,268	3,133	68	15,608	25,023	113	18,689	36,993
2007	141	32,841	50,092	21	5,318	6,578	40	12,790	17,987	80	14,733	25,527
2008	123	54,442	90,301	14	4,458	6,665	30	18,705	25,083	79	31,279	58,553
2009	87	38,198	71,418	23	17,034	26,630	14	7,370	8,816	50	13,794	35,972
2010	71	34,612	49,988	23	16,038	14,125	7	4,943	6,357	41	13,631	29,506
2011	62	41,180	44,842	22	11,947	10,020	20	18,089	21,479	20	11,144	13,343
2012	67	38,136	46,639	24	13,140	13,142	25	12,875	16,592	18	12,121	16,905
2013	75	43,292	44,056	29	22,675	20,256	31	14,210	14,349	15	6,407	9,451
2014	53	32,559	35,853	14	9,136	6,944	25	16,069	19,253	14	7,354	9,656
계	3,214	669,153	1,020,304	772	202,915	247,366	1,000	233,623	325,683	1,442	232,615	447,255

가로주택정비사업은 2012년 「도시 및 주거환경정비법」 개정으로 시작되었으며 2014년 처음 사업이 시작되었다. 조합 1개, 공급주택 42호가 진행되었다.

가로주택 정비사업 현황

연도	계			조합 인가			사업계획승인			준공		
	조합	기존 주택	공급 주택	조합	기존 주택	공급 주택	조합	기존 주택	공급 주택	조합	기존 주택	공급 주택
2014	1	21	42	1	21	42	0	0	0	0	0	0

주거환경관리사업은 2012년 「도시 및 주거환경정비법」 개정으로 시작되었으며 2012년 지구 수 5개, 주택 수 715호로 시작되었으며 2013년 지구 수 18개, 주택 수 3,093으로 급격히 성장하였다.

주거환경관리사업 현황

연도	지구 수	주택 수
2012	5	715
2013	18	3,093
2014	3	911

2) 재정비촉진사업

(1) 재정비촉진사업의 개요

재정비촉진사업은 재정비촉진지구 안에서 시행되는 「도시 및 주거환경정비법」에 의한 주거환경개선사업, 주택재개발사업, 주택재건축사업, 도시환경정비사업, 「도시개발법」에 의한 도시개발사업, 「재래시장 및 상점가 육성을 위한 특별법」에 의한 시장정비사업, 「국토의 계획 및 이용에 관한 법률」에 의한 도시계획시설사업을 말한다.

재정비촉진사업 개요

구분	내용	
종류	• 주거환경개선사업, 주택재개발사업, 주택재건축사업, 도시환경정비사업, 주거환경관리사업 및 가로주택정비사업 • 도시개발사업 • 시장정비사업 • 도시·군 계획시설사업	
시행자	• 특별자치시장, 특별자치도지사, 시장·군수·구청장 • 한국토지주택공사 • 지방공사	
시행 절차	재정비촉진지구의 지정	재정비촉진지구 신청 → 주민 공람 → 지방도시계획위원회 심의 → 재정비촉진지구 지정
	▼	
	재정비촉진계획의 수립 및 결정	재정비촉진계획 수립 결정 신청 → 주민 공람 → 기반시설 설치계획 → 지방도시계획위원회 심의 → 재정비촉진계획 결정
	▼	
	재정비촉진사업의 시행	

(2) 재정비촉진사업의 추진현황

재정비촉진사업은 2010년 말 현재 75개 지구가 지정되어 이 중 59개 지구에서 재정비촉진계획이 수립되었다. 그리고 재정비촉진지구 내 재정비촉진구역 및 존치지역 현황은 총 749개 구역에서 사업이 추진되고 있으며, 이 중 촉진구역은 485개 구역, 존치지역은 264개로 존치정비구역 89개, 존치관리구역 175개로 나타났다.

2014년 말 현재 재정비촉진지구 내 재정비촉진구역 및 존치지역 현황을 살펴보면, 60개 재정비촉진지구의 지정 및 재정비촉진계획의 수립이 되어 있으며, 지구 내 총 구역 수는 673개소이며, 이 중 재정비촉진구역이 416개소(61.8%), 존치지역이 257개소(38.2%)를 차지하고 있다. 재정비촉진지구 내 평균 6.9개소의 재정비촉진구역이 지정되어 있고, 재정비촉진사업의 종류는 주택재개발사업이 244개소(58.7%)로 가장 많으며, 다음으로 도시환경정비사업이 117개소(28.1%)로 많은 비중을 차지하고 있다. 또한 존치지역 내에는 존치정비구역은 52개소, 존치관리구역은 205개소가 지정되어 있다.

재정비촉진지구 내 재정비촉진구역 및 존치지역 현황(2014년 말 기준)
출처 : 국토교통부(2014), 재정비촉진사업 현황 분석 및 제도 개선방안 연구

시도	지구 수	면적 (천m^2)	총 구역 수	촉진구역							존치지역	
				도정법 사업				도시개발사업	도시계획시설	시장정비사업	존치정비*	존치관리**
				재개발	재건축	주거환경	도시환경					
서울	30	25,018	326	126	11		68	3	1	4	39	74
경기	10	10,913	136	44			13	6	6		4	63
인천	2	1,509	26	11			5	2	1			7
부산	3	3,009	32	13			6		4			9
대구	2	1,774	29	15	1				2		9	2
대전	8	8,421	82	24	3	1	20	1				33
강원	2	1,584	27	3	2	3	2	3				14
경북	1	591	5	4					1			
전남	1	388	3	3								
충남	1	224	7	1			3					3
전국 (%)	59	53,207	666 (100.0)	243 (36.3)	17 (2.5)	4 (0.6)	114 (17.4)	15 (2.2)	15 (2.2)	4 (0.6)	52 (7.7)	202 (30.5)
재정비촉진사업 기준(%)			416	(58.7)	(4.1)	(1.0)	(28.1)	(3.6)	(3.6)	(1.0)		

* 존치정비구역 : 촉진구역의 지정 요건에는 해당하지 않으나 시간의 경과 등 여건의 변화에 따라 촉진사업 요건에 해당할 수 있거나 촉진사업의 필요성이 강한 구역

** 존치관리구역 : 촉진구역의 지정요건에 해당하지 않으며 기존의 시가지로 유지 관리 할 필요가 있는 구역

3.2 주요 사업추진 사례 소개

1) 1970년대 : 불량주택 등의 정비를 위한 주택개량사업추진[5]

정착지 조성을 통한 철거 이주를 추진하면서 서울시는 1967년부터 불

5 서울시정개발연구원(1996), 윤혜정(1996)을 참고하여 재작성함.

량주택지를 그 자리에서 개량하는 방식을 모색하기 시작하였다. 크게 세 가지 시책으로 전개되었는데, 첫 번째는 불량주택지에 시민아파트를 건립하는 방식이고, 두 번째는 양성화 조치를 통한 개별적인 주택개량이며, 세 번째는 현지개량이라고 불렀던 보다 적극적인 지구 환경의 정비이다.

(1) 시민아파트 건립

무허가주택을 정리하기 위한 방법으로써 무허가 정착지 자리에 아파트를 건설하는 정책이 시행되었다. 시급히 재개발하여 개량하여야 할 불량지구에 시비와 입주 예정자의 자비를 합작 투자하여 아파트를 짓되, 서울시는 정리공사와 건물의 골조를 담당시공하고, 입주자는 자비로 부대공사 일절을 시공 완성하여 동 지역에서 철거당한 주민 전원을 수용하고 입주자의 생활 실정에 맞는 한도에서 장기 월부로써 투자액을 상환하도록 하는 것이었다. 이에 따라 당시 서울특별시장이었던 김현옥은 여의도 개발에 따른 대지 매각비의 80%를 투자하여 1969~1971년간 시민아파트 2천 동을 건립할 것을 발표하였다. 총 사업비 240억 원을 투입하여 총 40개 불량주택 지구 78만 평의 불량주택을 철거하고 9만 채의 아파트를 건설하여 주민들을 입주시킨다는 계획이었다. 1969년에 400동, 1970년에 800동, 1971년도에 800동을 건설하여 입주자 한 세대당 8.5~10평 규모의 아파트를 공급하고, 매월 2,200원씩 납부하게 하여 공사비 지원금 20~25만 원을 갚도록 계획되었다.

그러나 시민아파트 건립에 의한 강제이주는 일률적으로 아파트의 골조만 짓고 아파트를 배당하는 방식의 한계 때문에 정책적 효과를 거두기 어려웠다. 또한 1970년 와우아파트 붕괴 사고로 인해 시민아파트 건립은 중단되었다. 이때까지 총 32개 지구 426동, 16,963세대가 건설되었다.

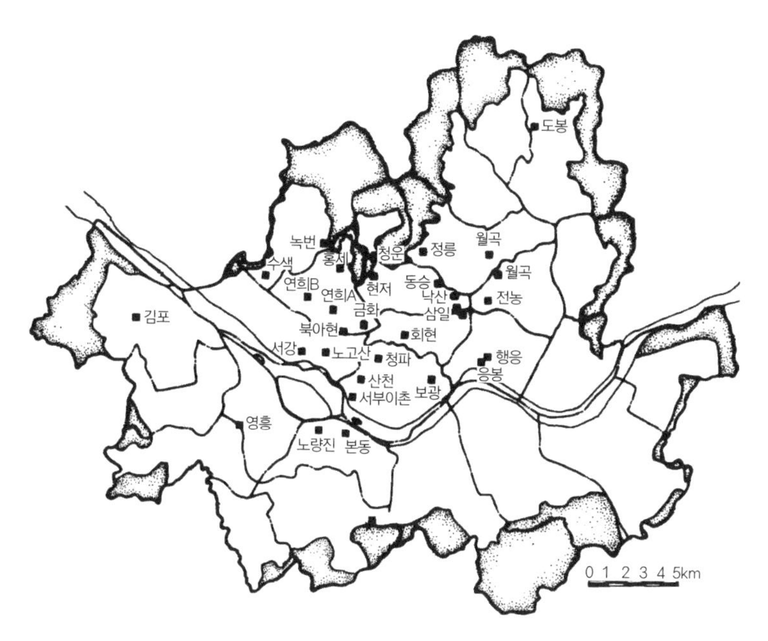

시민아파트 건립 위치도
출처 : 윤혜정(1996)

(2) 양성화

불량건물대책의 한 방안으로 시작된 양성화 사업은 기존 무허가 건물 가운데 건물이 비교적 양호한 것을 대상으로 주민 스스로 개량할 경우 절차를 거쳐 합법화시키는 작업이었다. 그동안 불법이었던 국공유지의 점유를 현실적으로 인정해주어 저소득층의 생활안정을 도와주는 역할을 하였다. 서울시의 재원이 충분치 않아 지구 내 도로, 전기 등의 기반시설을 충분히 개량하지 못하였고 개량의 대상을 종합적인 주거환경이 아닌 개별주택의 물리적 수준 향상에 치중하였으며, 주민 자력에 의해 무허가 정착지를 개선시키는 방식이었다.

1967년 15만 동의 무허가 판잣집에 대해 합법화 조치를 취했고 신고된 무허가 건물 13만 7천여 동 가운데 61,000동은 양성화하고 약 75,000동은 7개년 계획으로 철거하도록 하였다. 1968년 4월 서울시는 13만 7천 동 중 1차로 38,000동을 양성화하기로 결정하고 종로구, 중구, 동대문구 등이 포함되었다.

양성화가 불법건물에 대한 합법화를 대가로 불량건물의 개량·정리를 요구하는 것이니만큼 여러 가지 시행방침이 있었다. 양성화 지구에 대해서는 강제철거를 하지 않는 것을 원칙으로 하면서, 이 시행 방침에 따르지 않는 경우에는 강제철거하도록 한 것이다. 개량 지구는 무허가 불량주택이 50동 이상 집단적으로 모여 있는 지구로서 제방, 하천, 침수지대, 도로부지, 도시계획에 저촉되지 않는 지역을 대상으로 하였는데 표고는 일반적으로 100m 미만으로 제한하였다.

양성화 지구 내의 주택개량은 독립 또는 연립주택으로 개량하되 개인 또는 공동 노력에 의하고 일절의 경비는 주민이 부담하도록 하였다. 그리고 반드시 소방도로와 하수시설을 갖추어야 하며 변소와 급수시설을 정비해야 했다 . 가옥개량에 대해서는 현재의 건물을 헐고 다시 짓는 것을 허용하되, 대지면적을 증대시킬 수 없도록 하면서, 그 범위 안에서 상당한 공지를 확보하는 경우 증축을 허용하였다. 허용된 주택의 유형은 독립주택 또는 연립주택이었으며 토벽집이나 조잡한 간이주택은 허용되지 않았다. 변소는 가옥 내에 설치해야 하며 도로변의 변소는 모두 정리하도록 하였다. 소방도로와 하수도망을 설치하고 수목을 식수하여 환경을 미화시키도록 하는 내용도 포함되었다.

그러나 양성화 사업은 주민 부담에 의한 주택개량에 초점이 맞춰져 있어 최소한의 공공시설이 수반되지 않았으며, 허가를 받기 위한 가시적인 미화단장에 그침으로써 서울시가 기대한 만큼의 지구

정비의 효과를 거두지 못하였다.

양성화 사업추진현황(1974년 12월 31일 기준)
출처 : 서울시(1974)

지구 수	동 수	면적(평)				실적(동)			비고
		계	국유	시유	사유	개량	미개량	비율	
49	10,161	304,913	180,662 (59%)	53,223 (18%)	71,016 (23%)	9,154	1,007	90.1%	공공시설 80%

(3) 현지개량

현지개량은 양성화 사업을 발전시킨 것으로 1970년대 초 정부주도하에 전국적 운동으로 번진 새마을 사업의 일환으로 1972년부터 서울시와 주민 간의 공동노력을 통해 전개되었다. 지구별로 공공시설비의 50~100%까지 서울시가 지원하고 지구별로 추진위원회를 구성하여 주민 자율적으로 주택을 개량하는 방식이었다.

현지개량의 대상구역 지정기준은 첫째로 건물이 위치한 대지에 대한 권리관계가 해결되는 곳이어야 했다. 둘째로 불량주택이 약 30동 또는 그 이상으로 집단화되어 있는 곳을 대상으로 하였다. 셋째는 대상지가 해발 100m 이내로 침수되지 않는 곳이어야 하고, 소방도로 개설 및 하천, 하수도, 도로의 유지관리상 지장이 없어야 했다. 넷째는 해당 지구에 공원, 광장, 녹지 등 도시계획이 지정되어 있는 경우여야 했다.

이상과 같은 조건하에 선정된 현지개량사업지구에 대해 공공시설 우선 설치, 건축법상의 규정에 맞게 주택개량, 주택개량의 업무 주관을 주민자치에 위임 등의 개량방법 원칙을 정하였다. 그리하여 1972년 4월 무허가 건물에 대한 현지개량방식의 첫 사업으로 4,764동을 포함하는 18개의 시범지역이 선정되었다. 종로구 이화동 및 충신동, 중구 필동, 동대문구 보문동, 제기동, 신설동, 성동구 신당3동, 하왕십리4동, 성북구 미아동, 서대문구 충정로1, 2가동, 북아현2, 3동, 녹번3동, 대현동, 응암동, 용산구 효창1동, 영등포구 대방1동, 노량진2동, 봉천3동 등에 위치한 무허가 정착지들이었다. 이들 지구에 대해 서울시가 2억 3,763만 원을 들여 기반시설을 조성하였다. 5월 말에는 종로구 이화동과 충신동 일대의 무허가 건물 377동에 대해 현지개량사업에 착공하였고, 10월에는 서대문구 홍제2동의 무허가 건물 1,165동에 대해여 현재 개량사업을 착수하였다.

현지개량사업추진현황(1974년 12월 31일 기준)
출처 : 서울시(1974)

지구수	동수	면적(평)				실적(동)			비고
		계	국유	시유	사유	개량	미개량	비율	
55	10,125	409,389	249,382 (60%)	73,264 (18%)	86,743 (21%)	9,956	169	98%	공공시설 99%

2) 1980년대 : 아시안게임 및 올림픽을 계기로 한 도심재개발사업 추진

1980년대 초에 86 아시안 게임, 88 서울 올림픽의 개최가 결정되었다. 하지만 이 당시 서울의 시가지는 두 개의 국제행사에 참가하기 위해 찾아올 외국인에게 보이기에 낡고 초라했다. 종로·을지로·퇴계로 변에는 낡고 나지막한 건물들이 즐비했으며 무허가 건물들이 밀집해 도시의 경관을 해치고 있었다. 또한 1980년대 고도성장으로 산업구조가 3차 산업 위주로 재편되면서 도심부의 업무공간 수요가 급증하던 때였다. 이에 따라 정부는 국제적 경기를 앞두고 이를 위한 범국가적 준비를 시작하였다. 부족한 경기시설 확충, 숙박시설 건설, 도로교통

선진화, 한강 정비 등과 함께 불량한 서울 도심의 면모를 정비하고자 도심재개발사업을 최우선 과제로 선정하였다.

(1) 서울 양동지구[6]

가) 추진 배경

서울 양동재개발사업은 한국토지공사 최초의 본격적인 도심재개발사업이자 대형건축물 공사라는 점에서 중요한 의미를 갖는다. 1980년대 초 제40차 IMF · IBRD 연차총회(1985)와 86 아시안게임, 88 서울 올림픽을 서울로 유치하여 이 행사들을 성공적으로 치르기 위해 각종 경기장, 문화행사장의 설치, 주변 환경의 개선, 도시기능의 정비가 시급한 과제로 대두된 시기였다. 서울 남대문로 5가 일원의 양동지구는 개화기부터 일제강점기까지 서울역을 중심으로 교통 및 상업의 중심지 역할을 했으나 한국전쟁으로 크게 파괴되어 1980년대 초까지 저소득층의 불량주택과 가건물 등이 난립하였다.

정부에서는 이 지역의 도시개발 저해요인을 제거하고자 1978년 11월 30일 양동 일원을 재개발사업구역으로 지정하고 10개 지구로 구분하여 사업시행자를 물색하였으나 토지보상 및 건물철거 등이 난항을 겪어 사업시행이 계속 미루어졌다. 1983년이 되어서야 1985년 10월에 개최되는 제40차 IMF · IBRD 연차총회로 인해 양동 4, 5지구 재개발사업을 한국토지공사가 시행하도록 하는 방침을 정하여 통보하였다.

한국토지공사는 직제를 개정하여 재개발사업부를 발족시키고 사업 참여를 결정하였으나 감정평가액 기준 보상의 실현성, 수용 재결 및 행정 대집행, 공사 장기화, 한광여자상업전수학교 이전, 저소득

6 한국토지공사(2009) 등을 참조하여 재작성함.

층에 대한 생활보호대책이 난제로 대두되었다.

이를 해결하고자 정부에 자금 및 행정 지원을 요청하였으나 「한국토지공사법」의 개정이 선행되지 않아 1983년 9월 23일 시행자 지정이 취소되었다. 그러나 정부는 1984년 3월 24일 제5차 경제장관회의를 개최하여 세입자 처리·이주대책 등의 난제는 서울시가 처리하도록 정하고 양동 제4-1지구, 제5지구의 사업시행자로 한국토지공사를 다시 지정하였다.

나) 보상 및 이주대책

사업시행자로 재지정됨에 따라 한국토지공사는 토지 및 지장물 조사를 완료하고 거주민들에 대한 보상계획 공고, 보상안내문 발송 등의 업무를 개시하고 10개월에 걸친 작업 끝에 1985년 7월 11일 보상과 철거를 완료하였다.

사업지구 내의 거주민 대다수가 저소득층이었기 때문에 경제장관회의에서 정한 세입자처리대책에 의하여 영세세입자는 서울시가 재활원 등에 수용하고 일반세입자 1,490세대 중 639세대는 서울시에서 아파트 입주권 부여와 지방이전 등의 조치를 취하였다. 한국토지공사는 851세대에게 1억 6593만 원의 이주보조금을 지급하여 세입자 이주를 지원하였다.

다) 사업추진 과정

한국토지공사는 제40차 IMF·IBRD 연차총회를 위하여 이 부지에 주차장을 조성 제공함으로써 1차적인 목적을 달성하였다. 그 후 제4-1지구는 1990년 5월4일 건축허가를 받아 1992년 8월 7일 착공, 1994년 12월 14일 준공하였다. 제5지구는 1990년 7월 3일에 건축허가를 받아 1991년 5월 9일 착공, 1994년 6월 20일 준공하였다. 양동지구 전체 사업은 1995년 11월 30일 준공하였다.

건물 분양공급은 1991년 12월 12일 첫 매각공고를 하였으나 부동산경기가 침체되어 구매자가 없었으며, 이후 기업들의 건축 부진으로 인한 사무공간 부족 현상이 발생하면서 양동 제5지구 남산그린빌딩은 1993년 11월 30일에 유공해운(주)에 2개 층을 시작으로 신용관리기금에 2개 층, 한국이동통신(주)에 잔여 층을 매각함으로써 완료되었다. 양동 제4-1지구 제일빌딩은 1995년 2월 6일 제일제당(주)에 전 층을 매각함으로써 공급을 완료하였다.

양동지구 전경

양동 기술발표회(1984)

제4-1지구 사업 개요

위치	서울시 중구 남대문로 5가 500번지 일원
사업기간	1984.11.20.~1995.11.30.
사업면적	3,633m²(1,099평)
사업비	259억 800만 원 (보상비 : 52억 4,400만 원, 건축비 : 206억 4,400만 원)
대지면적	6,145m²(1,859평)
건축 규모	지하 2층. 지상 18층
건축 면적	1,121m²(339평)
연 면적	1만 8,286m²(5,531평)
건폐율 및 용적률	45.12%, 603.1%
건물명	제일빌딩

제5지구 사업 개요

위치	서울시 중구 남대문로5가 267번지 일원
사업기간	1984.11.20~1995.11.30
사업면적	8,718m²(2,637평)
사업비	740억 9,900만 원 (보상비 : 194억 6,200만 원, 건축비 : 546억 원 3,700만 원)
대지면적	6,145m²(1,859평)
건축 규모	지하 4층, 지상 20층
건축 면적	2,194m²(664평)
연 면적	5만 7,575m²(1만 7,416평)
건폐율 및 용적률	35.71%, 597.44%
건물명	남산그린빌딩

(2) 서울 을지로 지구[7]

가) 추진 배경

86 아시안게임과 88 서울 올림픽 특수가 가시화되면서 대한주택공사는 불량한 서울도심의 면모를 빠른 시일 내에 정비하고자 도심재개발사업을 최우선 과제로 설정하였다. 이에 따라 중구 을지로2가 제16지구 및 17지구 재개발사업 시행자로 지정·고시되었다. 제16지구는 을지로2가 32와 36의 1, 장교동 32의 1~72의 4, 수하동 1의 1~15의 1대지 1만 8,545m²이며 제17지구는 을지로 2가 41의 1~74의 3대지 8,500m²의 면적으로 2개 지구는 서로 인접해 있어 이들 두 지구 총 2만 7,045m²를 대상으로 재개발사업을 시행했다.

7 대한주택공사(2009) 등을 참조하여 재작성함.

재개발 전의 을지로 전경

을지로 재개발 공사 현장

나) 사업추진 과정

을지로 재개발사업에 대비해 1983년 2월 재개발사업규정을 신설했으며, 9월에는 건설계획 수도권문제심의위원회의 의결을 거쳐 시행인가를 받았다. 도심재개발은 도시기능의 향상 및 토지이용의 극대화 등의 순기능이 있었다.

1986년 을지로 2가 16 · 17지구의 오피스텔에 대한 일반 매각을 2월과 3월 두 차례에 걸쳐 5개 일간지에 공고하고 분양을 시작했다. 이 시점에 이미 제1동, 제2동, 제3동의 일부는 분양됐으나 부동산경기의 침체로 인해 매각이 부진하여 촉진대책이 수립되었다. 그 대상은 오피스텔 87호, 사무실 28호, 판매시설 15건 이었다.

또한 을지로 변에 위치한 3동은 그 용도를 금융기관 본점으로 결정했으나 당초 매수를 요청한 상업은행이 매수를 포기하여 1년 3개월에 걸친 절충 끝에 중소기업은행에 매각되었다. 직영상가(백화점)의 매각에서는 사업 착수 당시 주민 대부분이 판매시설을 희망함에 따라 전체 건축물 6만 6,861평 중 18%에 해당하는 1만 2,291평을 판매시설로 결정하고 분양활성화를 위해 5,172평을 백화점 업체에 매각하였다.

을지로 재개발 철거 현장

재개발 공사 후의 을지로

(3) 주택재개발 · 재건축사업

서울을 비롯한 대도시는 해방 이후 급격히 인구가 늘어 불량주택이 난립하고, 토지이용의 과밀화 현상이 나타나 도시기능과 도시 미관에 심각한 문제가 생겼다. 도로, 상하수도 등 필수적인 기본시설 마저 미비해 도시기능의 저해는 물론 주민의 위생, 안전에도 위험스러운 지경이었다. 이에 정부는 1976년 「도시재개발법」을 제정해 불량주택 재개발사업을 시작하였으며 1987년 「주택건설촉진법」으로 인해 주택재건축사업이 시작되었다. 주택재개발사업은 도시기반시설이 몹시 불량하거나 정비되지 않은 상태여서 도시의 기능을 다하지 못하고, 낡고 불량한 건축물 등이 밀집해 슬럼화되었거나 그 기능을 다할 수 없는 구역을 대상으로 실시하는 도시정비사업이다. 주택재건축사업은 정비기반시설은 좋지만 낡고 불량한 건축물이 밀집한 지역에서 주거환경을 개선하기 위해 시행하는 사업이다.

경기 변동으로 인한 사업성 악화, 주민갈등 심화 등의 사유로 장기간 사업이 지연되거나 중단된 지구에 지역 현안을 해결하기 위해 대한주택공사가 대구 동산지구에서 주택재개발사업을 최초로 시행하였다. 1984년 1월 재개발구역으로 지정돼 7월 대구시로부터 사업후보지로 추천받아 11월 사업지구로 결정되었다. 그 뒤 대구시로부터 1985년 2월 사업시행자 지정을 받고, 7월에 사업시행인가를 받아 공사에 착수하였다.

서울 상계 주택재개발사업은 1973년 12월 재개발구역으로 지정된 후 1984년 12월 사업 계획을 결정하였으나 불량주택 밀집도가 높고 거주하는 가구 수가 많으며 주민이 사업에 참여할 능력이 없어 사업이 지연되고 있었다. 이에 대한주택공사가 1988년 12월 사업 후보지로 선정하고 1990년 2월 서울시로부터 재개발사업 시행자로 지정받아 1992년 공사에 착수하였다.

서울 난곡지구는 도시빈민이 집단으로 거주하고 있을 뿐만 아니라 낡고 불량한 주택이 밀집되어 1973년 재개발구역으로 지정됐으나 1982년 주민들의 반대로 구역지정이 해제되었다. 그 후 1995년 신림재개발구역으로 재지정되었으나 IMF 외환위기의 영향으로 사업이 좌초되어 2002년 대한주택공사와 조합설립추진위원회가 사업시행협약을 체결하고 사업을 추진하게 되었다. 대지면적 17만 1770m², 건축면적 45만 7259m², 건설 호수 3322호 규모의 사업이었다. 이어서 2003년 관리 처분을 인가받고 2006년 입주를 시작 2008년 사업을 완료하였다. 이곳은 인근 이주 단지인 신림 택지개발사업, 신림2-1 재개발사업과 연계해 순환재개발사업을 추진하여 모범적인 도시정비 사례를 보여주었다. 신림 난곡지구와 신림 2-1(현 삼성산 뜨란채) 재개발사업에 앞서 가까운 자연녹지 지역에 택지개발을 한 후 이주 단지를 조성하고 철거민이 임시로 거주할 수 있도록 한 후, 신림2-1 지구와 신림 난곡지구(관악산 휴먼시아) 재개발사업을 순차적으로 시행하며 순환 이주하도록 했다. 그 결과 거주 가옥주는 56.5%, 적격 세입자는 44.3%로 다른 재개발 지역보다 높은 재정착률의 성과를 나타냈다.

서울신림 난곡지구 휴먼시아 개발 전후 모습

3) 1990년대 : 저소득주민 주거환경개선을 위한 주거환경개선사업추진[8]

(1) 주거환경개선사업 개요

주거환경개선사업은 1989년 4월 1일에 제정된 「도시저소득주민의 주거환경개선사업을 위한 임시조치법」에 근거하고 있으며 도시의 저소득주민 밀집거주지역의 주거환경개선을 위해여 필요한 사항을 정함으로써 도시의 저소득주민의 복지증진과 도시환경개선에 이바지함을 목적으로 하고 있다.

주거환경개선지구는 1985년 6월 30일 이전에 건축된 건축물로서 구조, 외형, 부대시설 등 물리적 상태가 건전한 주거공간으로서의 기능을 하기에 부적합한 건축물이 일정 규모 이상 밀집된 지역을 대상으로 하며 개발제한구역에서의 지정도 가능하다. 주거환경개선지

8 서울시정개발연구원(1999)을 참조하여 재작성.

구의 지정에 필요한 주민 동의는 해당 지역 내 토지 또는 건축물 소유자 총수의 2/3 이상 동의와 세입자 세대주 총수의 1/2 동의가 있어야 하며 주거환경개선지구의 구체적인 지정요건은 임시조치법 제4조에 의한다.

주거환경개선지구지정 요건

- 노후불량건축물이 밀집되어 있어 주거지로서 기능을 다하지 못하거나 도시미관을 현저히 훼손하고 있는 지역
- 개발제한구역으로서 그 구역지정 이전에 건축된 노후불량건축물이 밀집되어 있는 지역
- 「도시재개발법」에 의한 재개발구역으로서 인구의 과도한 밀집 등의 사유로 주택재개발사업의 시행 불가능하거나 심히 곤란한 지역으로서 일정 비율 이상의 주민이 재개발사업의 시행을 원하지 아니하는 지역
- 철거민을 수용한 지역 기타 인구가 과도하게 밀집되어 있고 공공시설의 정비가 불량하여 주거환경이 열악한 지역으로서 그 개선이 시급한 지역

「도시저소득주민의 주거환경개선사업을 위한 임시조치법」은 2004년까지 연장하도록 하였으나 2002년 「도시 및 주거환경정비법」이 제정됨에 따라 기존의 임시조치법은 폐지되었다. 이와 함께 2000년 노후·불량주거지역을 개선하고 지역경기 진작을 위하여 주거환경개선사업 구역 내 정비기반시설 설치 사업비를 정부에서 지원하기로 결정하였다. 이에 따라 제1단계(2001~2005) 주거환경개선사업 계획이 수립되었고 1단계 사업이 종료되는 시점에 제2단계(2005~2010) 주거환경개선사업 계획을 수립하여 지속적으로 노후불량주거지역의 도로·상하수도 등 기반시설 정비에 국고를 지원하기로 하였다.

제1단계 주거환경개선사업의 대상 지구 수는 482개 지구이며, 지원 금액은 주거환경개선사업 구역 내 정비기반시설 설치에 총 1조 6천억 원을 지원하되, 국고 50%, 교부금 10%, 지방비 40%로 매칭펀드

방식을 사용하였다. 제2단계 주거환경개선사업은 430개 지구이며 지원 금액은 정비구역 내 정비기반시설 설치에 총 사업비 2조 원을 지원하되, 국고 50%, 지방비 50%로 매칭펀드 방식을 사용하였다.

구분	제1단계 사업	제2단계 사업
지구 수	482개	430개
지원사업비	1조 6천억 원	2조억 원
계획 기간	2001~2005	2005~2010
재원 분담	• 국고 50% : 8,000억 원 • 교부금 10% : 1,600억 원 • 지방비 40% : 6,400억 원	• 국고 50% : 10,000억 원 • 지방비 50% : 10,000억 원

제1단계 · 제2단계 주거환경개선사업 계획 비교
출처 : 김찬호 외(2007)

(2) 창신지구

종로구 창신지구는 현지개량방식으로 추진되었으며 동대문으로부터 정북방향으로 표고가 40~100m, 경사가 10~21도에 이르는 가파른 낙산 서쪽 자락에 서울성곽을 따라 남북방향으로 길게 위치하고 있다. 이 지구 서쪽에는 서울성곽 주변으로 시설녹지와 낙산근린공원이 지정되어 있다. 남쪽에는 종로와 율곡로를 따라 양쪽 도로변에 도시설계 지구가 지정되어 있고, 왕산로 주변으로는 상세계획구역이 넓게 지정되어 있다.

창신지구 주변에 계획 또는 사업 중인 관련 사업을 살펴보면, 지구 서쪽에 서울성곽의 남북으로 낙산근린공원 조성사업이 시행되고 있다. 이러한 사업 내용을 반영하여 사례지구의 개선 계획에서도 공원녹지계획을 별도로 세워 낙산근린공원과 사례지구 사이에 녹도 개념의 보행자 도로를 계획하였고 지구 내 부족한 어린이 놀이터를 2개소 배치하였다. 공동이용시설의 배치는 국공유지를 활용하여 노인정과 마을회관을 사례지구의 한쪽에 치우쳐 배치하였다. 사례지구 동쪽에 바로 인접하여 창신2지구가 환지방식에 의한 공동주택의 건설을 추진하고 있으며 낙산능선을 따라 낙산시민아파트가 주거환경개선지구로 지정되어 사업을 추진하다가 지구지정이 해제되어 낙산근린공원 조성사업의 일환으로 아파트를 철거하고 녹지를 복원하는 사업을 추진하고 있다.

창신지구 현황

사업 방식	사업 면적	인구	가구수	주택수	인구 밀도	가구 밀도	주택 밀도
현지개량	48,988	6,521	1,643	679	1,331.1	335.4	138.6

토지이용계획

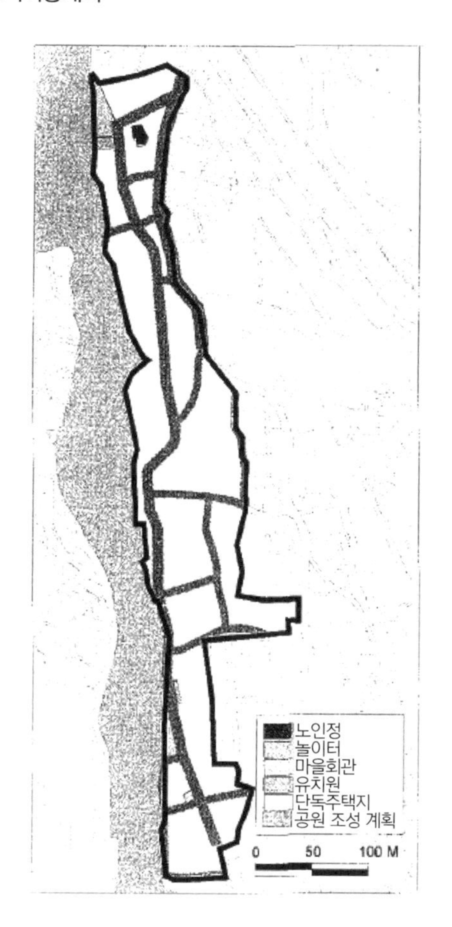

토지이용 현황

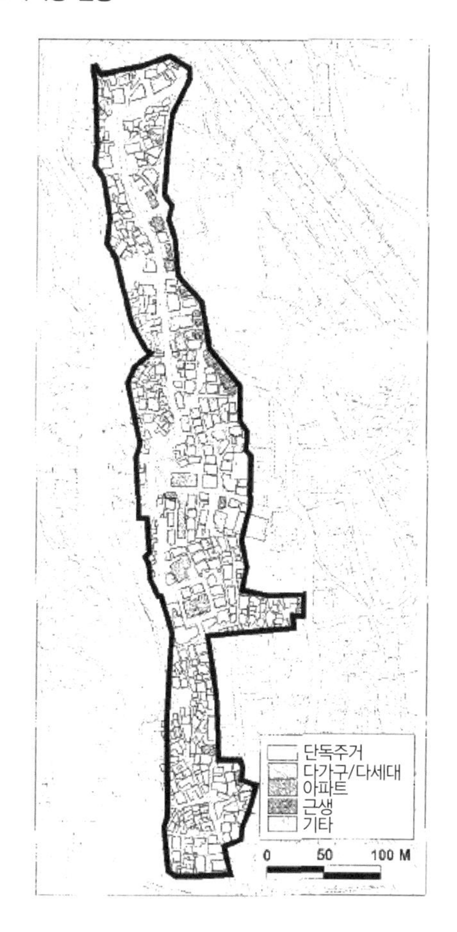

현지개량방식의 주택개량은 영세한 소규모 필지를 합필하여 노후불량한 단층주택을 헐고 그 위에 3~4층의 다세대·다가구주택을 신축하는 방식으로 이루어지는 것이 보통이다. 창신지구의 경우 5층 이상의 형태가 보이고 있어 이는 사업성을 높이기 위해 다세대·다가구주택을 5~6층으로 고층화한 아파트 형태로 신축하였기 때문이다.

창신지구 층고 개발 현황

층고	1	2	3	4	5	6	계
표본 수 (비율)	5 (3.5)	24 (16.9)	29 (20.4)	69 (48.6)	12 (8.5)	3 (2.1)	142 (100.0)

주택개량 현황

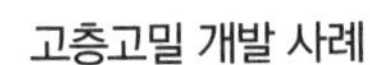

고층고밀 개발 사례

(3) 용산1·후암1지구

용산구 용산1·후암1지구는 현지개량방식으로 추진되었으며 표고가 50~90m, 경사가 10~21도에 이르는 가파른 고지대로 남산순환로 하단부 경사지에 서쪽을 바라보는 방향으로 위치하고 있다. 이 지구들은 남산제모습찾기사업의 일환으로 지정된 최고고도지구(3층 12m 이하)에 포함되어 있어 건축물의 높이를 제한하고 있다.

해당 지구에 바로 연접한 용산2가동 일대는 주택재개발 기본계획의 대상구역으로 지정되어 있다. 이곳은 입지 특성과 지형 여건 등을 고려하여 용적률 180%로 계획되어 있다.

토지이용계획을 보면 기존 택지의 필지 골격을 최대한 유지하되, 지구 내 도로정비를 위해서 불가피하게 일부 필지를 철거하거나 조정하고, 단독주택과 다세대·다가구주택 등 주택유형에 따라 필지별로 주택개량 계획을 수립하였다. 지구 내에 필요한 공동이용시설의 설치는 지구가 협소하여 어린이놀이터, 노인정, 공동화장실 등 최소한의 시설만을 계획하였다.

토지이용 실태를 보면 계획 내용과는 달리 일부 필지가 단독주택에서 다세대주택으로 증·개축된 형태, 즉 소규모 필지의 합필 개발이 일어나고 있는 것으로 나타났다. 지구 내 주상복합건물이 도로변을 따라 입지하고 있어 지구 내 필요한 근린생활시설 등이 자연스럽게 입지하고 있다.

용산1·후암1지구 현황

사업 방식	사업 면적	인구	가구 수	주택 수	인구 밀도	가구 밀도	주택 밀도
현지개량	2,7301	1,890	614	460	1,340.7	430.9	331.1

토지이용계획

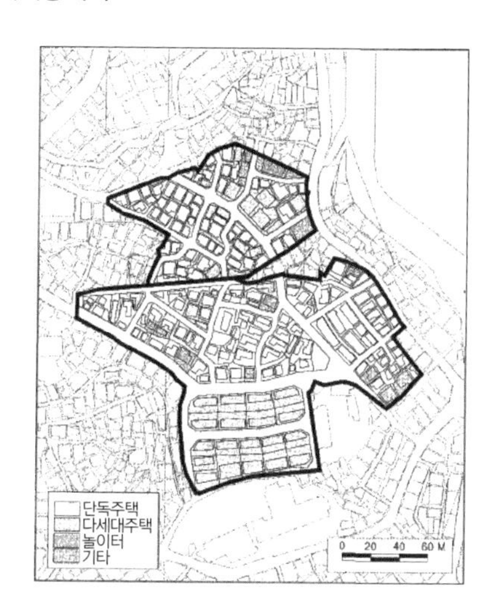

토지이용 현황

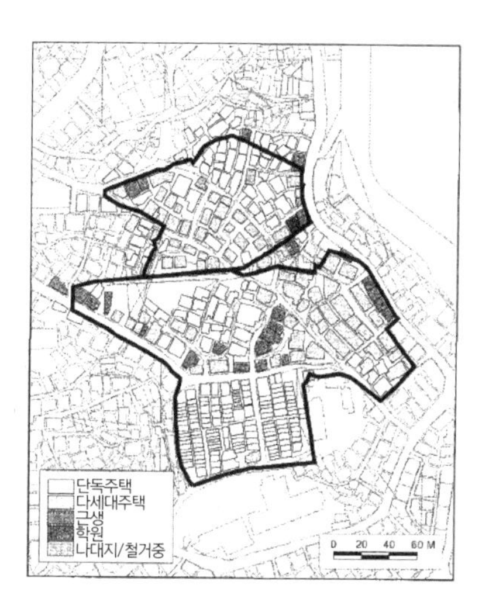

이 지구는 남산고도지구에 포함되어 있기 때문에 최고층수인 3층의 다세대·다가구주택으로 개량이 이루어져 상대적으로 낮은 층고를 보이고 있다. 하지만 이곳 역시 경사지에 지하 1~2층을 증축하고 있어 전체적으로 4~5층의 층고로 건설되어 낮지 않은 밀도로 개발되었다.

층고	1	2	3	4	5	6	계
표본 수 (비율)	-	5 (13.5)	32 (86.5)	-	-	-	37 (100.0)

용산1·후암1지구 층고 개발 현황

4) 2000년대 : 광역적 정비를 추진하기 위한 재정비촉진사업의 추진

(1) 재정비촉진사업의 추진 배경

1970년대 이후 집중적으로 개발된 강남과 오랜 세월 동안 역사, 문화의 중심이었던 강북 간의 지역 격차가 점점 심해짐에 따라 사회적인 문제가 대두되었다. 이러한 문제를 근본적으로 개선하기 위한 새로운 시도가 2002년 7월부터 시작된 뉴타운 정책이다. 서울시는 강남·북의 불균형 문제를 해결하고자 도시기반시설 및 주거환경을 개선하여 서울시 전체가 조화를 이루는 공간을 조성하는 사업으로 뉴타운 개발사업을 추진하게 되었다.

서울시는 뉴타운 개발 대상지역을 선정하는 데 우선적으로 강남에 비해 상대적으로 낙후된 강북 지역 중, 첫째, 노후·불량주택으로 재개발사업이 추진되고 있거나 추진 예정인 지역으로서 동일 생활권 전체를 대상으로 체계적인 개발이 필요한 지역, 둘째, 도심 또는 인근 지역의 기성시가지가 무질서하게 형성되어 있어 주거, 상업, 업무 등 새로운 도시기능을 복합적으로 개발, 유치할 필요가 있는 지역, 셋째,

미·저개발지 등 개발 밀도가 낮은 토지가 산재하고 있어 종합적인 신시가지 개발이 필요한 지역 등을 정하기로 방침을 세웠다.

이에 따라 3곳의 시범사업 후보지를 선정, 발표하였다. 주거 중심형(길음), 도심형 뉴타운(왕십리), 신시가지형 뉴타운(은평)으로 구분하게 되었다. 이렇게 선정된 은평뉴타운은 은평구 진관 내·외동, 구파발동 일대로 3,492,567.8m^{2}에 해당한다. 이 일대는 서울시 외곽에 위치하며 개발제한구역 지정비율이 가장 높은 지역으로 이미 오랜 기간 시가지가 형성되었고, 기존의 노후불량주택 및 중소규모 공장들이 불규칙하게 입지하고 있다. 따라서 주변의 자연환경과 조화로운 뉴타운이 조성될 경우 시가지 정비효과가 큰 지역으로 평가되었다.

(2) 은평뉴타운[9]

가) 사업 개요

은평뉴타운의 위치는 은평구 진광동 일원이며 면적은 3,492,567.8m^2, 호수 17,464호, 사업기간은 2004~2014년으로 1~3지구로 나눠서 진행되었다.

은평뉴타운 사업 개요

구분	1지구	2지구	3지구	합계
면적(천m^2)	706	722	2,064	3,492
사업기간	2004~2014	2004~2014	2004~2014	2004~2014

총 수용인원은 48,786인으로 주거 유형은 단독주택과 아파트로 나눠져 있으며 단독주택 257호를 제외하고는 모두 아파트로 건설되었다. 임대 6,914호, 분양 10,500호로 이루어졌다.

9 서울특별시(2007)를 참조하여 재구성.

주택유형		세대수											
		계				임대				분양			
		소계	1지구	2지구	3지구	소계	1지구	2지구	3지구	소계	1지구	2지구	3지구
단독주택		257	-	-	257	-	-	-	-	257	-	-	257
아파트	전용면적 60m² 이하	5,098	1,696	1,373	2,029	4,018	1,448	819	1,751	1,080	248	554	278
	전용면적 60m² 초과 85m² 이하	7,018	1,451	2,176	32,896	2,896	251	804	1,841	4,122	1,200	1,372	1,550
	전용면적 85m² 초과	5,091	1,627	1,585	1,879	-	-	-	-	5,091	1,627	1,585	1,879
	소계	17,207	4,774	5,134	7,299	6,914	1,699	1,623	3,592	10,293	3,075	3,511	3,707
계		17,464	4,774	5,134	7,556	6,914	1,699	1,623	3,592	10,500	3,075	3,511	3,964

나) 사업 계획

서울시는 은평뉴타운개발 기본구상안을 2003년 4월 언론에 발표하였다. 기본구상안은 '리조트 같은 생태전원도시'와 '다양한 계층, 세대가 더불어 사는 도시'라는 개발방향에 따라 자연, 경관, 커뮤니티, 문화가 어우러진 인간친화형 생태전원도시를 만든다는 목표 아래 작성되었는데 특히 생태전원도시라는 이상을 실현하기 위해 Green Network, Blue Network, White Network라는 주제 개념을 설정한 것이 가장 큰 특징이라고 볼 수 있다.

도시공간구조상 은평뉴타운은 구파발역을 중심으로 지구중심 상업기능을 수행하는 지역을 설정하고, 주거자가 중심이 되는 소생활권 단위로 계획하였다. 소생활권은 초등학교 통학권으로 가구 2,500~3,000세대 단위로 구성되었다. 따라서 인구 규모 약 8,000~9,000명을 기준으로 4개의 초등학교를 중심으로 한 4개의 소생활권으로 구성되었다.

교통계획과 관련해서는 대중교통 중심의 개발 전략이 세워졌다. 보행과 산책 네트워크뿐 아니라 자전거 네트워크도 구축한다는 목표도 세워졌다. 순환형 도로망에 부합하는 자전거도로망을 구축하고 뉴타운 내에 녹지공간을 이용하는 자전거도로를 설치하여 연결되지 않은 구간을 보완하기로 하였다.

은평뉴타운의 Green Network와 Blue Network

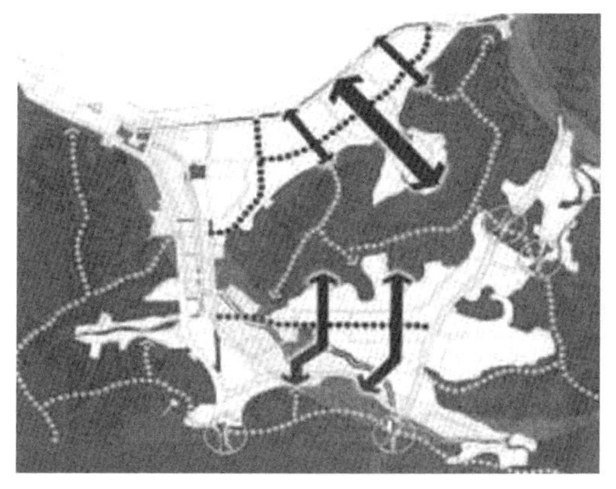

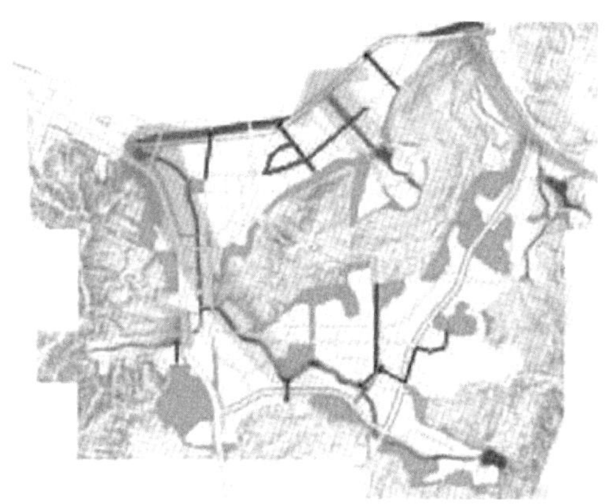

은평뉴타운의 생활권 계획 및 도로망 계획

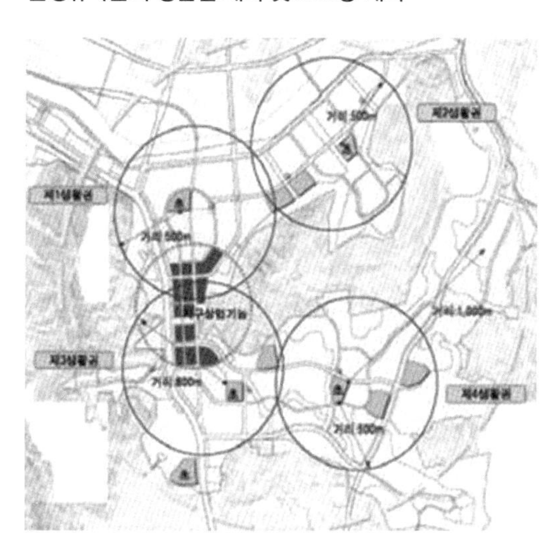

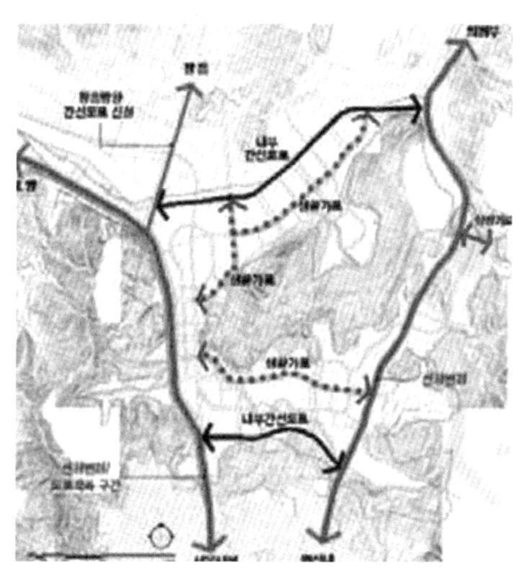

은평뉴타운의 생활권 계획 및 도로망 계획

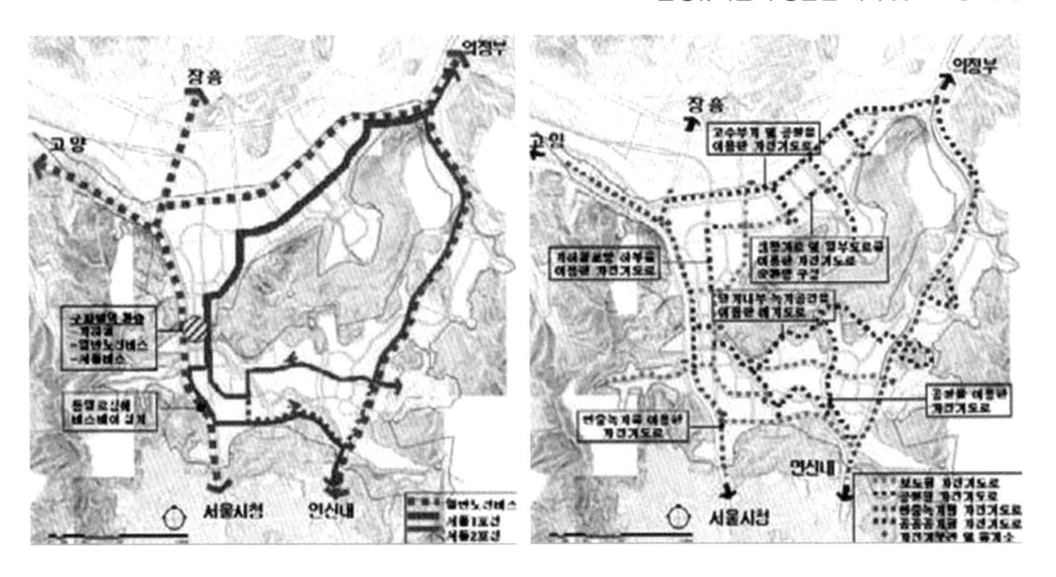

공공시설로는 교육시설, 공공시설, 복지시설, 기타 등이 계획되었다. 그 외에도 쓰레기 적하장, 하수처리장, 열공급시설은 지하에 조성하고 지상에는 체육공원과 운동장으로 조성하기로 하였다.

은평뉴타운의 공공시설 및 단계별 개발계획 구상

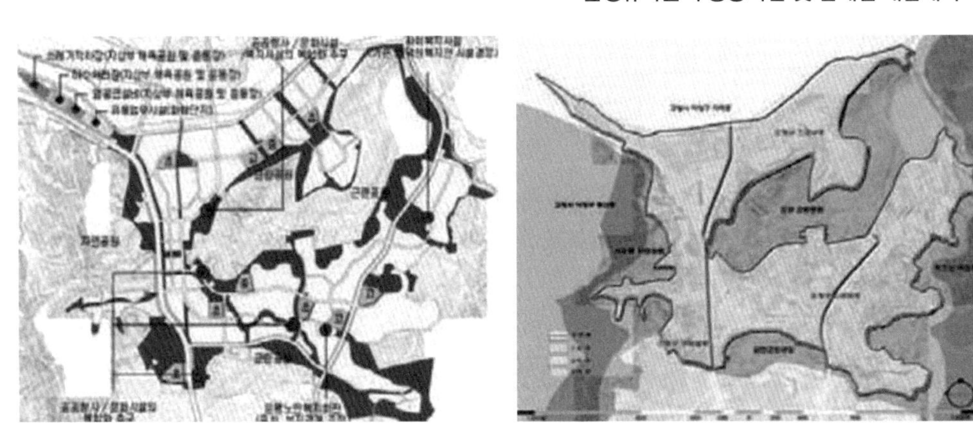

(3) 왕십리뉴타운[10]

가) 사업 배경

왕십리는 도심으로부터 4km 이내에 위치하고 있고 도심과 부도심의 연결축선상에 위치하고 있으며, 청계천의 복원사업과 함께 도심형 주거지역으로서의 새로운 친환경 개발이 요구되는 지역이다. 또한 저층고밀의 다세대·다가구 및 노후된 불량주거지가 위치하고 있는 지역으로 주거환경정비가 필요한 지역이기도 하다. 1984년 재개발예정구역으로 지정되었다가 주민의 요구에 의해 1989년 재개발구역이 실효되어 또다시 1998년 재개발예정구역으로 지정되는 등 주민의 개발 의지가 혼선을 빚고 있는 지역이다.

따라서 서울시는 왕십리를 뉴타운으로 지정하여 생활권 단위의 계획을 수립함으로써 주거환경개선을 위한 적정한 기반시설의 확충과 주택개발사업을 연계시켜 지역주민의 삶의 질을 향상하고, 지속가능한 도시건설과 친환경의 도시건설을 지향하며, 부도심의 기능강화를 위해 업무 및 상업기능을 확충하고, 도심공동화를 방지하기 위해 직주근접형 개발을 꾀하는 한편 체계적이고 계획적인 주거 및 업무·상업시설을 배치함으로써 도심형 복합 커뮤니티를 조성하고자 하였다.

나) 사업 개요

왕십리뉴타운은 성동구 하왕십리동 440번지 일대이며 면적은 32만 4천m^2, 6,000가구 21,000명을 수용하는 계획이다. 상업·업무기능과 주거기능이 조화를 이루는 복합개발을 추구하며 전체를 3개 구

10 서울특별시(2004)를 참조하여 재구성.

역으로 분할하여 단계별 사업시행을 계획하였다.

왕십리뉴타운 사업 개요

구분	내용
위치	성동구 하왕십리동 440번지 일대
면적	32만 4천m^2
건립 예정	6,000가구 21,000명
지역 특성	일반 주거지역, 일반 상업지역, 중심 미관 지구
개발방향	상업·업무기능과 주거기능이 조화를 이루는 복합개발
추진계획	전체를 3개 구역으로 분할하여 단계별 사업시행 • 우선시행구역 : 1구역 8만 3천m^2~1,300가구 건립 계획 • 2, 3구역 : 도시기반시설을 시에서 시행하여 민간 개발 유도

다) 사업 계획

도심형 초등학교 및 중고등학교 등 교육시설과 지구복합센터, 어린이집, 노인시설 등 주민복지시설의 복합화를 추구하며 어린이 공원, 쌈지공원 등의 설치를 통해 부족한 공원을 확보하는 방안을 제시하였다. 도심과 부도심의 연계성을 고려하여 건물의 높이를 계획하며, 청계천 복원을 통해 만들어지는 수공간과의 연계성을 고려한 경관계획 등을 수립하였다.

공원녹지 동선계획은 쉽게 접근하고 즐길 수 있는 녹지 공간계획이라는 관점에서 청계천과 왕십리길을 연계한 보행가로공원조성 등으로 구성되었으며 지형을 이용한 보차분리, 차량이동은 일방통행 방식의 외곽순환 시스템을 구축하는 것으로 되어 있다. 주거용지 개발과 관련해서는 중앙 보행몰과 연도형 상가의 배치, 공공시설의 배치 등을 규제사항으로 하고 단지배치 및 주거동 계획의 세부사항은 권장사항으로 제시하였다.

왕십리뉴타운의 공간 및 경관계획

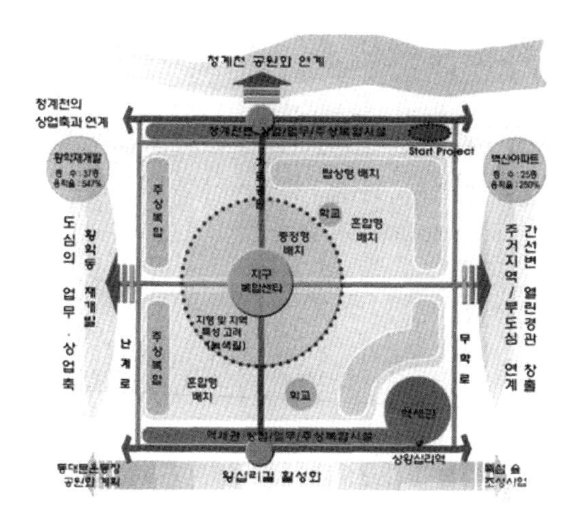

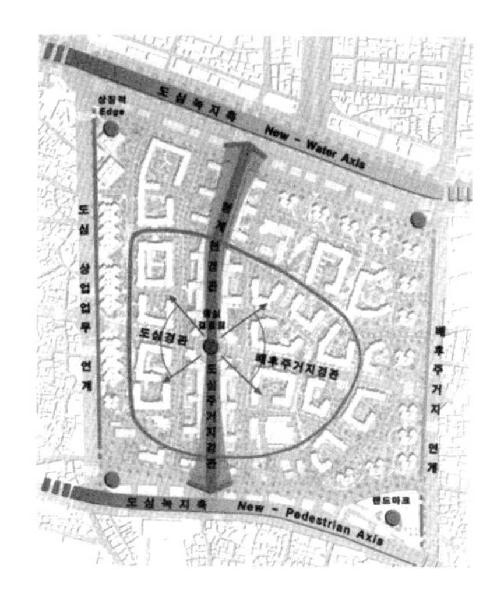

공원녹지 동선계획 및 주거 용지 개발 지침

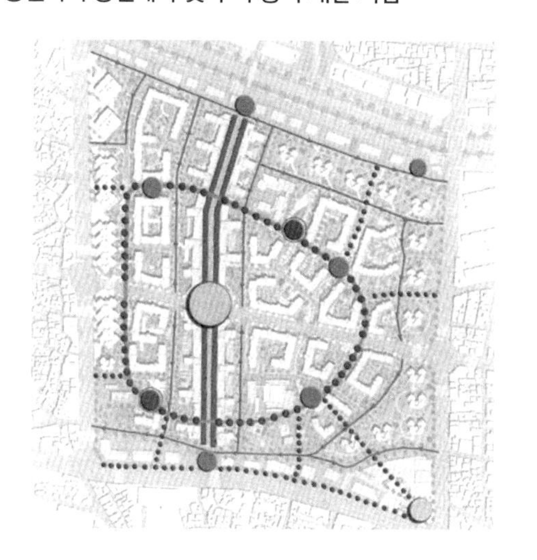

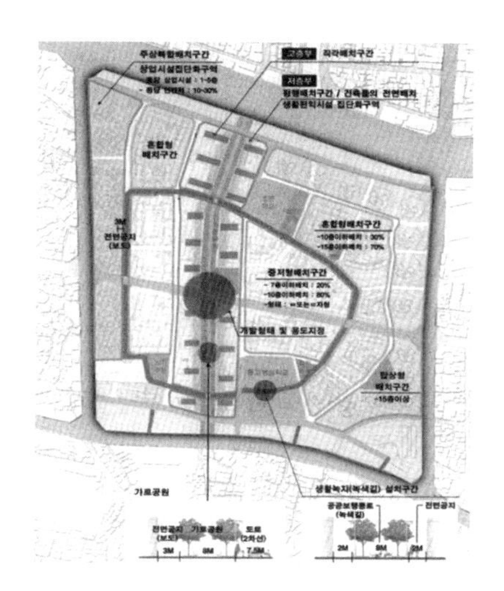

5) 2010년대 : 사회 · 경제 · 문화적 재생을 위한 도시재생사업추진

(1) 가로주택정비사업

면목동 173-2번지 우성주택 외 4필지의 면목우성주택 가로주택정비사업이 2015년 10월 20일 전국 최초로 사업시행인가가 완료되어 소규모 정비사업의 본격적인 추진이 시작되었다. 사업면적은 가로 구역 9,639.5m² 가운데 총 1,456m²으로 건립 규모는 아파트 1개동 7층 42세대로 건립된다. 구역 내 토지등소유자 22명 중 21명이 조합설립에 동의하여 재정착률 100%를 목표로 진행 중이다.

특히 서울시는 4대 공공 공공지원(2014.7.), 3대 활성화 방안(2015.5.) 등을 시행하여 도시재생사업의 한 축으로 제 역할을 다하도록 적극 지원하고 있다.

면목동 173-2번지 위성사진

조감도

서울시 4대 공공지원 대책 및 3대 활성화 방안 내용

구분	내용
4대 공공지원 대책	• 추정분담금 산정·제공 등 사업성 분석 서비스 공공지원 • 전용 85m² 이하 미분양주택은 공공임대주택으로 매입 • 건축공사비 최대 30억 원 융자 지원(공사비 40% 이내, 이자 2%) • 업무처리 매뉴얼 마련, 배포 및 자치구 전담 부서 지정 등 행정 지원
3대 활성화 방안	• SH공사 공동 사업시행 참여 등 공공의 역할 정립 • 중소 건설업체 자금난 해소를 위한 재정적 지원 확대 : 주택도시보증공사 시공보증 및 보증보험상품 개발, 주택도시기금 융자 등 • 공동체활성화를 위한 공동이용시설 조성 및 프로그램 개발 지원 : 공동육아협동조합, 생활협동조합 등 설립 지원 및 매뉴얼 제공 등

(2) 주거환경관리사업

가) 사업 개요

서울시는 전면 철거 정비사업 방식에서 탈피 단독·다세대주택 밀집지역 등을 대상으로 정비기반시설·공동이용시설 확충 및 주민 공동체 활성화 등을 통해 지속적인 주거환경개선을 추진하고 있다. 2015년 12월 말 기준으로 63개 구역이 진행되고 있으며 그중 13개 구역 완료, 8개 구역 공사, 27개 구역 계획 수립, 15개 지역 주민의견 수렴 중이다.

주거환경관리사업 현황
출처 : 서울특별시(2016)

구분	완료(13)	공사(8)	계획 수립(27)	주민의견 수렴(15)
63구역	연남동, 북가좌동, 길음동, 흑성동, 시흥동1, 장수마을, 방학동, 구로동, 온수동, 도봉동, 시흥동2, 신사동1, 개봉동	정릉동1, 대림동1, 휘경동1, 응암동(산골), 상도동1(실시 설계), 정릉동2(실시 설계), 미아동2(실시 설계), 상월곡동(실시 설계)	역촌동1, 홍은동1, 홍은동2, 신월5동, 공릉동, 전농동, 신월1동, 이화1구역, 충신1구역, 충신6구역, 삼선동1가, 도림동, 불광동, 대림동2, 수유동, 독산동1, 삼성동, 신당동(다산A), 신당동(다산B), 가리봉동, 석관동, 오류동, 난곡동, 상도동2, 미아동1, 미아동3, 방학동2	홍제동1, 잠실동, 암사동, 성내동, 금호동3가, 금호동4가, 시흥동3, 휘경동2, 역촌동2, 홍제동2,독산동2, 신사동2, 도봉동2, 독산동3, 궁동

나) 동대문구 휘경마을

휘경2동 286번지 일대 휘경마을은 서울시립대와 배봉산에 둘러싸인 단독/다세대주택의 저층주거지로써, 1인가구가 많이 분포되어 있다. 면적 36,396m^2, 205동에 대해 2013년 11월 13일에 주거환경관리계획(안)을 심의·가결하였다.

주요 사업으로는 총 4분야 16가지의 공공사업이 있으며, 마을길 개선사업, 마을환경 개선사업, 마을 공동체 거점 조성사업, 기타 공공사업을 주요 내용으로 하고 있다. 특히 범죄 발생 예방을 위하여 범죄예방환경설계(CPTED) 자문을 받아 CCTV 및 보안등을 설치하도록 하였으며, 주민 생활의 안전을 위하여 경사도로의 개선 및 부족한 배수시설을 확충하도록 하였다.

2014년 11월 서울시가 구역 내 1필지에 대해 매입계약을 체결하여 공동이용시설을 확충하였다. 이후 주민들의 자립 기반이 구축되고 주민공동체운영회가 구체적인 공동이용시설 운영계획을 수립하면 서울시에서 리모델링 공사 여부를 결정할 계획이다. 주변 상권을 고려한 수익 사업을 통한 공동체 활성화 프로그램을 통해 지역의 커뮤니티를 회복하고 지역주민과 대학생이 하나 되는 공동체 활성화 거점공간 조성을 목표로 추진하고 있다.

휘경동 위치도

휘경동 마스터플랜

다) 구로구 온수동

온수동은 산으로 둘러싸인 지형 덕에 '하늘에만 보인다' 하여 천옥(天屋)으로 불릴 만큼 주변 자연환경이 수려한 지역으로 이러한 지역적 특성 및 주민의견 등을 합리적으로 고려하여 주거환경관리사업을 추진함으로써 지역주민의 삶의 질 향상 및 점점 약해지는 공동체를 회복하고자 한다. 제주고씨 등의 집성촌 형성으로 역사적 문화, 전통 등 보존 가치를 지닌 지역이자, 주변이 자연녹지로 둘러싸여 수려한 자연경관을 보인다. 하지만 오래된 개발제한으로 인한 열악한 생활환경 및 부족한 기반시설의 확충 등이 요구되는 지역이다.

서울시 구로구 온수동 67번지 일대 약 59,472m^2, 262동/921세대를 대상으로 하며 2011년 10월 시범사업지로 선정되었으며 2013년 3월 14일 온수동 주민참여형 재생사업 구역 및 계획이 결정되었다.

온수동 위치도

온수동 마스터플랜

주민들의 자율적이고 적극적인 참여로 마을의 개선방향을 마련하고 이를 바탕으로 ① 주민공동이용시설 건립, ② 도보설치 등 가로환경개선, ③ CCTV 등 보안·방범시설 설치, ④ 소공원 조성 등을 완료했다. 특히 마을 내 지속적인 공동체 활성화를 위하여 조성된 주민공동이용시설 '온수골 사랑터'는 지하 1층/지상 3층 총면적 718m^2 규모로 마을관리사무소·건강카페·작은도서관 등으로 활용될 예정이다. 온수동 주민으로 구성된 주민공동체운영회가 주체가 되어 직접 운영한다는 데 큰 의의가 있다.

4. 도시재생사업의 추진현황 및 사례

4.1 도시재생선도지역 및 일반지역 추진현황

(1) 도시재생사업의 개요

도시재생사업은 국민이 행복한 경쟁력 있는 도시 재창조라는 비전 아래 쇠퇴지역 주민 삶의 질 향상, 쇠퇴지역·도시의 경쟁력 강화, 도시의 정체성 회복, 주 민 참여형 도시계획의 정착 등의 목표를 가지고 있다. 이를 위해 지역의 사회경제적 맥락 존중, 주민을 중심으로 재생사업추진, 관련 주체들의 협력 추진, 경쟁원리를 원칙으로 추진하고 있다. 도시재생계획 수립 및 지원체계는 국가 도시재생 기본방침에 따라 도시재생 전략계획을 수립하고 도시재생 전담 조직, 지원센터를 구성하여 진행하고 있다.

도시재생사업 개요

출처 : 도시재생종합정보체계(http://www.city.go.kr/portal/info/policy/6/link.do)

구분	내용
종류	• 국가 차원에서 지역 발전 및 도시재생을 위하여 추진하는 일련의 사업 • 지방자치단체가 지역 발전 및 도시재생을 위하여 추진하는 일련의 사업 • 주민 제안에 따라 해당 지역의 물리적·사회적·인적 자원을 활용함으로써 공동체를 활성화하는 사업 • 정비사업 및 재정비촉진사업, 소규모 정비사업 • 도시개발사업 및 역세권 개발사업 • 산업단지 개발사업 및 산업단지 재생사업 • 항만재개발사업 • 상권활성화사업 및 시장정비사업 • 도시·군 계획시설사업 및 시범도시지정에 따른 사업 • 경관사업
시행자	• 지방자치단체, 공공기관, 지방공기업, 토지소유자 등 • 마을기업, 사회적협동조합 등 지역주민단체
시행절차	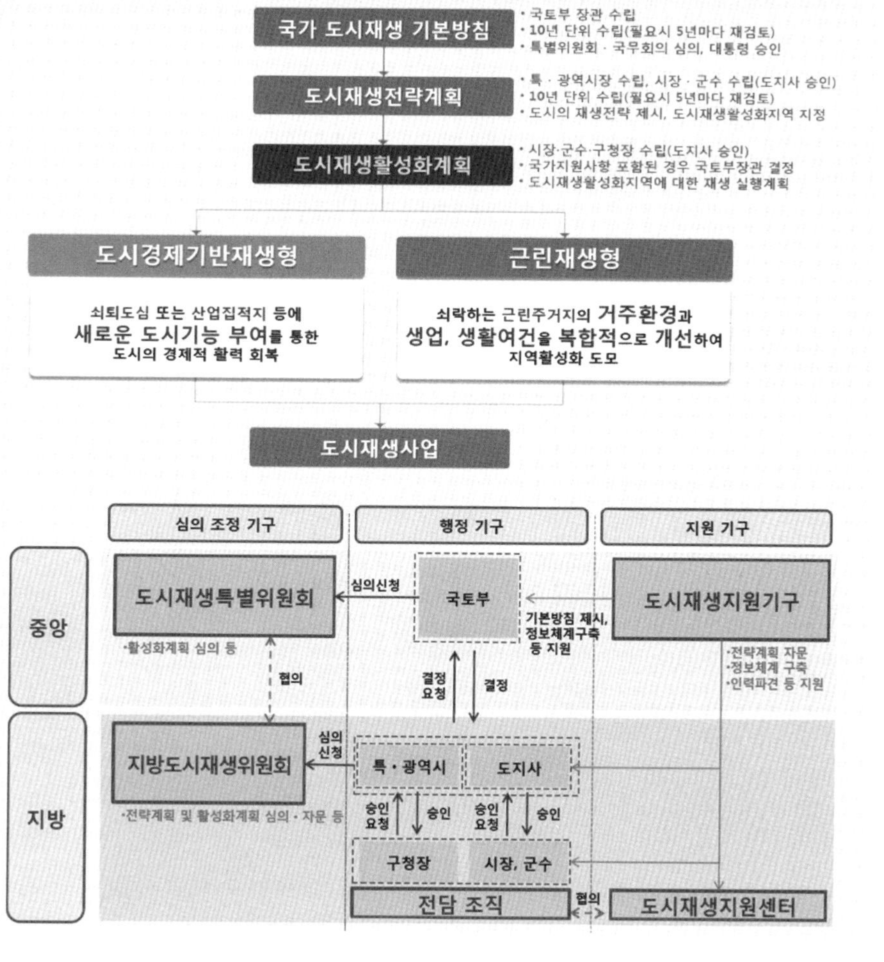 국가 도시재생 기본방침 ·국토부 장관 수립 ·10년 단위 수립(필요시 5년마다 재검토) ·특별위원회 · 국무회의 심의, 대통령 승인 도시재생전략계획 ·특 · 광역시장 수립, 시장 · 군수 수립(도지사 승인) ·10년 단위 수립(필요시 5년마다 재검토) ·도시의 재생전략 제시, 도시재생활성화지역 지정 도시재생활성화계획 ·시장·군수·구청장 수립(도지사 승인) ·국가지원사항 포함된 경우 국토부장관 결정 ·도시재생활성화지역에 대한 재생 실행계획 도시경제기반재생형: 쇠퇴도심 또는 산업집적지 등에 새로운 도시기능 부여를 통한 도시의 경제적 활력 회복 근린재생형: 쇠락하는 근린주거지의 거주환경과 생업, 생활여건을 복합적으로 개선하여 지역활성화 도모 도시재생사업 심의 조정 기구 / 행정 기구 / 지원 기구 중앙: 도시재생특별위원회(·활성화계획 심의 등) ← 심의신청 ← 국토부 ← 기본방침 제시, 정보체계구축 등 지원 ← 도시재생지원기구(·전략계획 자문 ·정보체계 구축 ·인력파견 등 지원) 협의 / 결정 요청 / 결정 지방: 지방도시재생위원회(·전략계획 및 활성화계획 심의 · 자문 등) ← 심의신청 ← 특 · 광역시, 도지사 승인 요청 / 승인 구청장, 시장, 군수 전담 조직 ↔ 협의 ↔ 도시재생지원센터

(2) 도시재생선도지역 및 일반지역의 추진현황

도시재생사업은 2013년 도시의 물리적 · 사회적 · 경제적 발전을 위하여 제정된 「도시재생 활성화 및 지원에 관한 특별법」에 의해 도시경제기반형 2곳, 근린재생형 11곳 등 13개 지역이 도시재생선도지역으로 지정되어 사업이 추진되고 있으며, 일반지역은 2015년 공모를 거쳐 2016년 1월에 33개 지역이 선정되었다.

도시재생사업 현황

사업 유형			대상지역
도시재생 선도지역 (2014)	도시경제기반형(2)		부산 동구, 충북 청주시
	근린 재생형	일반 규모(6)	서울 종로구, 광주 동구, 전북 군산시, 전남 목포시, 경북 영주시, 경남 창원시
		소규모(5)	대구 남구, 강원 태백시, 충남 천안시, 충남 공주시, 전남 순천시
도시재생 일반지역 (2016)	경제기반형(5)		서울 도봉구·노원구, 대구 서구·북구, 인천 중구, 대전 동구·중구, 경기 부천시
	근린 재생형	중심 시가지형(9)	부산 영도구, 울산 중구, 전북 전주시, 경북 안동시, 경남 김해시, 제주 제주시, 충북 충주시, 제천시, 경북 김천시
		일반형(19)	서울 용산구, 구로구, 부산 강서구, 서구, 중구, 대구 서구, 인천 강화군, 울산 동구, 북구, 경기 부천시, 성남시, 광주 서구, 광산구, 경기 수원시, 강원 춘천시, 충남 아산시, 전북 남원시, 전남 나주시, 광양시

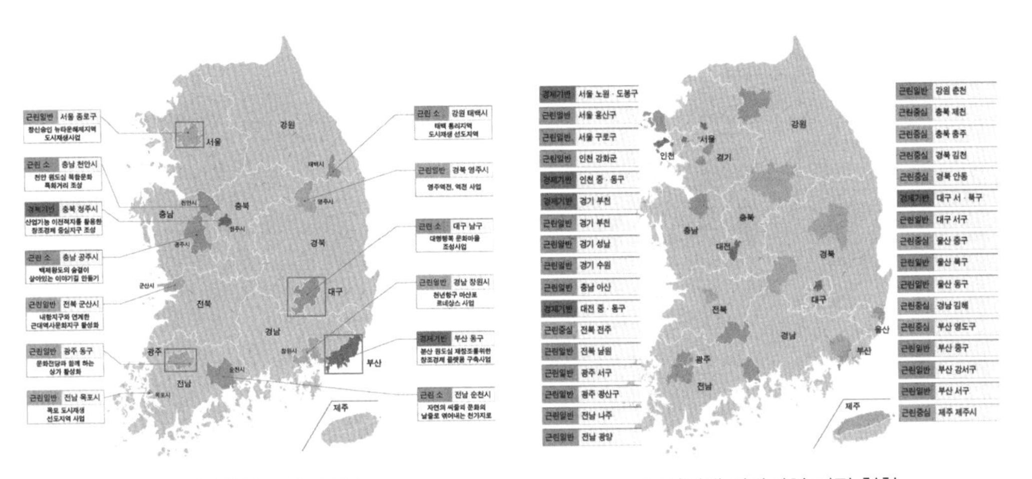

도시재생선도지역 현황

도시재생 일반지역 지정 현황

도시재생 선도지역 사업 개요
출처 : 국토교통부 보도자료

유형		지자체		대상지역	사업 구상(안)
도시경제 기반형 (2)		부산	동구	초량 1, 2, 3, 6동 (부산역 일대)	부산 북항~부산역~원도심을 연계한 창조경제(1인기업, 벤처기업 등) 지구 조성
		충북	청주시	상당구 내덕 1, 2동, 우암동, 중앙동	폐공장 부지(연초제조창)을 활용한 공예·문화산업지구
근린 재생형	일반 규모 (6)	서울	종로구	숭인·창신 1, 2, 3동	뉴타운 사업 해제 지역 주거지 재생사업, 봉제공장(가내수공업) 특성화
		광주	동구	충장동, 동명동, 산수1동, 지산1동	아시아문화전당(舊전남도청) 주변 구도심 상권활성화
		전북	군산시	월명동, 해신동, 중앙동	군산 내항 지구와 연계한 근대 역사 문화 지구 조성
		전남	목포시	목원동	유달산 주변 구도심 공폐가 활용 예술인마을 조성
		경북	영주시	영주 1, 2동	40~50년대 형성된 근대시장(후생시장, 중앙시장)과 舊 철도역사 주변 재생
		경남	창원시	마산합포구 동서동, 성호동, 오동동	부림시장, 창동예술촌 중심의 문화예술 중심도시 재생
	소규모 (5)	대구	남구	대명 2, 3, 5동	공연소극장(100여 개) 밀집거리 재생을 통한 구도심 활성화
		강원	태백시	통동	폐 철도역사, 구 탄광도시의 정체성을 살린 소도시 재생
		충남	천안시	동남구 중앙동, 문성동	빈 건물을 활용한 청년 기반시설 조성을 통한 활력 창출
		충남	공주시	웅진동, 중학동, 옥룡동	백제왕도의 문화유산을 활용한 특화거리 조성, 산성시장 등 전통시장 활성화
		전남	순천시	향동, 중앙동	노후주거지역 친환경마을(옥상녹화, 빗물 활용 등) 만들기, 생태하천, 부읍성터 복원

도시재생 일반지역 사업 개요

	지자체		사업 구상(안)
경제기반형	서울	노원·도봉구	창동·상계 신경제 중심지 조성
	대구	서·북구	경제·교통·문화 허브 조성을 통한 서대구 재창조
	인천	중·동구	인천 개항창조도시 재생사업
	대전	중·동구	원도심, 쇠퇴의 상징에서 희망의 공간으로
	경기	부천시(원미구)	수도권 창조경제의 거점 부천 헤브렉스
중심 시가지 근린재생형	부산	영도구	영도 대통전수방 프로젝트
	울산	중구	울산, 중구로다
	충북	충주시	충주 원도심, 문화창작도성으로 도약
	충북	제천시	응답하라 1975, 힐리재생 2020
	전북	전주시(완산구)	전주, 전통문화 중심의 도시재생
	경북	김천시	자생과 상생으로 다시 뛰는 심장, 김천 원도심
	경북	안동시	재생두레를 통한 안동웅부 재창조 계획
	경남	김해시	가야문화와 세계문화가 상생하는 문화평야 김해
	제주	제주시	같이 두드림 다시 올레!
일반 근린재생형	서울	용산구	서울 용산구 해방촌 도시재생사업
	서울	구로구	G-Valley를 품고더하는 마을 가리봉
	부산	중구	보수 Plus : 책방골목과 언덕배기, 보수동 사람들
	부산	서구	내일을 꿈꾸는 비석문화마을 아미·초장 도시재생 프로젝트
	부산	강서구	낙동강과 김해평야의 관문 신장로 전원 교향곡
	대구	서구	오늘의 신화와 문화가 살아 있는 원고개 날뫼마을
	인천	강화군	'왕의 길'을 중심으로 한 강화 문화 가꾸기
	광주	서구	오감따라 천따라 마을따라, 오천마을 재생 프로젝트
	광주	광산구	전통의 맛과 멋이 한마당 되는 활기찬 광주송정 역세권 재생
	울산	동구	방어진항 재생을 통한 원점 지역 재창조 사업
	울산	북구	노사민의 어울림, 소금포 기억 되살리기
	경기	수원(팔달구)	세계문화유산을 품은 수원화성 르네상스
	경기	성남(수정구)	주민들이 함께 만드는 언덕 위 태평성대 도시재생사업
	경기	부천(소사구)	성주산을 품은 주민이 행복한 마을
	강원	춘천	호반도시 춘천, 소양 관광문화마을/열린 장터 만들기 사업
	충남	아산	버려진 1만 평, 살아나는 10만 평
	전북	남원	문화·예술로 되살아나는 도시공동체 '죽동愛'
	전남	나주	나주읍성 살아 있는 박물관도시 만들기
	전남	광양	한옥과 숲이 어우러진 햇빛고을 광양

4.2 도시재생뉴딜사업 추진현황

1) 도시재생뉴딜사업의 개요

정부는 도시 쇠퇴에 대응하기 위해 물리적 환경개선(H/W)과 함께 역량 강화사업(S/W)을 통해 도시생활환경을 종합적으로 재생하기 위해 노후주거지, 구도심, 원도심 등을 중심으로 주거환경개선과 도시경쟁력 회복을 위한 사업을 시행하고자 하였다.

정부는 대통령 공약을 기반으로 2016 UN Habitat III 회의에서 채택된 '새로운 도시의제'를 수용하여 뉴딜사업의 기본방향을 설정하였다. UN Habitat III 3차 회의에서 '균형성', '다양성', '포용성', '회복탄력성'을 도시재생의 정책 이념으로 제시하였다.

도시재생사업은 이전 정부부터 도시재생선도지역 및 일반지역 사업을 추진되고 있으나, 그 실효성이 눈에 띄게 드러나지 않았다. 도시재생뉴딜사업은 기존 도시재생사업의 문제점을 보완하고 효과적이면서 종합적인 도시재생을 추진하고자 하였다. 도시재생뉴딜사업의 목표는 다음 4가지로 구분하였다. 첫째, 주거환경이 열악한 노후주택을 우선적으로 정비하고, 서민들이 거주할 수 있는 저가의 공공임대주택을 공급하는 주거복지 실현이다. 둘째, 도시재생뉴딜사업을 통해 단순 주거환경개선에 그치는 것이 아니라 도시기능을 재활성화시켜 도시의 경쟁력 회복이다. 셋째, 재생 과정에서 소유주와 임차인, 사업 주체와 주민 간 상생 체계를 구축하고 이익의 선순환 구조를 정착시키는 사회통합이다. 마지막으로 주거공간 외에도 업무, 상업, 창업 공간 등 다양한 일자리 공간을 제공하고 지역에 기반을 둔 좋은 일자리 창출이다.

기존 도시재생과 도시재생뉴딜 정책의 차이점
출처 : 국토교통부(2017)

기존 도시재생		도시재생뉴딜 정책
중앙 주도(top-down) 방식 - 중앙정부 위주의 사업추진	⇔	지역 주도(bottom-up) 방식 - 지자체가 주도하고 정부가 적극 지원
대규모 계획 중심 - 계획 수립에 집중	⇔	소규모 사업 중심 - 주민이 체감할 수 있는 동네 단위 생활밀착형 편의시설
생색내기식 지원 - 전국 46곳 지원에 불과 (도활 사업 포함 연평균 1,500억 원)	⇔	전폭적인 지원 확대 - 5년간 50조 원 규모 (재정 10조, 기금 25조, 공기업투자 15조)

2) 도시재생뉴딜사업의 사업 유형

뉴딜사업은 사업의 성격, 대상지역 특성, 사업 규모 등에 따라 ① 우리동네살리기(소규모 주거), ② 주거지 지원형(주거), ③ 일반근린형(준주거), ④ 중심시가지형(상업), ⑤ 경제기반형(산업)의 5가지 사업 유형으로 분류하였다.

유형별 주요 내용은 우리동네살리기는 생활권 내에 도로 등 기초 기반시설은 갖추고 있으나 인구유출, 주거지 노후화로 활력을 상실한 지역에 대해 소규모주택 정비사업 및 생활편의시설(커뮤니티시설, 무인택배함 등) 공급 등이며, 주거지 지원형은 골목길 정비 등 소규모주택 정비의 기반을 마련하고, 소규모주택 정비사업 및 생활편의시설 공급 등으로 주거지 전반의 여건 개선(도로 등 인프라 개선+마을주차장 등 아파트 수준의 시설)이며, 일반근린형은 주거지와 골목상권이 혼재된 지역을 대상으로 주민공동체 활성화와 골목상권 활력 증진을 목표로 주민공동체 거점 조성, 마을가게 운영, 보행환경 개선 등을 지원하는 사업이다.

또한 중심시가지형은 도심의 공공서비스 저하와 상권의 쇠퇴가 심각한 지역을 대상으로 공공기능 회복과 역사·문화·관광과의 연계를 통한 상권의 활력 증진 등을 지원하는 사업이며, 경제기반형은 국가·도시 차원의 경제적 쇠퇴가 심각한 지역을 대상으로 복합앵커시설 구축 등 新경제거점을 형성하고 일자리를 창출하는 사업 등이다.

도시재생뉴딜사업 유형별 특징 비교

출처 : 국무조정실(2017.12.14.), '도시재생뉴딜 시범사업 대상지 68곳 확정', 보도자료의 내용을 수정·보완함

구분	주거 재생형(신설)		일반근린형	중심시가지형	경제기반형
	우리동네살리기	주거지 지원형			
법정 유형	-	근린재생형			도시경제 기반형
기존 사업 유형	(신규)	일반근린형		중심시가지형	도시경제 기반형
사업 추진 지원 근거	「국가균형발전 특별법」	「도시재생특별법」			
활성화계획	필요 시 수립 (기금활용 등)	수립 필요			
지특회계	생활기반 계정 (시·군·구 자율편성)	경제 발전 계정			
개별사업 시행 근거	개별 법령 (「소규모주택정비법」 등 포함)		개별 법령		
사업 규모 (m^2)	소규모 주거 (5만 이하)	주거 (5~10만)	준주거, 골목상권 (10~15만)	상업, 지역 상권 (20만)	산업, 지역경제 (50만)
국비 지원	80억 원 (3년)	130억 원 (4년)	130억 원 (4년)	180억 원 (5년)	250억 원 (6년)
대상지역	소규모 저층 주거 밀집지역	저층 주거 밀집지역	골목상권과 주거지	상업, 창업, 역사, 관광, 문화예술 등	역세권, 산업단지, 항만 등
기반시설 도입	주차장, 공동 이용시설 등 생활편의시설	골목길 정비+ 주차장, 공동 이용시설 등 생활편의시설	소규모 공공·복지·편의시설	중규모 공공·복지·편의시설	중규모 이상 공공·복지·편의시설

3) 기존 도시재생과 도시재생뉴딜 정책의 비교

기존의 도시재생사업은 도시의 경제적·사회적·물리적 환경 등을 개선하기 위하여 노후산업단지, 역세권, 이전적지, 지역고유자산을 활

용하고 파급효과가 큰 도시재생사업 시행으로 쇠퇴하는 도시의 성장 동력으로 추진하는 등 주민의 적극적 참여를 전제로 계획을 수립 및 시행하고자 하였다.

도시재생뉴딜사업은 기존 도시재생사업의 목적과 더불어 단순한 주거지 정비가 아닌 도시의 재생을 통한 도시경쟁력을 제고하는 도시혁신사업이라 할 수 있다. 지자체가 주민참여형 방식으로 계획 수립 및 사업 설계 등의 집행 권한을 가지고 주도하되, 중앙정부는 행정 및 재정, 금융 지원과 더불어 도시재생 관련 제도 개선 등의 지원역할을 강조하고 있다. 도시재생뉴딜사업은 지방분권을 토대로 다양한 이해관계자들의 협력적 거버넌스 구축을 통한 사업추진을 원칙으로 하고 있다.

기존 도시재생과 도시재생뉴딜사업 비교

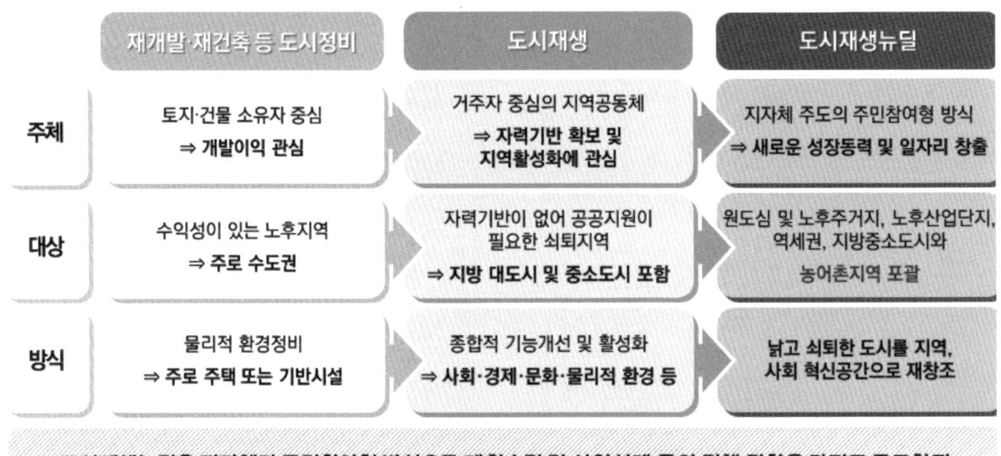

또한 도시재생뉴딜사업이 '도시혁신사업'으로서의 도시재생뉴딜 비전을 달성하기 위하여 주거복지 실현, 도시경쟁력 강화, 사회통합 그리고 일자리 창출 등의 4대 추진 목표를 도출하였다. 우선 주거복지 실현을 위하여 거주환경이 열악한 노후주택을 우선 정비하고, 서민들이 거주할 수 있는 저렴한 공공임대주택 공급을 추진하며, 또한 단순 주거환경개선에 그치는 것이 아니라 도시기능을 재활성화시켜 도시의 경쟁력 회복(Resilience)을 추구하고 있다. 그리고 사회 통합 측면에서는 도시재생 과정에서 소유주와 임차인, 사업 주체와 주민 간 상생 체계를 구축하고 이익의 선순환 구조를 정착시키고자 하고 있으며, 주거공간 외에도 업무, 상업, 창업 공간 등 다양한 일자리 공간을 제공하고, 지역에 기반을 둔 좋은 일자리 창출을 목표로 하였다.

4.3 주요 사업추진 사례

1) 2017년 도시재생뉴딜 시범사업

(1) 도시재생뉴딜 시범사업 공모 현황[11]

2017년 도시재생뉴딜 시범사업 공모접수 현황을 살펴보면, 총 218개가 접수하였으며, 광역지자체 165개, 중앙정부 53개(지자체 37개, 공공기관 16개)가 응모하였다. 광역 및 중앙선정 공모 현황으로는 우리동네살리기 64개, 주거지 지원형 41개, 일반근린형 60개, 중심시가지형 35개, 경제기반형은 2개 지역이 공모하였다.

11 토지주택연구원(2018)의 내용을 재정리함.

2017년 광역지자체 및 중앙 선정(지자체) 접수 현황

지자체	계	광역 선정			중앙 선정(지자체)	
		우리동네살리기	주거지 지원형	일반근린형	중심시가지형	경제기반형
계	202	64	41	60	35	2
부산	17	7	2	4	3	1
대구	10	4	1	4	1	-
인천	8	3	2	2	1	-
광주	15	5	3	4	3	-
대전	9	2	2	2	3	-
울산	8	3	2	3	-	-
세종	5	-	2	2	1	-
경기	24	9	6	6	3	-
강원	17	4	4	5	4	-
충북	9	3	3	2	1	-
충남	12	5	1	5	1	-
전북	13	3	3	3	4	-
전남	20	4	4	8	3	1
경북	11	3	1	5	2	-
경남	20	8	3	5	4	-
제주	4	1	2	-	1	-

중앙선정 공공기관제안형의 접수 현황은 우리동네살리기 3개, 주거지 지원형 2개 일반근린형 3개, 중심시가지형 6개 그리고 경제기반형 2개 등 16개 지역이 공모하였다. 이 중 LH 12개, 경기도시공사 2개, 인천도시공사 및 대구도시공사가 1개씩 공모하였다.

중앙 선정(공공기관) 접수 현황

지자체	계	우리동네살리기	주거지 지원형	일반근린형	중심시가지형	경제기반형
계	16	3	2	3	6	2
부산	1	-	-	-	1	-
대구	1	1 대구도시공사	-	-	-	-
인천	2	1 인천도시공사	-	-	-	1
경기	7	1	1	2 LH : 1 경기도시공사 : 1	3 LH : 2 경기도시공사 : 1	-
충남	1	-	-	-	1	-
전북	1	-	1	-	-	-
경북	2	-	-	1	1	-
경남	1	-	-	-	-	1

(2) 도시재생뉴딜 시범사업 선정 지역 현황[12]

도시재생뉴딜 시범사업에 대해 2017년 12월 14일 국무총리 주재로 열린 제9차 도시재생특별위원회에서 '2017년 도시재생뉴딜 시범사업 선정안'을 의결하여 광역지자체 및 중앙정부 선정, 공공기관 제안 방식 등을 통해 68개 지역을 선정하였다. 선정된 68개 지역은 광역지자체 선정 44개 지역, 중앙정부 선정 15개 지역, LH 등 공공기관 제안 9개 지역이 선정되었다.

지역별로는 부산시(4), 대구시(3), 인천시(5), 광주시(3), 대전시(4), 울산시(3), 세종시(1), 경기(8), 강원(4), 충북(4), 충남(4), 전북(6), 전남(5), 경북(6), 경남(6), 제주(2) 등이다. 그리고 사업 유형별로는 우리동네살리기(17), 주거지 지원형(16), 일반근린형(15), 중심시가지형(19), 경제기반형(1)이 선정되었다. 특히 경제기반형의 경우, 경남

12 국무조정실(2017.12.14.), '도시재생뉴딜 시범사업 대상지 68곳 확정', 보도자료를 참고하여 재작성함.

연번	시도	대상지	사업명	선정 방식	사업 유형
1		북구	구포 이음	중앙	중심시가지형
2	부산 (4)	영도구	베리베리 굿 봉산마을 복덕방		우리동네살리기
3		사하구	고지대 생활환경 개선, 안녕한 천마마을	광역(3)	주거지 지원형
4		동구	래추고(來追古)! 플러싱		일반근린형
5		서구	원(院)하는 대(垈)로 동(洞)네 만들기		우리동네살리기
6	대구 (3)	북구	자연을 담고 마음을 나누는 침산에 반하다	광역(3)	주거지 지원형
7		동구	소소한 이야기 소목골		일반근린형
8		부평구	인천을 선도하는 지속 가능 부평 11번가	중앙	중심시가지형
9		동구	다시, 꽃을 피우는 화수 정원마을	공공	우리동네살리기
10	인천 (5)	남동구	만수무강 만부마을		우리동네살리기
11		서구	서구 상생마을	광역(3)	주거지 지원형
12		동구	패밀리 - 컬처노믹스 타운, 송림골		일반근린형
13		서구	문화와 예술이 꿈틀대는 창작 농성골		우리동네살리기
14	광주 (3)	광산구	어르신이 가꾸는 마을, 꽃보다 도산	광역(3)	주거지 지원형
15		남구	근대역사문화의 보고, 살고 싶은 양림		일반근린형
16		대덕구	지역활성화의 새여울을 여는 신탄진 상권활력 UP	중앙	중심시가지형
17	대전 (4)	유성구	어은동 일벌(Bees) Share Platform		우리동네살리기
18		동구	가오 새텃말 살리기	광역(3)	주거지 지원형
19		중구	대전의 중심 중촌(中村), 주민 맞춤으로 재생 날갯짓		일반근린형
20		북구	화봉 꿈마루길		우리동네살리기
21	울산 (3)	남구	삼호 둥우리, 사람과 철새를 품다	광역(3)	주거지 지원형
22		중구	군계일학(群鷄一鶴), 학성		일반근린형
23	세종	조치원	지역과 함께하는 스마트재생, 청춘조치원 Ver. 2	중앙	중심시가지형
24		수원	수원시 도시재생, 125만 수원의 관문으로 通하다	중앙	중심시가지형
25		안양	Upgrade + Recycle Garden, 정원마을 박달 뜨락		우리동네살리기
26	경기 (8)	광명	광명 도시재생 씨앗, SUSTAINABLE GREEN VILLAGE	공공(4)	주거지 지원형
27		남양주	SLOW & SMART CITY, 남양주 원도심 역사문화 재생		중심시가지형
28		시흥	정왕동 어울림 스마트안전도시		중심시가지형
29		고양	함께 만드는 삶터 놀터 '당당한 원당 사람들'	광역63)	우리동네살리기
30	경기 (8)	안양	안양8동 두루미 명학마을	광역(3)	주거지 지원형
31		고양	화전 지역 상생 활주로 '활활활'		일반근린형

도시재생뉴딜 시범사업 선정 지역의 주요 내용(계속)

연번	시도	대상지	사업명	선정 방식	사업 유형
32	강원(4)	강릉	올림픽의 도시, KTX시대 옥천동의 재도약	중앙	중심시가지형
33		동해	동호 지구 '바닷가 책방마을'	광역(3)	우리동네살리기
34		태백	태백산자락 장성 탄탄마을		주거지 지원형
35		춘천	공유·공생·공감 약사리 문화마을		일반근린형
36	충북(4)	청주	젊음을 공유하는 길, 경제를 공유하는 길 우암동	중앙	중심시가지형
37		제천	제천역 사람들의 상생이야기	광역(3)	우리동네살리기
38		충주	이야기가 있는 사과나무마을		주거지 지원형
39		청주	기록의 과거와 미래가 공존하는 운천·신봉동		일반근린형
40	충남(4)	천안	新경제교통 중심의 스마트복합거점공간 천안역세권	공공	중심시가지형
41		보령	함께 가꾸는 '궁촌마을 녹색 행복공간'	광역(3)	우리동네살리기
42		공주	역사를 나누고 삶을 누리는 옥룡동 마을 르네상스		주거지 지원형
43		천안	남산 지구의 오래된 미래_역사와 지역이 함께하는 고령친화마을		일반근린형
44	전북(6)	군산	다시 열린 '군산의 물길' 그리고 '째보선창으로 밀려오는 3개의 큰 물결'	중앙(3)	중심시가지형
45		익산	역사가(驛史街) 문화로(文化路)		중심시가지형
46		정읍	지역 특화 산업(떡·차·면·술)으로 살리는 시민 경제 도시 정읍!		중심시가지형
47		군산	공룡 화석이 살아 있는 장전·해이 지구	광역(3)	우리동네살리기
48		완주	만경강변 햇살 가득 동창(東窓)마을		주거지 지원형
49		전주	주민과 예술인이 함께하는 서학동 마을		일반근린형
50	전남(5)	목포	1897개항문화거리	중앙(2)	중심시가지형
51		순천	몽미락(夢味樂)이 있는 청사뜰		중심시가지형
52		나주	도란도란 만들어가는 역전마을 도시재생 이야기	광역(3)	우리동네살리기
53		목포	보리마당		주거지 지원형
54		순천	비타(vita)민(民), 갈마골		일반근린형
55	경북(6)	영천	사람, 별, 말이 어울리는 영천대말	중앙	중심시가지형
56		영양	일·삶·꿈의 중심 '영양만점 행복한 마을'	공공(2)	일반근린형
57		포항	새로운 시작! 함께 채워가는 미래도시 포항		중심시가지형
58		영주	남산선비마을 인의예지	광역(3)	우리동네살리기
59		경산	경산역 역전마을 르네상스		주거지 지원형
60		상주	경상도의 근원을 찾아가는 뿌리샘 상주		일반근린형
61	경남(6)	사천	바다마실, 삼천포애(愛) 빠지다	중앙(2)	중심시가지형
62		김해	포용과 화합의 무계		중심시가지형
63		통영	문화·관광·해양산업 Hub 조성을 통해 재도약하는 글로벌 통영 르네상스	공공	경제기반형
64		하동	넉넉하고 건강한 하동라이프	광역(3)	우리동네살리기
65		거제	1만4천 피란살이 장승포 휴먼다큐		주거지 지원형
66		밀양	밀양 원도심, 밀양의 얼을 짓다		일반근린형
67	제주(2)	제주	곱들락한 신산머루 만들기	광역(2)	우리동네살리기
68		서귀포	혼디 손심엉! 지꺼진 월평마을 만들기		주거지 지원형

통영시의 '폐조선소 부지를 활용한 문화·관광·해양산업 거점 조성사업'을 선정하였으며, 포항시 흥해읍은 지진·재난 지역으로 시범사업을 통해 우선 지원을 추진하고자 하였다.

또한 부동산 가격 상승이 높은 지역은 선정에서 배제되었으며,[13] 선정된 사업에 대해서도 지속적인 모니터링을 통해 사업 시기 조정 및 사업추진 부진 시 2018년도 사업 선정 과정에서 불이익을 부여하는 등 강도 높은 관리계획을 도모하고 있다.

도시재생뉴딜 시범사업은 지역별 특색을 살린 사업들이 선정되었으며, 사업추진을 통한 우수사례로 발전시켜 다른 지역으로 성과 확산을 도모할 예정이다. 지역의 역사자원과 문화자산을 활용한 지역 관광 활성화와 문화재생을 연계한 사업(전남 목포시, 경남 하동군), 스마트시티형 도시재생사업(부산시 사하구, 인천시 부평구, 세종시 조치원읍, 경기 남양주시, 경북 포항시), 노후주거지 정비를 통한 공공임대주택 공급과 생활환경 개선사업, 도심 내 융복합 혁신공간과 공공임대 상가 조성사업(경기 광명시, 인천시 부평구, 충남 천안시, 전남 순천시), 주민 주도 거버넌스 구축 및 주민참여형 사업(세종시 조치원읍) 그리고 농어촌 지역의 시범사업(세종시 조치원읍, 전북 완주군, 경북 영양군, 경남 하동군)을 선정하였다.

선정된 68개 시범사업에 대해서는 사업별 특성에 맞는 컨설팅을 제공하고, 범정부 협의체인 '부처 협업지원 TF(팀장 : 국토부 1차관)'를 정례화하여 18개 부처의 118개 연계사업의 사업 내용을 구체화하고 발전시킬 예정이다. 또한 선정되지 않은 사업에 대한 계획 수립 컨설팅, 교육 및 사업화 지원 등 다양한 지원을 계획하였다.

13 이와 관련하여 세종시의 '일반근린형'은 표준 부동산 가격 상승 수준이 매우 높고, 해당 지역 평균 상승치의 4배 이상이기 때문에 검증단 회의를 거쳐 선정에서 제외됨.

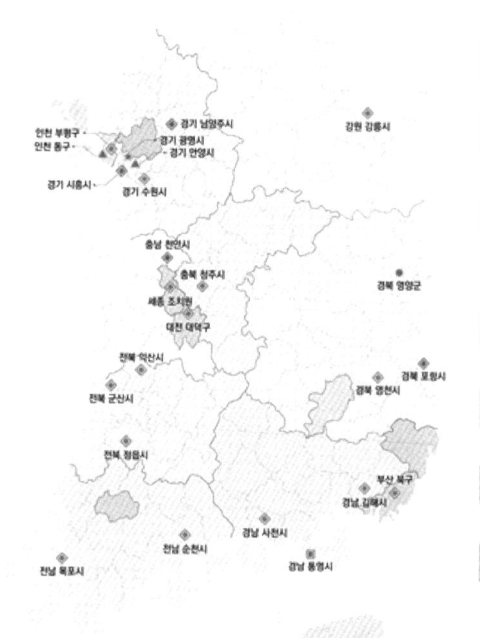

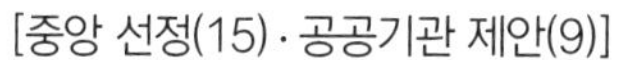

[중앙 선정(15)·공공기관 제안(9)]

지자체	대상지역		
부산(1)	◈ 북구		
인천(2)	◈ 부평구	▲ 동구	
대전(1)	◈ 대덕구		
세종(1)	◈ 조치원		
경기(5)	◈ 수원	◈ 시흥	◈ 남양주
	★ 광명	▲ 안양	
강원(1)	◈ 강릉		
충북(1)	◈ 청주		
충남(1)	◈ 천안		
전북(3)	◈ 군산	◈ 익산	◈ 정읍
전남(2)	◈ 목포	◈ 순천	
경북(3)	◈ 영천	◈ 포항	● 영양
경남(3)	◈ 사천	◈ 김해	▣ 통영

[광역지자체 선정(44)]

지자체	대상지역		
부산(3)	● 동구	★ 사하구	▲ 영도구
대구(3)	● 동구	★ 북구	▲ 서구
인천(3)	● 동구	★ 서구	▲ 남동구
광주(3)	● 남구	★ 광산구	▲ 서구
대전(3)	● 중구	★ 동구	▲ 유성구
울산(3)	● 중구	★ 남구	▲ 북구
경기(3)	● 고양	★ 안양	▲ 고양
강원(3)	● 춘천	★ 태백	▲ 동해
충북(3)	● 청주	★ 충주	▲ 제천
충남(3)	● 천안	★ 공주	▲ 보령
전북(3)	● 전주	★ 완주	▲ 군산
전남(3)	● 순천	★ 목포	▲ 나주
경북(3)	● 상주	★ 경산	▲ 영주
경남(3)	● 밀양	★ 거제	▲ 하동
제주(2)		★ 서귀포	▲ 제주

도시재생뉴딜 시범사업 선정 지역 위치
출처 : 국무조정실(2017.12.14.), '도시재생뉴딜 시범사업 대상지 68곳 확정', 보도자료.

2) 2018년 도시재생뉴딜사업

(1) 2018년 도시재생뉴딜사업 공모 현황[14]

2018년에는 총 100곳 내외의 사업지 중 70%(2017년 65%) 수준인 70곳 내외를 시·도에서 선정하도록 계획하였다. 선정주체 및 규모는 시·도 선정 70곳 내외, 정부 선정 30곳 내외이며, 정부 선정 중에는 지자체 신청형 15곳 내외, 공공기관 제안형 15곳 내외를 선정할 예정이었다.

'도시재생뉴딜사업'은 노후주거지와 쇠퇴한 구도심을 지역 주도로 활성화하는 도시혁신 사업으로 2017년 시범사업 68곳을 선정하여 사업이 추진 중이다. 또한 시·도별 예산총액 범위 내에서 사업 유형 및 개수를 탄력적으로 선택할 수 있게 하는 '예산총액배분 자율선정' 방식을 도입하여 지자체의 자율성을 더욱 확대하였다. 2017년에는 시·도별 3곳씩 선정하는 균등개수 배분 방식을 적용하였다.

2018년 도시재생뉴딜사업 시·도별 총액 예산

시·도	총액예산	시·도	총액예산	시·도	총액예산	시·도	총액예산
서울	7곳	대전	250억(2~3곳)	강원	300억(3~4곳)	전남	400억(4~5곳)
부산	400억(4~5곳)	울산	250억(2~3곳)	충북	300억(3~4곳)	경북	400억(4~5곳)
대구	300억(3~4곳)	세종	100억(1곳)	충남	300억(3~4곳)	경남	400억(4~5곳)
인천	300억(3~4곳)	경기	500억(5~6곳)	전북	300억(3~4곳)	제주	150억(1~2곳)
광주	300억(3~4곳)	* 서울시는 부동산시장 영향이 적은 지역을 선별하여 개수로 배정					

14 토지주택연구원(2018)의 내용을 재정리함.

2018년 광역지자체 및 중앙 선정(지자체) 접수 현황

구분	합계	광역 평가			중앙 평가	
		우리동네살리기	주거지 지원형	일반근린형	중심시가지형	경제기반형
전체	223	184			39	
		47	57	80	35	4
서울	17	4	9	4	-	-
부산	12	2	4	4	1	1
대구	16	4	4	4	3	1
인천	9	4	4		1	
광주	10	2	3	1	3	1
대전	4	1	1	2		
울산	5	1	1	2	1	
세종	2			2		
경기	21	7	4	7	3	
강원	19	4	5	6	4	
충북	12	4	3	4	1	
충남	14	4	3	3	4	
전북	19	1	5	9	4	
전남	19	3	3	12	1	
경북	18	2	1	11	3	1
경남	22	4	6	7	5	
제주	4		1	2	1	

2018년 공공기관 제안형 접수 현황

구분	합계	우리동네살리기	주거지 지원형	일반근린형	중심시가지형	경제기반형
전체	41(21)	5	6(4)	11(6)	13(8)	6(3)
서울	6(1)				3	3(LH)
부산	1		1			
대구	3(1)	1			2(LH)	
인천	2(1)			1	1(LH)	
대전	1			1		
울산	2	2				
세종	1(1)			1(LH)		
경기	10(4)	1 (안양, 경기공사)	2 (안양, LH) (수원, 경기공사)	5 (고양, 양주, LH) (경기, 시흥, 경기공사)		2 (안산, 수공) (안양, 경기공사)
강원	2(2)		1(LH)			1(광해공단)
충북	1				1	
충남	3(2)	1	1(LH)	1(LH)		
전북	2(2)				2(LH/관광공사)	
전남	2(2)		1(LH)		1(LH)	
경북	3(3)			2(LH/교통공단)	1(LX)	
경남	2(2)				2(LH/관광공사)	

(2) 2018년 도시재생뉴딜사업 선정 현황[15]

전국적인 인구감소 지역 증가와 고령화 가속화 등에 따른 도시소멸 위기에 시급히 대응하기 위해 2018년 8월 31일 제13차 도시재생특별위원회에서 99곳의 뉴딜사업을 선정하여 작년 시범사업 68곳에 비해 대폭 확대하였다.

전체 사업의 약 70%(69곳)를 시·도에서 선정하게 하여 지역의 권한과 책임을 강화했으며, 중앙정부는 약 30%(30곳)를 선정하였다. 시·도 선정 사업유형은 우리동네살리기·주거지 지원형·일반근린형이며, 중앙정부 선정 사업유형은 중심시가지형·경제기반형 및 공공기관이 제안하는 사업이다.

사업 선정 시에는 특정 지역에 사업이 집중되지 않도록 지역 간 형평성을 고려하는 한편, 지역규모 및 사업준비 정도 등을 종합적으로 감안해서 시·도별 최대 9곳, 최저 2곳 등 골고루 선정했으며, 농산어촌 지역(읍·면)도 23곳을 선정하여 다양한 지역에서 사업을 추진하고자 하였다. 지역별로는 서울(7), 부산(7), 대구(7), 인천(5), 광주(5), 대전(3), 울산(4), 세종(2), 경기(9), 강원(7), 충북(4), 충남(6), 전북(7), 전남(8), 경북(8), 경남(8), 제주(2) 등이다.

다만, 이번 뉴딜사업에 포함된 서울시의 경우, 일부 지역이 투기지역으로 추가 지정되는 등 부동산시장이 과열 양상을 보이고 있음을 감안하여 중·대규모 사업은 배제하였으며, 나머지 소규모 사업 7곳도 향후 부동산시장 과열 조짐이 나타나는 경우 활성화계획 승인을 보류하고 사업추진 시기를 조정하거나 선정을 취소하는 것을 조건으로 선정하였다.

15 국무조정실(2018.04.24.), '2018년 도시재생뉴딜사업 100곳 내외 선정 추진' 보도자료.

2018년 선정에서는 도시재생이 다양한 분야를 모으는 플랫폼 역할을 한다는 점을 감안해 관계부처 협업을 강화했으며, 99곳 중 80곳에서 관계부처 연계사업 382개가 포함되었다. 경상북도 포항시의 경우 해수부와 함께 항만재개발사업과 도시재생을 연계하여 포항항 구항의 기능 이전에 따른 항만재개발 지역을 해양레저관광 거점공간으로 조성하도록 계획하였다. 이번 선정에서는 도시재생이 다양한 분야를 모으는 플랫폼 역할을 한다는 점이다. 또한 더욱 다양한 지역별 맞춤형 사업이 추진될 수 있도록 공공기관 참여를 확대하여, 금번 공공기관 제안사업의 경우 작년(2개)보다 많은 8개 공공기관이 제안한 15곳 사업이 선정되었다. 2017년도에는 한국토지주택공사, 인천도시공사이며, 2018년도에는 한국토지주택공사, 한국관광공사, 한국전력공사, 한국광해관리공단(한국지역난방공사·대한석탄공사 협업), 부산도시공사, 대구도시공사, 울산도시공사, 경기도시공사 등이 선정되었다.

도시재생뉴딜 시범사업 선정 지역의 주요 내용

구분	선정	신청·제안	사업 지역		사업 유형	사업명
			시군구	읍면동		
서울(7)	시도	중랑구	중랑구	묵2동	일반근린형	장미로 물들이는 재생마을
		서대문구	서대문구	천연동	일반근린형	일상의 행복과 재미가 있는 도심 쉼터, 천연충현
		강북구	강북구	수유1동	주거지 지원형	함께 사는 수유1동
		은평구	은평구	불광2동	주거지 지원형	사람향기 품은 불광2동 향림마을
		관악구	관악구	난곡동	주거지 지원형	관악산 자락 동행마을, 평생살이 난곡
		동대문구	동대문구	제기동	우리동네살리기	젊은이와 어르신이 어우러져 하나 되는 '제기동 감초마을'
		금천구	금천구	독산1동	우리동네살리기	예술과 문화가 숨 쉬는 반짝반짝 빛나는 금하마을
부산(7)	정부	부산도시公	금정구	금사동	주거지 지원형	청춘과 정든마을, 부산 금사!
		동래구	동래구	온천1동	중심시가지형	온천장, 다시 한번 도심이 되다
	시도	해운대구	해운대구	반송2동	일반근린형	세대공감 골목문화마을, 반송 Blank 플랫폼
		사하구	사하구	신평1동	일반근린형	시간이 멈춘 듯한 정책이주지 동매마을의 공감과 바람! Reborn
		중구	중구	영주동	주거지 지원형	공유형 新 주거문화 '클라우드 영주'
		연제구	연제구	거제동	주거지 지원형	연(蓮)으로 다시 피어나는 거제4동 해맞이 마을
		서구	서구	동대신2동	우리동네살리기	닥밭골, 새바람
대구(7)	정부	LH	북구	산격동	중심시가지형	청년문화와 기술의 융합 놀이터, 경북대 혁신타운
		대구도시公	북구	복현1동	우리동네살리기	피란민촌의 재탄생, 어울림 마을 福현
		중구	중구	포정동	중심시가지형	다시 뛰는 대구의 심장! 성내
	시도	중구	중구	동산동	일반근린형	동산과 계산을 잇는 골목길, 모두가 행복한 미래로 가는 길
		달서구	달서구	죽전동	일반근린형	죽전(竹田) 대나무꽃 만발 스토리
		서구	서구	비산동	주거지 지원형	스스로 그리고 더불어 건강한 진동촌 백년마을
		남구	남구	이천동	우리동네살리기	시간 풍경이 흐르는 배나무샘골
인천(5)	정부	서구	서구	석남동	중심시가지형	50년을 돌아온, 사람의 길
	시도	중구	중구	신흥동	주거지 지원형	주민과 함께하는 신흥동의 업사이클링, 공감마을
		계양구	계양구	효성1동	주거지 지원형	서쪽 하늘아래 반짝이는 효성마을
		강화군	강화군	강화읍	주거지 지원형	고려 충절의 역사를 간직한 남산마을
		옹진군	옹진군	백령면	우리동네살리기	백령 심청이 마을, 다시 눈을 뜨다

도시재생뉴딜 시범사업 선정 지역의 주요 내용(계속)

구분	선정	신청·제안	사업 지역		사업 유형	사업명
			시군구	읍면동		
광주(5)	정부	광주광역시	북구	중흥동	경제기반형	광주 역전(逆轉), 창의문화산업 스타트업 밸리
		북구	북구	중흥2동	중심시가지형	대학자산을 활용한 창업기반 조성 및 지역상권 활성화
	시도	동구	동구	동명동	주거지 지원형	문화가 빛이 되는 동명마을
		서구	서구	농성동	주거지 지원형	벚꽃 향기 가득한 농성 공동체 마을
		남구	남구	사직동	주거지 지원형	더 천년 사직, 리뉴얼 선비골
대전(3)	시도	대덕구	대덕구	오정동	일반근린형	'북적북적' 오정 & 한남 청춘스트리트
		서구	서구	도마동	주거지 지원형	도란도란 행복이 꽃피는 도솔마을
		동구	동구	대동	우리동네살리기	하늘은 담은 행복 예술촌 … 골목이 주는 위로
울산(4)	정부	울산도시公(단위 사업)	남구	옥동	우리동네살리기	청·장년 어울림(문화복지) 혁신타운
	시도	동구	동구	서부동	일반근린형	도심속 생활문화의 켜, 골목으로 이어지다
		울주군	울주군	언양읍	일반근린형	전통의 보고, 언양을 열어라!
		중구	중구	병영2동	우리동네살리기	깨어나라! 성곽도시
세종(2)	정부	LH/한전	세종시	조치원읍	일반근린형	주민과 기업이 함께 만드는 에너지 자립마을 상리
	시도	세종특별시	세종시	전의면	일반근린형	전통과 문화·풍경으로 그린(Green) 전의
경기(9)	정부	LH	고양시	일산동	일반근린형	일산이 상상하면 일상이 되는 일산활력창작소와야누리
		경기도시公	시흥시	신천동	일반근린형	소래산 첫마을, 새로운 100년
		LH	안양시	석수2동	주거지 지원형	만년의 기원, 만인이 편안한 도시 만안(萬安) 석수
	시도	평택시	평택시	팽성읍	일반근린형	삶이 안(安)전하고 정(情)감 있는 안정마을
		안산시	안산시	월피동	일반근린형	지역과 대학의 역사가 하나 되어 흐르다
		광주시	광주시	경안동	일반근린형	세대융합형 교육친화공동체 경안마을
		고양시	고양시	삼송동	주거지 지원형	삶이 즐겁고, 情이 송이송이 피어나는 세솔마을
		화성시	화성시	화산동	주거지 지원형	다시 사람을 품다. 황계동 낙(樂)서(書)마을
		시흥시	시흥시	대야동	우리동네살리기	햇살 가득 한울타리 마을
강원(7)	정부	광해관리공단	태백시	장성동	경제기반형	폐광부지에 다시 세우는 신재생·문화발전소 'ECO JOB CITY 태백'
		LH	철원군	철원읍	주거지 지원형	평화지역사람들의 희망재생 '화지(花地)마을, 지화(地花)자'
		삼척시	삼척시	정라동	중심시가지형	천년 SAM(Sea Art Museum)척 아트피아
	시도	원주시	원주시	학성동	일반근린형	군사도시의 역전, 평화희망마을로 꿈꾸다
		삼척시	삼척시	성내동	일반근린형	관동제1루 읍성도시로의 시간여행
		영월군	영월군	영월읍	주거지 지원형	영월의 미래를 키우는 별총총마을
		정선군	정선군	사북읍	우리동네살리기	내일이 더 빛나는 삶터 함께 꿈꾸는 상생공동체 '사북해봄마을'

도시재생뉴딜 시범사업 선정 지역의 주요 내용(계속)

구분	선정	신청·제안	사업 지역		사업 유형	사업명
			시군구	읍면동		
충북 (4)	시도	충주시	충주시	문화동	일반근린형	건강문화로 골목경제와 다(多)세대를 잇다
		청주시	청주시	내덕1동	주거지 지원형	내덕에 심다. 함께 키우다. 우리가 살다.
		음성군	음성군	음성읍	주거지 지원형	역말 공동체! 만남마을
		제천시	제천시	화산동	우리동네살리기	화산 속 문화와 사람을 잇는 의병아카이브마을
충남 (6)	정부	LH	아산시	온양1동	일반근린형	양성평등 포용도시! 아산 원도심 장미마을 R.O.S.E.
		보령시	보령시	대천동	중심시가지형	충남 서남부의 새로운 활력, 新경제·문화 중심지 Viva 보령
	시도	논산시	논산시	화지동	일반근린형	희희낙락! 동고동락! 함께해서 행복한 화지
		당진시	당진시	읍내동	일반근린형	주민과 청년의 꿈이 자라는 PLUG-IN 당진
		부여군	부여군	부여읍	주거지 지원형	역사와 문화가 숨쉬는 동남리 향교마을
		홍성군	홍성군	홍성읍	우리동네살리기	꿈을 찾는 새봄둥지, 남문동마을
전북 (7)	정부	LH	정읍시	수성동	중심시가지형	Re : born 정읍, 해시태그(#) 역(驛)
		전주시	전주시	우아동 3가	중심시가지형	전주역세권 혁신성장 르네상스
		김제시	김제시	요촌동	중심시가지형	역사·문화·사람이 만나, 다채로움이 펼쳐지는 … '세계축제도시 김제'
	시도	남원시	남원시	동충동	일반근린형	씨앗으로 피운 행복, 숲정이마을
		부안군	부안군	부안읍	일반근린형	부안 매화풍류마을
		고창군	고창군	고창읍	주거지 지원형	고창읍 모양성 스마트마을
		전주시	전주시	서완산동 1가	우리동네살리기	용머리 남쪽 빛나는 여의주 마을
전남 (8)	정부	LH	나주시	금남동	중심시가지형	현대화로 재조명한 역사·문화 복원 도시
		LH	여수시	문수동	주거지 지원형	스마트하게 通通通 문수동
		광양시	광양시	광영동	중심시가지형	새로운 라이프스타일을 꿈꾸는 '워라밸시티 광영'
	시도	나주시	나주시	영산동	일반근린형	근대유산과 더불어 상생하는 영산포
		화순군	화순군	화순읍	일반근린형	달빛이 물들면 청춘낭만이 꿈트는 화순
		강진군	강진군	강진읍	일반근린형	강진읍 위대한 유산
		광양시	광양시	태인동	주거지 지원형	태인동 과거·현재·미래를 열다! '始作'
		보성군	보성군	벌교읍	우리동네살리기	엄마품 주거지 장좌마을

도시재생뉴딜 시범사업 선정 지역의 주요 내용(계속)

구분	선정	신청·제안	사업 지역		사업 유형	사업명
			시군구	읍면동		
경북(8)	정부	포항시	포항시	송도동	경제기반형	ICT 기반 해양산업 플랫폼 포항
		경주시	경주시	황오동	중심시가지형	이천년 고도(古都) 경주의 부활
		구미시	구미시	원평동	중심시가지형	도시재생 : 구미(龜尾, 口味)를 당기다
	시도	영천시	영천시	완산동	일반근린형	사람과 별빛이 머무는 완산뜨락
		경산시	경산시	서상동	일반근린형	서상길 청년뉴딜문화마을
		의성군	의성군	의성읍	일반근린형	'마늘을 사랑한 영미' 활력 넘치는 희망의성
		성주군	성주군	성주읍	일반근린형	꿈과 희망이 스며드는, [깃듦] 성주
		포항시	포항시	신흥동	우리동네살리기	함께 가꾸는 삶터, 모갈숲 안포가도 마을
경남(8)	정부	한국관광公(기획안)	남해군	남해읍	중심시가지형	재생에서 창생으로 '보물섬 남해 오시다'
		창원시	창원시	대흥동	중심시가지형	1926 근대군항 진해, 문화를 만나 시간을 잇 : 다
		김해시	김해시	삼안동	중심시가지형	3-방(주민, 청년, 대학)이 소통하고 상생하는 어울림 캠퍼스타운
	시도	창원시	창원시	구암동	일반근린형	소설 마을 '두루두루 공동체' : 구암
		함양군	함양군	함양읍	일반근린형	빛·물·바람·흙 함양 항노화 싹틔우기
		통영시	통영시	정량동	주거지 지원형	바다를 품은 언덕마루 멘데마을
		사천시	사천시	대방동	주거지 지원형	바다로 열리는 문화마을, 큰고을 大芃 굴항
		산청군	산청군	산청읍	우리동네살리기	산청별곡, 산청에 살어리랏다
제주(2)	시도	서귀포시	서귀포시	대정읍	일반근린형	캔(CAN) 팩토리와 다시 사는 모슬포
		제주시	제주시	삼도2동	주거지 지원형	다시 돌앙 살고 싶은 남성마을

2018년 도시재생뉴딜사업 선정 지역 현황
출처 : 연합뉴스(2018.08.31) 보도자료

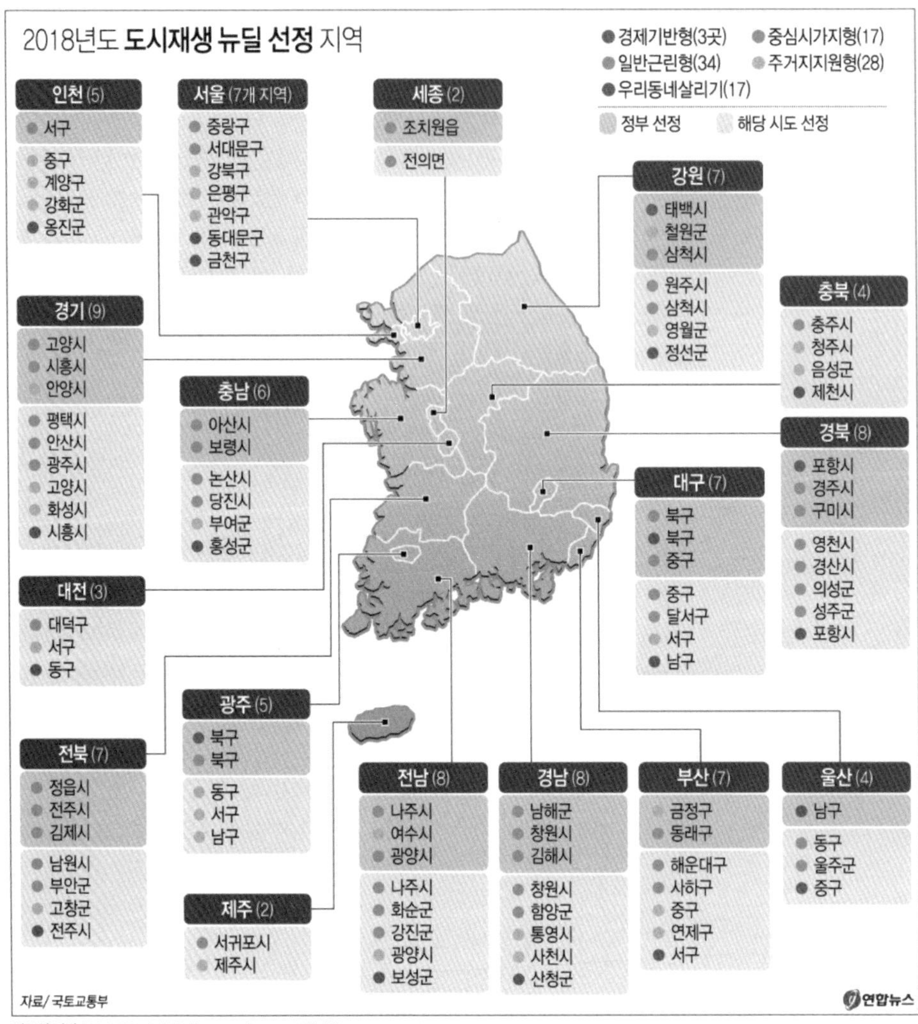

가) 광주 동구 선도지역

광주 동구는 쇠퇴지표 조사 결과 쇠퇴지수가 높은 지역, 도시정비사업, 주택재개발, 재건축사업, 주거환경개선사업 등 도시주거 환경정비사업 예정구역 지정 여부 고려 등의 원칙하에 충장동, 동명동, 산수1동, 지산1동 일대 966,551m^{2}를 대상으로 선정하였다.

대상지의 사전조사 및 쇠퇴진단을 통해 광주 동구는 4가지의 도시재생의 적용 원칙을 도출하였다. 원칙 1(문화도심 재생)은 문화를 통한 경제적 재생, 원칙 2(삶의 질 향상)는 쾌적한 삶을 위한 물리적 재생, 원칙 3(지역경쟁력 강화)은 지역문화와 연계한 사회적 재생 그리고 원칙 4(협력적 거버넌스 체계 구축)는 자생력을 갖춘 주민역량 강화로 구성하고 이를 바탕으로 동구 도시재생의 비전을 설정하였다.

사업 대상지의 위치

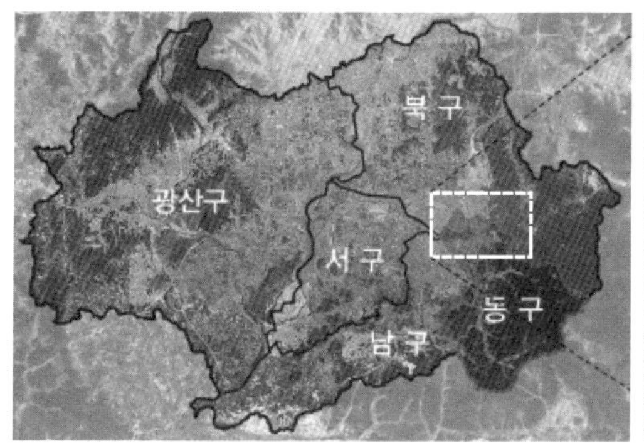

비전의 설정

01. 문화도심 재생
문화를 통한 경제적 재생

02. 삶의 질 향상
쾌적한 삶을 위한 물리적 재생

03. 지역 경쟁력 강화
지역문화와 연계한 사회적 재생

04. 협력적 거버넌스 체계 구축
자생력을 갖춘 주민역량 강화

추구하는 가치 = 동구 재생
Values

편안함 경쟁력 구도심 역사성 공동체 충장로 금남로
도심공동화 문화예술 문화수도 푸른길 상가활성화
아시아문화전당 따뜻함 매력있는 지속가능성

미래상
Vision

푸른공동체와 함께하는 문화도심 재생

이상의 비전을 달성하기 위해 물리적 재생을 넘어 경제·사회·문화 등 도시의 종합적 기능회복을 위해 푸른 길로 통하는 '정주환경 조성', 문화전당과 연계한 '문화산업 활성화', 참여와 배려의 '도시공동체 형성' 등의 종합적 접근 및 정책의 목표를 설정하였다.

쇠퇴 진단을 통한 도시재생의 목표 도출

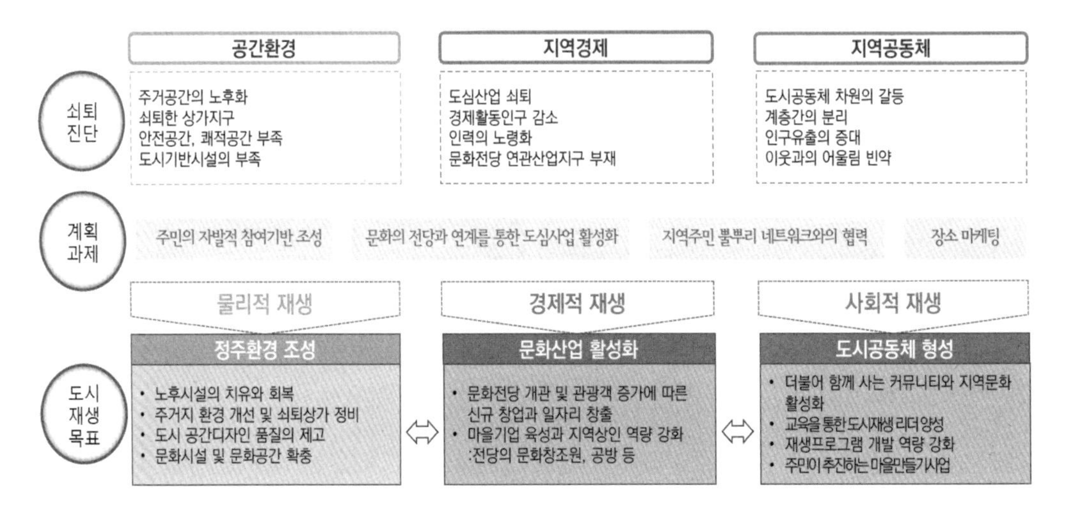

정주환경 조성은 지역자원(푸른길, 광주천, 문화전당)을 활용한 도심문화공간 조성 및 쾌적한 정주환경 조성을 위한 사업이며 문화산업 활성화는 도심산업 활성화를 위한 문화 및 예술 기반 산업의 육성 및 사회적 경제 활성화를 목표로 한다. 도시공동체 형성은 주민이 제안하고 참여하는 공동체문화 및 마을개선사업으로 도시공동체의 형성을 목표로 하고 있다.

도시재생 비전, 목표, 전략

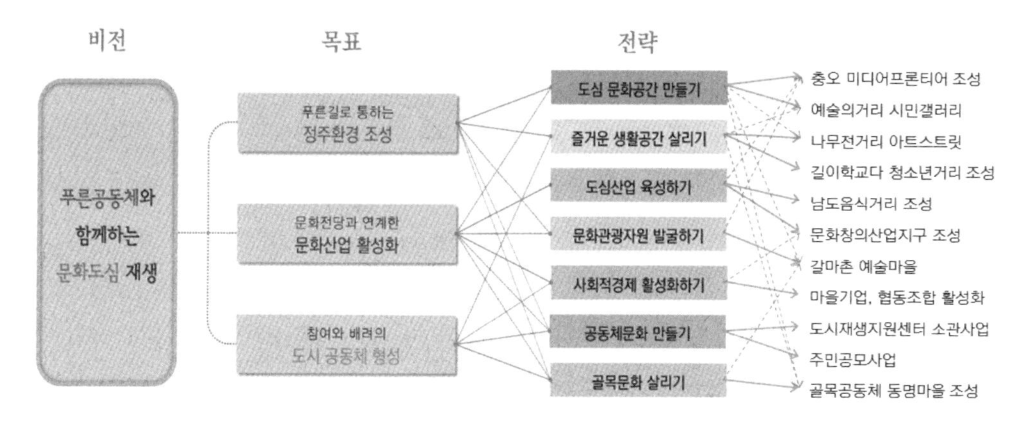

나) 서울 종로 선도지역

서울 종로구는 역사관광자원 풍부, 특화된 봉제산업 집적화, 지형, 산업 등 다양하고 독특한 주거지 경관을 연출할 수 있는 종로구 창신 1·2·3동 숭인1동 일원 (창신1동 남측 제외) 830,130m²을 대상으로 선정하였다.

사업 위치도

종합 현황도

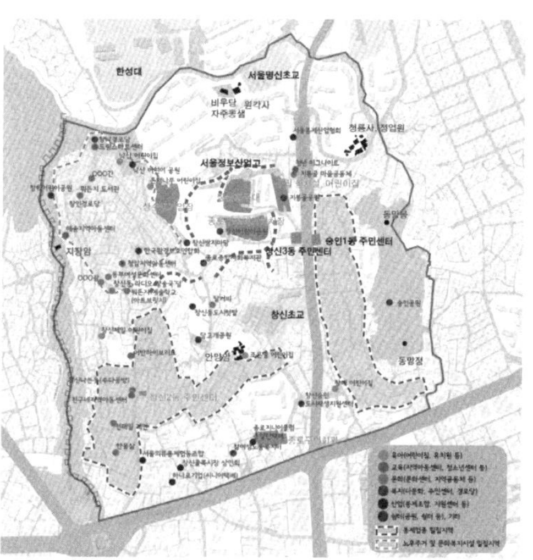

재정비촉진지구 지정·해제 과정에서 관리가 소홀했던 주거환경과 지역 특화사업인 봉제산업이 함께 쇠퇴하고 있어, 주거환경과 봉제산업을 재생하고 더불어 지역이 가지고 있는 낙산, 한양도성 등 풍부한 자원들을 활용한, 관광 자원화로 지역의 활기를 불어넣는 것을 목표로 한다.

서울 종로 도시재생선도지역의 목표

주거환경 재생	봉제 재생	관광자원화
• 주민자발적 주택 개·보수 유도 • 공공사업을 통한 기반시설 정비 • 쾌적하고 안전한 골목길 가꾸기	• 동대문 패션산업 배후 기능 개선 • 패션–봉제의 고부가가치산업 전환 • 열악한 봉제산업 근로환경개선	• '동대문–한양도성' 관광루트 발굴 • 마을의 명소 발굴 및 홍보 창구 조성 • 지역 정체성 구축 및 마케팅·홍보

추진전략은 노후주택 개선, 가로환경 및 공공서비스시설 개선, 봉제공장의 작업장 개선, 봉제산업의 노령화 개선 및 고부가가치 사업 육성, 봉제산업의 쇠퇴 개선, 관광객(방문객) 유치방안, 도시경관 개선 등으로 이루어져 있다.

서울 종로 도시재생선도지역 추진전략

전략	내용
노후주택 개선	주민 스스로 주택개량을 할 수 있도록 공공지원, 저소득층 세입자 주거안정 확보, 쾌적한 주거공간 제공
가로환경 및 공공서비스시설 개선	열악한 도로 및 계단의 보수, 골목길의 안전장치 설치, 어린이들이 마음껏 뛰어 놀 공간 확보
봉제공장의 작업장 개선	적정한 공간(160m^2) 확보, 작업 인력의 확충으로 공정의 분업화 유도
봉제산업의 노령화 개선 및 고부가가치 사업 육성	봉제청년 육성, 동대문 신진디자이너들의 육성무대 제공, 단순 임가공의 형태로 머물지 않고 패션과 연계한 고부가가치산업으로 육성
봉제산업의 쇠퇴 개선	일감확보를 위한 산업생태계 안정적 네트워킹 구축, 창신숭인 봉제역사와 이야기 홍보로 이용객 유입, 디자이너와 연결한 의류제작 및 판매로 수익 확보
관광객(방문객) 유치 방안	동대문과 DDP, 창신동 봉제공장과의 연결, 성곽마을의 장소성 활용 지역의 풍부한 역사자산 활용, 관광객 및 소비자가 선호하는 테마 발굴
도시경관 개선	창신숭인의 랜드마크 역할 부여, 위협적인 경관을 주민친화적 경관으로 개선, 누구나 쉽게 접근할 수 있는 편의 시설 제공

다) 천안 동남구청 복합개발

천안 도시재생선도지역은 충청남도 천안시 동남구 문화동 동남구청 부지 일원이며, 면적은 19,816m^2, 사업비는 2,286억 원이다. 대상지가 위치한 천안시 원도심 지역은 도시 확장이 이루어지면서 시청, 경찰서, 교육청 등 공공기관이 외부로 이전함에 따라 거주 인구 감소와 상권 침체 등 쇠퇴가 심화되고 있는 지역이다. 천안시는 도시재생선도지역으로 2014년 지정되었으며 활성화계획을 수립하고 관련 도시재생 정책을 적극적으로 추진하고 있다.

천안시는 과거 천안시청이 불당동으로 이전한 후 2003년부터 사업대상지를 활용하기 위해 이른바 복합테마파크타운 조성사업을 도시개발사업으로 추진하였으나, 수차례 민간사업자 공모를 시행했음에도 불구하고 무산된 바가 있다. 2014년 「도시재생특별법」 제정 후 대상지를 포함하는 원도심 지역이 근린재생 선도지역으로 지정되고 도시재생 활성화계획이 수립되면서 천안시와 LH가 도시재생사업으로 추진하기 위해 업무협약을 체결하였다.

사업대상지인 천안 동남구청사 부지는 근린재생 선도지역 내 입지하고 있으며, 도시재생 활성화계획에 도시재생 거점시설 조성사업으로 반영되어 있다. 천안시 근린재생 활성화계획은 복합문화 특화거리 조성(Multi Culture Street Mall)을 목표로 하고 있으며, 청년, 문화예술, 빈 공간 활용 등을 키워드로 지역자원과 연계하여 다양한 도시재생사업을 계획하고 있다.

천안 도시재생선도지역 주요 사업내용

사업 유형	사업명	주요 내용
마중물 사업	공간재생뱅크 사업	• 빈 공간 DB 구축 및 콘텐츠 발굴 사업 • 지하상가 공간 개선사업
	청년 클러스터 조성사업	• 원도심 종합지원센터 조성사업 • 청년 활동공간 조성사업
	문화·예술 기반 조성사업	• 문화예술 둥지 조성사업 • 마을 골목 문화 조성사업, 참여형 플랫폼 사업
	다문화 특화사업	• 한마음센터 조성사업 • 특화거리 조성사업
부처협력 사업	문화·예술 기반 조성사업	• 도시활력증진지역 개발사업(2015) • 도시활력증진지역 개발사업(2016) • 문화 특화 지역 조성사업
지자체 사업	도시재생 기반구축사업	• 행정 지원 기반구축 • 중간 지원 조직 체계 기반구축 • 주민역량 강화 기반구축 • 지역자원 활용 기반구축
	도시재생 기반시설 조성사업	• 집창촌 정비사업 • 유휴지를 활용한 손바닥 공원화 사업 • 주차장 조성 • 창작·문화 활용 공간 조성
민자 사업	도시재생 거점시설 조성사업	• 기업형 임대주택 공급 촉진지구 • 동남구청사부지 복합개발사업

대상지 내에는 천안시 동남구청사, 동남구 보건소, 영덕빌딩(문화동 청사별관), 천안 시민의 종 4개의 시설이 있으며, 각 시설별 노후도, 안전성, 활용 가능성을 고려한 처리 방안을 검토하였다. 천안시 동남구청의 경우 준공 후 80여 년이 경과된 노후 건축물로 재건축이 필요하며 동남구 보건소는 최근에 신축된 건물로 계속 사용이 가능하였다. 영덕빌딩은 20년 이상 경과되었으나 건물 구조가 양호하므로 리모델링 후 활용이 가능하였으며, 천안 시민의 종은 토지이용에 제약 요인으로 작용할 수 있으므로 외부 이전 검토가 필요하다.

사업시행방식은 리츠를 활용한 민관협력 사업으로 천안시 현물출자 및 주택도시기금 출자로 리츠를 설립하였다. 리츠가 사업시행자로서 쇠퇴지역 활성화를 위한 핵심기능으로 공공시설(구청사, 어린이 회관, 대학생 기숙사, 공영주차장, 지식산업센터 등) 및 주상복합시설을 도입하였다. 이와 동시에 공유지를 활용한 민관협력 도시재생사업을 함께할 민간사업자를 공모방식으로 선정하여 협업하였다. 민간창의력, 주택분양 및 상가 운영 능력을 활용하여 구도심의 활성화를 도모하였다.

정부는 도시재생이 시급한 지역에 선도지역을 지정하여 재정 및 금융 지원을 하였고 시청 등 주요 도심 기능 이전 등에 따라 쇠퇴한 원도심의 활성화를 위하여 LH－천안시－사학재단과 업무협약을 체결하고 도시재생 거점시설 조성을 추진하였다. 이는 정부, 지자체, 공공기관, 민간이 협업하는 제1호 민간참여 도시재생사업으로서의 의의를 가지며 거점시설을 중심으로 쇠퇴 원도심 활성화 및 도시재생 파급효과 확산을 기대하고 있다. 또한 노후청사를 정비하여 주민서비스 향상 및 자생적 지역경제 기반을 마련한다는 목표를 가지고 있다.

천안 도시재생사업 구조 및 조감도

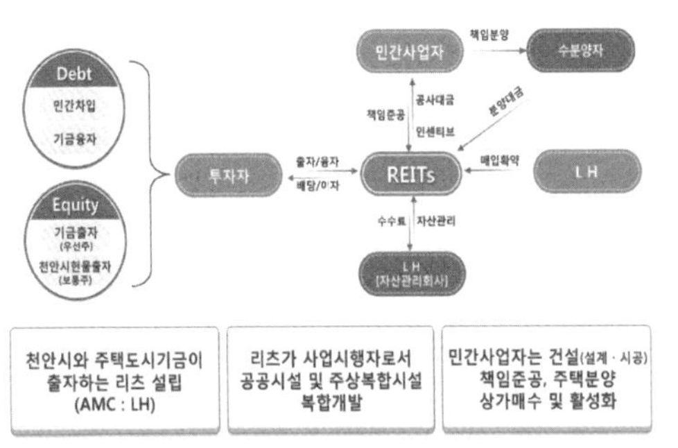

5. 성과와 과제

한국의 도시재생 관련 정책 및 제도는 시대상황에 따라 많은 변화를 거쳐 왔다. 이를 시대별로 정리하면 1970년대의 불량주택 등의 정비를 위한 주택개량사업의 추진, 1980년대 국제대회를 계기로 한 도심재개발사업의 추진, 1990년대 저소득 주민의 주거환경개선사업의 추진, 2000년대의 광역적 정비를 위한 재정비촉진사업의 추진 그리고 2010년대는 사회 · 경제 · 문화적 재생을 위한 도시재생사업을 추진을 들 수 있다.

이러한 사업의 성과 및 한계는 1970년대의 불량주택 등의 정비를 위한 주택개량사업은 대규모의 불량주택 지구의 정비를 통한 주거환경개선이라는 성과는 있었지만, 공공시설의 설치 미비 및 주민부담 가중 등으로 사업효과는 미미하였다. 1980년대 국제대회를 계기로 한 도심재개발사업은 올림픽 등 국제행사의 성공적인 개최를 위한 도심의 환경정비차원에서 이루어졌으며, 이 때문에 실제 거주주민에 대한 배려가 부족하였다. 1990년대 저소득 주민의 주거환경개선 및 주택재개발·재건축사업은 저소득 주민의 주거환경개선 및 노후불량 주거지 정비라는 측면에서는 많은 성과가 있었으나, 획일적 주택공급 및 고밀개발 그리고 거주민의 재정착 등의 문제도 수반하였다. 2000년대의 광역적 정비를 위한 재정비촉진사업은 기성시가지 내 광역적 계획을 수립하여 사업을 추진하였으나, 사업성 저하 및 경기 침체 등으로 대부분의 사업이 지정 취소되는 등의 문제가 있었다. 그리고 2010년대는 사회, 경제, 문화적 재생을 위한 도시재생사업은 도시의 종합적 기능회복 및 활성화라는 취지에서는 많은 관심 속에 사업이 추진되고 있으며, 하지만 도시재생사업 시행 초기 단계로서 지속적인 지원 및 모니터링이 필요한 단계이다.

시대별 도시재생 관련 제도의 성과 및 한계

구분	1970년대	1980년대	1990년대	2000년대	2010년대
목적	불량주택 등의 정비를 위한 주택개량사업추진	아시안게임 및 올림픽을 계기로 도심재개발사업 추진	저소득 주민 주거환경개선을 위한 주거환경개선사업 추진	광역적 정비를 위한 재정비촉진사업의 추진	사회 경제 문화적 재생을 위한 도시재생사업 추진
주요 효과 및 한계	• 대규모 불량주택 지구 정비 • 공공시설의 미비, 주민부담 가중 등 업무효과 미미	• 올림픽 등 국제행사를 위한 사업으로 추진 • 실제 거주 주민에 대한 배려 부족	저소득 주민의 주거환경개선 및 노후불량주거지 정비, 획일적 주택공급, 고밀도 등의 문제 수반	기성시가지 내 광역적 계획을 수립하여 사업추진하였으나, 사업성 저하, 경기침체 등으로 대부분 사업 지정 취소	• 도시의 종합적 기능회복 도모 • 도시재생사업 시행 초기 단계로 지속적인 모니터링 필요

도시재생사업의 특징별로 정리하면 기성시가지 내 노후·불량 주거지 정비, 도시 내 광역단위 계획적 개발 그리고 도시의 종합적 기능회복을 위한 도시재생이 주요한 도시재생 관련 정책 및 제도로 정리할 수 있다.

먼저 기성시가지 내 노후·불량주거지 정비는 노후·불량주거지

정비를 통한 주거환경개선으로 저소득층의 주택공급을 목적으로 하였다. 또한 도시 내 광역단위 계획적 개발은 소규모 정비사업의 분리 시행에 따른 생활권 단위의 기반시설 조성의 한계를 극복하기 위해 광역적 정비계획을 수립하여 통합적 정비사업 추진을 도모하였다. 그리고 도시의 종합적 기능회복을 위한 도시재생은 기존의 사회적·물리적 자산을 활용하고 사회, 경제, 문화와 조화되는 종합적인 도시재생을 추진했다는 점에서 매우 의미가 있다.

한국의 도시재생 관련 정책 및 제도의 변화는 먼저 불량 노후주거지 개량과 정비사업의 추진에서 출발하였으며, 그 다음 단계로 기존 사업의 성과 및 한계를 토대로 도시정비에서 도시재생으로 전환을 들 수 있다. 즉, 처음에는 대도시로의 대규모 인구유입에 따른 무허가주택의 양산에 따른 무허가 주거개량, 기존 도시 내의 노후주택의 정비, 광역적 도시정비로 이어졌으며, 기존 도심의 활성화 및 새로운 기능 도입을 위하여 도시재생으로 전화되었음을 알 수 있다. 도시재생은 2010년대 이후 본격적으로 추진되고 있어 아직 구체적인 성과를 논의하기에는 이르지만, 지속적으로 도시재생사업이 추진될 것으로 예상된다.

또한 한국의 도시재생 관련 사업은 물리적인 주거지 정비 및 주택공급이라는 측면에서는 양적인 성과를 거두었지만, 도시민의 거주 지속성과 도시의 지속 가능한 발전이라는 측면에는 한계가 있었다. 도시재생은 물리적 정비뿐만 아니라 사회적·경제적·문화적 재생이라는 복합적인 측면에서 지속 가능한 추진체계, 재원조달 등의 문제 해결이 절실히 필요하다.

도시재생은 단기적인 차원의 몇 개 사업의 성공 여부가 아닌 도시를 재생하기 위한 방법으로서 다양한 접근이 필요하다. 「도시재생

도시재생 관련 법·제도

	기성시가지 내 노후·불량 주거지 정비	도시 내 광역단위 계획적 개발	도시의 종합적 기능회복을 위한 도시재생
배경	주거환경 개선을 위한 노후·불량 주거지 정비 및 주택공급	소규모 단위 분리 시행에 따른 생활권 단위의 기반시설 조성 한계를 극복하기 위해 광역적 정비계획 수립을 통한 사업방식으로 전환	• 기존의 사회적, 물리적 자산을 활용하고 사회, 경제, 문화와 조화되는 종합적 도시재생 추진
제도	• 주택개량촉진에 관한 임시조치법(1973) • 도시저소득주민의 주거환경개선을 위한 임시조치법(1989) • 도시 및 주거환경정비법(2002)	• 재래시장 및 상점가 육성을 위한 특별법(2002) • 도시재정비 촉진을 위한 특별법(2005)	• 도시재생 활성화 및 지원에 관한 특별법(2013)

특별법」 제정 이후 도시재생선도지역 및 일반지역의 도시재생사업의 성과 및 한계를 분석하고, 이를 토대로 도시재생뉴딜사업에서 일자리 창출 및 주거안정에 기여할 수 있는 지속 가능한 도시재생의 방향성을 제시하여야 한다. 이러한 차원에서 기존의 근린재생형(일반형, 중심시가지형), 도시경제기반형의 범주를 보다 확장한 다양한 형태(주거지, 중심 시가지, 항만재개발, 역세권 개발 등)의 도시재생사업을 통합적으로 추진할 수 있는 방안 도출이 필요하다. 또한 대도시 및 지방 중·소도시의 인구 변화 및 지역경제 등을 고려하여 기존의 도시재생사업 방식뿐만 아니라 지속적인 인구감소로 인한 도시 축소 및 지역소멸의 위험성이 높은 지역에 대한 차별적인 계획 및 지원도 고려해야 한다.[16]

16 행정안전부는 2017년 6월 14일에 지방소멸, 인구감소 등의 문제를 해결하기 위하여 인구감소 지역의 정주여건 조성, 주민 생활기반 확충을 통해 지역경제 성장과 국토균형발전을 도모하기 위해 「인구감소지역 발전 특별법」 제정을 위한 공청회를 개최함.

참고문헌

광주광역시(2014), 「광주광역시 동구 도시재생선도지역 근린재생형 활성화계획(안)」.

국무조정실 보도자료, “2018년 도시재생뉴딜사업 100곳 내외 선정 추진”, 2018년 4월 24일 자.

국무조정실 보도자료, “도시재생뉴딜 시범사업 대상지 68곳 확정”, 2017년 12월 14일 자.

국토교통부 보도자료, “도시재생선도지역 13곳 지정”, 2014년 4월 28일 자.

국토교통부(2014), 「재정비촉진사업 현황 분석 및 제도 개선방안 연구」.

국토교통부(2017), 「도시재생뉴딜 정책 소개」.

국토교통부(2018), 「도시재생뉴딜 로드맵」.

김아람(2013), ‘1970년대 주택정책의 성격과 개발의 유산’, 「역사문제연구」, 제29호, pp. 47-84.

김찬호 · 박현수 · 정상문(2007), ‘주거환경개선사업의 성과 평가와 개선방안에 관한 연구’, 「국토연구」, 42(1), pp. 99-112.

김호철(2004), 「도시 및 주거환경정비론」, 지샘.

대한주택공사(2002), 「주택도시 40년」.

대한주택공사(2009), 「대한주택공사 47년의 발자취」.

도시재생사업단(2006), 「도시재생사업단 상세기획연구」.

도시재생사업단(2008), 「도시재생 법제 및 지원체계 개발」.

서울시정개발연구원(1996), 「주택개량재개발 연혁연구」.

서울시정개발연구원(1999), 「주거환경개선사업에 대한 평가분석과 개선방안」.

서울특별시(1974), 「시정개요 1974」.

서울특별시(2004), 「왕십리뉴타운 : 뉴타운 만들기 과정의 기록」.

서울특별시(2007), 「은평뉴타운 : 뉴타운 만들기 과정의 기록」.

서울특별시(2014), 「서울특별시 종로구 도시재생선도지역 근린재생형 활성화계획(안)」.
서울특별시(2014~2016), 「온소식지」.
윤중경(2006), '뉴타운 사업관련 제도의 현황과 과제', 「서울시 뉴타운사업 : 현황과 전망 심포지움」 발표자료.
윤혜정(1996), '서울시 불량주택 재개발사업의 변천에 관한 연구', 「서울학연구」, (7), pp. 225-262.
주택도시연구원(2003), 「서민의 주거안정을 위한 주택백서」.
토지주택연구원(2010), 「녹색의 나라, 보금자리의 꿈」.
한국토지공사(2009), 「토지 그 이상의 역사 : 한국토지공사 35년사」.

국토교통 통계누리 https://stat.molit.go.kr/portal/main/portalMain.do
도시재생종합정보체계 http://www.city.go.kr

저자 소개

성장환

한양대학교에서 박사 학위를 받고 2004년부터 현재까지 LH 토지주택연구원에서 국토 및 도시계획 그리고 해외도시개발 분야 연구를 수행하고 있다. 저서로는 《도시, 인간과 공간의 커뮤니티》가 있다.

정연우

한양대학교에서 박사 학위를 받고 2006년부터 현재까지 LH 토지주택연구원에서 국내외 도시개발 분야 연구를 수행하고 있다. 저서로는 《계획 실무자를 위한 GIS 워크샵》이 있다.

이삼수

일본 요코하마국립대학에서 박사 학위를 받고 2006년부터 현재까지 LH 토지주택연구원에서 도시재생 분야 연구를 수행하고 있다. 저서로는 《도시재생과 젠트리피케이션(2018, 한울)》이 있다.

최대식

서울대학교에서 박사 학위를 받고 2006년부터 현재까지 LH 토지주택연구원에서 국내외 도시계획·개발 분야 연구를 수행하고 있다. 저서 또는 역서로 《내가 꿈꾸는 도시계획가》, 《한국 산업기술 발전사 - 건설편》 등이 있다.

송영일
서울대학교에서 박사 학위를 받고 2008년부터 현재까지 LH 토지주택연구원에서 국내외 도시개발 분야 연구를 수행하고 있다. 《프라이버시와 공공성》을 번역하였다.

임재빈
서울대학교에서 박사 학위를 받고 2014년부터 LH 토지주택연구원에서 도시 및 지역계획, 신도시개발, 해외도시개발 연구를 수행하고 있다. 《내가 꿈꾸는 도시계획가》 번역과 《한국산업기술발전사》 저술에 참여하였다.

유종훈
인하대학교에서 도시계획 전공 박사과정을 수료하고, 2013년부터 현재까지 LH 토지주택연구원에서 국내외 도시계획, 국제개발협력 분야 연구를 수행하고 있다.

한국의 도시화 그리고 재생

초판인쇄 2019년 6월 21일
초판발행 2019년 6월 28일

저　　자 성장환, 정연우, 이삼수, 최대식, 송영일, 임재빈, 유종훈
펴 낸 이 김성배
펴 낸 곳 도서출판 씨아이알

책임편집 박영지, 김동희
디 자 인 송성용, 윤미경
제작책임 김문갑

등록번호 제2-3285호
등 록 일 2001년 3월 19일
주　　소 (04626) 서울특별시 중구 필동로8길 43(예장동 1-151)
전화번호 02-2275-8603(대표)
팩스번호 02-2265-9394
홈페이지 www.circom.co.kr

I S B N 979-11-5610-766-8 93530
정　　가 20,000원